K. Martin

Bericht über eine Reise nach Niederländisch West-Indien

Zweiter Teil: Geologie

weitsuechtig

K. Martin

Bericht über eine Reise nach Niederländisch West-Indien

Zweiter Teil: Geologie

ISBN/EAN: 9783956561689

Auflage: 1

Erscheinungsjahr: 2013

Erscheinungsort: Bremen, Deutschland

weitsuechtig

BERICHT ÜBER EINE REISE

NACH

NIEDERLÄNDISCH WEST-INDIEN

UND

DARAUF GEGRÜNDETE STUDIEN

VON

K. MARTIN,

Professor für Geologie an der Universität zu Leiden.

MIT VIER KARTEN, ZAHLREICHEN TAFELN UND HOLZSCHNITTEN.

HERAUSGEGEBEN MIT UNTERSTÜTZUNG VON „HET NEDERLANDSCH AARDRIJKSKUNDIG GENOOTSCHAP TE AMSTERDAM".

LEIDEN.
E. J. BRILL.
1888.

ZWEITER THEIL.

GEOLOGIE.

INHALT

DIE INSELN

CURAÇAO, ARUBA UND BONAIRE.

Schriften und Karten.

Die älteste mir bekannt gewordene Mittheilung über den geologischen Bau von Curaçao ist von Cortès abkünftig.[1]) Er führt das Eiland nebst Bonaire bei einer Classification der Antillen auf geologischer Basis unter der Gruppe derjenigen Inseln an, welche nach ihm ganz aus Kalkstein aufgebaut sind. Humboldt stützt sich auf diesen Gewährsmann und sagt bei Gelegenheit der Beschreibung seiner Reise in die Aequinoctialgegenden des neuen Continentes: „Selon l'observation de ce même naturaliste (Cortès) Curaçao et Bonaire (Buen Ayre) n'offrent aussi que des formations calcaires" [2]) und in der später erschienenen, deutschen Ausgabe nochmals auf den Gegenstand zurückkommend: „Man hat mich versichert, auch die Eilande Orchilla und los Frailes bestehen gleichfalls aus Gneiss. Curasao und Bonaire sind Kalkfelsen. Sollte die Insel Oruba, worin Goldgeschiebe (pepites) von gediegenem Golde in ansehnlicher Grösse jüngsthin angetroffen wurden, dem Urgebirge angehören?" [3]) Humboldt's Mittheilungen beruhen somit nicht auf eigenen Beobachtungen.

Auch Reinwardt, welcher sich zuerst ausführlicher mit der Geologie von Aruba, anlässlich des dort gefundenen Goldes, beschäftigte, hat keine Untersuchungen an Ort und Stelle vorgenommen. Er stützt sich bei seiner Publikation auf übersandte Gesteinsproben und schriftliche Mittheilungen, die ihm vermuthlich von Stifft gemacht wurden, da sich Derselbe gerade derzeit auf den Inseln befand. Nach

---

1) Cortès. Mémoire sur la géologie des Antilles. Extrait d'une lettre de M. Cortès (au Fort royal de la Martinique) à M. Humboldt. (Journ. de Phys. de Chim. et d'Hist. Nat. Tome LXX. 1810. pag. 129).

2) A. von Humboldt. Voyage aux régions équinoxiales du Nouveau Continent par Al. de Humboldt et A. Bonpland. Tome V. Paris 1820. pag. 51, 52.

3) A. von Humboldt und A. Bonpland. Reise in die Aequinoctial-Gegenden des neuen Continentes in den Jahren 1799—1804. 5'er Theil. Stuttgart und Tübingen. 1826. pag. 568.

Reinwardt ist das Hauptgestein von Aruba Syenit, neben Diorit und Serpentin; die goldführenden Quarzite waren ihm bereits bekannt und das alluviale Goldvorkommen wird ausführlich von ihm behandelt. [1])

Im Jahre 1827 untersuchte der Oberbergrath C. B. R. Stifft im Auftrage der Niederländischen Regierung die Inseln Curaçao, Aruba und Bonaire und brachte darüber drei verdienstvolle Rapporte aus. Er unterschied auf Curaçao: „1. Grünstein des Uebergangsgebirges; 2. Todtliegendes oder alten Sandstein des alten Flötzgebirges und 3. Kalkstein der neuesten Flötz- oder Alluvialbildung." Die Formationen auf Aruba wurden von ihm eingetheilt in: „1. Syenit; 2. Grünstein; 3. Kalk; 4. Letten und 5. Sand", diejenigen von Bonaire in: „1. Porphyr; 2. alten Sandstein und 3. Riffstein."

Obwohl nun die Rapporte von Stifft niemals als solche gedruckt wurden, so ging doch ihr Inhalt in eine Reihe von Schriften theils mit theils ohne Angabe der Quelle über. Bosch [2]) und Teenstra [3]) geben bald mit mehr bald mit minder Glück und Verständniss die Resultate der Untersuchungen von Reinwardt und Stifft wieder, ohne sie weiter zu bereichern, denn fast jede ihrer eigenen, geologischen Beobachtungen ist werthlos. Simons [4]) lieferte den besten Auszug aus dem Curaçao betreffenden Rapporte Stifft's und nennt auch seinen Gewährsmann; Dumontier dagegen hat Jenen fast wörtlich übersetzt und reproducirt um ihn in unerhörter Weise als sein Eigenthum auszugeben. [5])

Einer selbständigen Arbeit über Curaçao begegnen wir erst wieder bei Gabb [6]); doch hat Dieser kaum etwas Anderes als die nächste Umgebung der Stadt gesehen und hienach die Insel in einer nicht sehr glücklichen Weise beurtheilt. Es ist kaum erklärlich, dass Derselbe auf Curaçao nur Eine Formation, den „coast

---

1) C. G. C. Reinwardt. Waarnemingen aangaande de gesteldheid van den grond van het eiland Aruba en het goud aldaar gevonden. (Nieuwe Verhandlg. d. 1te Kl. v. h. Koninkl. Nederl. Instituut van Wetenschappen, Letterkunde en Schoone Kunsten te Amsterdam. Deel I. pag. 265—281. — Amsterdam.)

2) G. B. Bosch. Reizen in West-Indië en door een gedeelte van Zuid- en Noord-Amerika. Deel I, 1829; Deel II, 1836; Deel III, 1843. — Utrecht.

3) M. D. Teenstra. De Nederlandsche West-Indische Eilanden. — Amsterdam 1836 u. 1837. — Ferner: Geknopte beschrijving van de Nederl. Overzeesche bezittingen. 3 Bände. — Groningen 1852.

4) G. J. Simons. Beschrijving van het eiland Curaçao. — Osterwolde. 1868.

5) Dumontier. Bijdrage tot de kennis der geologische gesteldheid van het eiland Curaçao. (Verslagen en Mededeelingen d. Kon. Akad. v. Wetensch. Afdeeling Natuurkunde, Deel VIII, pag. 287—307). — Amsterdam. 1858. — Vgl. über dies Plagiat ferner l. c. Deel X. 1860. pag. 307.

6) W. M. Gabb. Notes on the island of Curaçao. (The American Journal of science and arts. Ser. III. Vol. V. Nos. 25—30. pag. 382). 1873.

limestone" erkannt hat, während andere, von ihm begangene Fehler, auf die ich unten näher werde eingehen müssen, eher verständlich erscheinen.

Darauf habe ich vor meiner Reise nach Westindien eine kurze Notiz über Phosphate von Bonaire gebracht [1]), und wenig später erschien eine Abhandlung von Meyn [2]) über den Phosphorit von Curaçao; kleinere, Aruba betreffende Aufsätze wurden vor einigen Jahren vom Pastoren van Koolwijk veröffentlicht [3]). Auch D. de Loos hat sich gelegentlich mit Aruba beschäftigt [4]) und Hughes hat eine Mittheilung über die Phosphate der Inseln gemacht [5]); zusammenhängende Darstellungen der Geologie von Curaçao, Aruba und Bonaire sind aber seit Stifft nicht mehr geschrieben, bis ich selbst dem Gegenstande mich zuwandte.

Vor dem Beginne meiner Untersuchungen war mir von den Stifft'schen Rapporten nichts Anderes bekannt als das in den oben citirten Schriften Veröffentlichte, und es ist mir überhaupt nicht gelungen, die ursprünglichen Berichte von Stifft zur Einsicht zu erhalten. Dagegen empfing ich in Westindien von dem Gouverneur von Curaçao, Excl. N. van den Brandhof, Copieen holländischer Uebersetzungen jener Arbeiten, die indessen ohne Sachkenntniss angefertigt und in unsinnigster Weise verstümmelt waren, so dass ein später angestellter Versuch, die Rapporte in der Zeitschrift der Geographischen Gesellschaft von Amsterdam zu publiciren, wieder aufgegeben werden musste. Auch die Karte, welche Stifft von Aruba angefertigt hat, wie aus dem diese Insel betreffenden Berichte sicher hervorgeht, ist meines Wissens nicht mehr vorhanden; wie denn überhaupt jede kartographische Darstellung und jedes Profil in den mir zugänglich gewordenen Schriftstücken fehlte. Aus diesen Gründen konnte ich für die Nachforschungen auf den Inseln von Stifft's verdienstvollen Untersuchungen nicht mehr verwenden, als was mir bereits vor meiner Abreise aus Europa mit Hilfe der oben citirten Schriften bekannt geworden war.

Erst nach Abschluss meiner Reise erfuhr ich, dass deutsche Copieen der Rapporte sich im Archive der Akademie der Wissenschaften zu Amsterdam befänden. Dieselben würden mir sicherlich von grossem Dienste gewesen sein, wenn ich sie vor dem Beginne meiner Untersuchungen hätte einsehen können; obgleich auch diese

---

1) K. Martin, Phosphoritische Kalke von der westindischen Insel Bonaire. (Zeitschr. d. deutsch. geolog. Gesellsch. Bd. XXXI. pag. 473). — Berlin 1879.

2) L. Meyn. Das Phosphorit-Lager von Curaçao (daselbst pag. 697).

3) A. J. van Koolwijk. De Aruba-phosphat-Maatschappij. Het goudland Aruba. Bronnen van mineralwater. (Tijdschr. v. h. Nederl. Aardrijksk. Genootsch. Ser. II. Deel I. pag. 595, 598, 600). — Amsterdam 1884. — Abhandlungen nur mit „v. K." gezeichnet.

4) D. de Loos. Mineralen van Aruba (Tijdschrift v. Nijverheid. Stuk III). 1883. — Aruba-Bitterwasser. (Berichte d. deutschen chem. Gesellsch. Jahrg. XVII, Heft 7. pag. 250.) — Berlin 1884.

5) G. Hughes. On some West-Indian Phosphates (Quart. Journ. of the Geological Society. Vol. XLI. N° 161. pag. 80.) — London 1885.

Copieen nicht fehlerfrei sind; jetzt hatten sie für mich aus leicht ersichtlichen Gründen kaum noch ein anderes als historisches Interesse, zumal auch ihnen jede Karte und Zeichnung fehlt und Stifft sich nur verhältnissmässig selten auf bestimmte Lokalitäten bezieht. Der Charakter der Arbeiten über Aruba und Bonaire ist der gleiche wie derjenige des Rapportes über Curaçao, den Dumontier reproducirte; wo ich indessen in den Stifft'schen Berichten noch Beobachtungen fand, die ich verwerthen zu können glaubte, da ist dies im Nachfolgenden unter Angabe der Quelle geschehen. Im Uebrigen habe ich von den derzeit gewiss sehr belangreichen Untersuchungen Stifft's keinen Gebrauch gemacht.[1])

Vor der Veröffentlichung dieses Werkes publicirte ich bereits einige vorläufige Berichte über die Geologie der Inseln,[2]) einem dringenden Wunsche der Geographischen Gesellschaft in Amsterdam nachgebend. Dass sich aber in diese unmittelbar nach meiner Rückkehr niedergeschriebenen Mittheilungen Ungenauigkeiten und Fehler einschleichen mussten, da noch kein Gestein anders als oberflächlich makroskopisch während der Reise untersucht und kein Petrefakt anders als nach der Erinnerung bestimmt war, liess sich voraussehen und wurde seinerzeit auch von mir hervorgehoben. Die im Felde gezogenen Formationsgrenzen haben sich aber in allen wesentlichen Zügen auch nach der vorgenommenen, genaueren Untersuchung des Materiales als richtig erwiesen.

Die von mir gesammelten Gesteine und einige Mineralien wurden von Herrn Prof. J. H. Kloos[3]), die Conchylien aus quartären und jüngeren Ablagerungen von Herrn Dr. J. Lorié[4]) untersucht und beschrieben. Weitere Publicationen, welche das von mir mitgebrachte Material betreffen, haben indessen noch nicht stattgefunden.

Karten. Unter den Karten, welche von den Inseln bekannt sind, besitzt eine alte, von Hering im Jahre 1779 publicirte[5]) nur noch ein historisches Interesse. Einen Augenblick wollte es mir zwar scheinen, als ob sie uns mit Binnenmeeren einer früheren Zeit, deren Boden jetzt trocken gelegt sei, bekannt mache, was mit

---

1) Die Copieen der holländischen Rapporte befinden sich im Archivo des Geologischen Museums zu Leiden, diejenigen der deutschen, wie erwähnt, im Archive der Akademie der Wissenschaften zu Amsterdam.

2) Reise nach den Niederl.Westindischen Besitzungen. Brief (Revue Coloniale Internationale Tome I, N° 1, pag. 72. — Amsterdam 1885.) — Ferner: Vorläufiger Bericht, erschienen unter dem allgemeinen Titel: „De Nederlandsche expeditie naar de West-Indische eilanden en Suriname 1884—85." I. (Tijdschr. v. h. Nederl. Aardrijkskdg. Genootschap Ser. II. Deel II. N° 6—10.) — Amsterdam 1885.

3) J. H. Kloos. Untersuchungen über Gesteine und Mineralien aus West-Indien. (Sammlg. des Geolog. Reichs-Museums. Ser. II. Bd. I. pag. 1—110). — Leiden 1886.

4) J. Lorié. Fossile Mollusken von Curaçao, Aruba und der Küste von Venezuela (l. c. pag. 111—149).

5) J. H. Hering. Beschrijving van het eiland Curaçao en de daaronder behoorende eilanden, Bon Aire, Oroba en Klein-Curaçao. — Amsterdam 1779.

Rücksicht auf die unten zu behandelnden Verhältnisse dieser Becken wohl denkbar gewesen wäre. Aber eine nähere Betrachtung der Zeichnung ergiebt, dass wir ihr nur wenig Vertrauen entgegenbringen dürfen. Hering verzeichnet unter anderen ein „hohes Gebirge" im Norden des Schottegat, von dem keine Spur vorhanden ist, trägt den Tafelberg im Nordwesten des „Spaansch Water" ein, während er im Südosten desselben gelegen ist, u. s. w. Eine Karte aus dem Jahre 1800, welche sich im Archive von Curaçao befindet und deren Mittheilung in Copie ich Herrn Baron van Heerdt tot Eversbergen verdanke, ist übrigens noch ein bedeutender Rückschritt gegenüber der älteren Hering'schen Darstellung.

Von den Karten von Curaçao konnte überhaupt nur Eine [1]) für die Verwendung bei geognostischen Untersuchungen in Betracht kommen, diejenige, welche nach einer Zeichnung des um die Colonie so sehr verdienten R. F. van Raders im Maasstabe von 1 : 100000 angefertigt und mit ganz unwesentlichen Verbesserungen in 1871 und noch vor Kurzem wieder in 1886 reproducirt worden ist. Die Ausgabe des vorigen Jahres zeigt nur in der Einzeichnung eines einzelnen Längen- und Breiten-Grades einen Fortschritt. Die gleiche Verbesserung wiess auch bereits eine Karte auf, welche Kuyper 1882 publicirte [2]); im Uebrigen ist aber die Kuyper'sche Darstellung eine Verschlechterung gegenüber der älteren von Raders. Denn während der Autor auf Grund noch nicht publicirter Aufnahmen (die Quellen sind nicht näher angegeben) eine Verbesserung zu liefern glaubt, ist auf der im Maasstabe von 1 : 200000 angefertigten Karte (nicht 20000, wie publicir wurde) die Darstellung der orographischen Verhältnisse völlig verfehlt. Sie steht weit hinter der Rader'schen Karte zurück, trotzdem auch diese ganz erhebliche Lücken und Unrichtigkeiten aufweist. Eine kleine, von Simons l. c. publicirte Karte scheint sich auf diejenige von Raders zu stützen.

Von Aruba sind zwei Karten vorhanden, von denen wiederum die ältere weit besser ist als die neuere. Jene ist der Abhandlung Reinwardt's l. c. im Maasstabe

1) Kaart van het eiland Curaçao, te Amsterdam bij de Wed. Gerhard Hulst van Keulen; (1836) 1871. -- Die Ausgabe von 1886 erschien bei Seyffardt in Amsterdam.

2) J. Kuyper. Curaçao. (Tijdschr. v. h. Ned. Aardrijkskundig Genootsch. Deel VI). — Amsterdam 1882. — Die Grade auf dieser Karte weichen allerdings von denjenigen ab, welche auf der verbesserten Rader'schen Karte eingetragen sind. Kuyper lässt den 69° W. L. Gr. westlich von St. Michiel Bai, 12° 10' N. Br. nördlich vom Binnenwasser bei Hermanus verlaufen; bei der anderen Ausgabe ist umgekehrt die erstgenannte Gradlinie östlich von St. Michiel Bai, die zweite südlich vom erwähnten Becken eingetragen. Welche Angabe die richtigere ist, vermag ich nicht zu beurtheilen, da auf Keiner von beiden Karten die Quelle angegeben ist, nach der die Grade verzeichnet wurden.

Nach Simons (vgl. pag. 2) sollte der Leuchtthurm am Eingange der St. Annabai 12 6' N. Br. und 68° 59' W. L. Gr. gelegen sein. Die Oberfläche der Insel wird von ihm auf 7,62 geogr. □ Meilen angegeben (l. c. pag. 16 u. 17).

von 1 : 72000 beigegeben, im Jahre 1820 vom Kapitän zur See W. A. van Spengler aufgenommen und 1825 mit Verbesserungen von R. F. van Raders versehen; diese liess die Gold Mining Company herstellen [1]), weil ihr die Spengler'sche Karte unbekannt war, wie denn überhaupt Keiner von allen westindischen Bewohnern, mit denen ich zusammentraf, Kenntniss von der älteren Plublikation besass.

Die englische Karte ist sehr ungenau, hat aber den Vorzug, dass die Schluchten, welche auf dem älteren Blatte ganz vernachlässigt wurden, zum Theil eingetragen sind, und enthält ausserdem eine Reihe von Namen, welche ebenfalls in der früheren Darstellung der Insel fehlen. Sie kann deswegen zur Anfüllung der Spengler'schen Arbeit dienen, wobei freilich wegen der unrichtigen Angabe der Längenverhältnisse mit grosser Vorsicht zu verfahren ist.

Von Bonaire ist mir nur Eine Karte, im Maasstabe von 1 : 80000 bekannt, welche im Jahre 1867 publicirt ist [2]) und zu Verkaufszwecken vom Lieutenant A. Conradi und E. E. Jarman angefertigt wurde. So gut sie dieser Aufgabe genügt haben mag, so ist sie doch für geognostische Zwecke wenig brauchbar, da die orographischen Verhältnisse kaum berücksichtigt worden und dort, wo dies geschehen, noch obendrein fehlerhaft eingezeichnet sind. Aus einem der Stifft'schen Rapporte geht hervor, dass bereits im Jahre 1827 eine Karte von der Insel bestand, doch scheint dieselbe nicht publicirt zu sein [3]) und vermochte ich nichts Näheres über sie zu erfahren.

Curaçao.

Orographische Gliederung. [4])

Die Insel Curaçao zerfällt in einen höheren, westlichen und einen niedrigeren, östlichen Theil, welche beide durch einen schmalen, nicht ganz $^1/_2$ geographische Meilen breiten Landstrich von einander geschieden werden. Letzterem gehört

1) The Aruba Island Gold Mining Company, limited, registered july 4th. 1872. — London, Bankers, National Provincial Bank of England.

2) A. M. Chumaceiro. Het eiland Bonaire, met eene schetskaart. — 's Gravenhage 1867. (Die Arbeit ist anonym erschienen).

3) Auch den 1825 ausgebrachten Rapporten von Krayenhoff (vgl. Verslagen en Mededeelingen d. Kon. Akademie v. Wetensch. te Amsterdam. Deel X. 1860. pag. 308.) waren Karten von Curaçao, Aruba und Bonaire beigefügt, die indessen nicht von ihm selber verfertigt worden sind. Auf Bonaire war Krayenhoff laut eigener Mittheilung nicht länger als $1^1/_2$ Tage. (Copieen der Rapporte, ohne Karten, befinden sich im Archive des Leidener Museums, sie sind aber für die Geologie ohne jeden Werth).

4) Ueber die in diesem Abschnitte angegebenen Höhen ist das Capitel, welches über Höhenmessungen handelt, näher zu vergleichen. Desgleichen bei Aruba, Bonaire und Surinam.

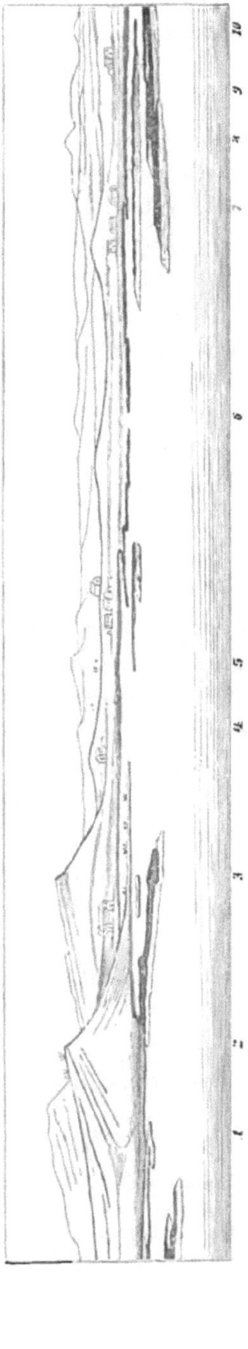

Fig. 1. Ausblick von Fort Nassau.

1. Priesterberg, im Hintergrunde. — 2. Gruneberg. — 3. Veerisberg, hinter dem sich links der Swarteberg erhebt. — 4. u. 6. Diabasgebirge des Binnenlandes; dahinter das Küstengebirge (5). — 7. Jüngste Riffkalke, Inseln im Schottegat; im Vordergrunde. — 8. St. Christoffel. — 9. Tafelberg St. Hieronimo. — 10. St. Antonieberg.

der sogenannte „Kleine Berg" an, dessen abgeflachter Gipfel sich nur 78 m über den Meeresspiegel erhebt. Der westliche, höhere Abschnitt des Eilandes wird das „Benedengedeelte," der östliche, niedrigere, das „Bovengedeelte" genannt, Benennungen, welche sich auf die Lage unter und über dem Winde beziehen, nicht aber auf das Relief des Landes. Das Benedengedeelte soll im Folgenden stets als West-, das Bovengedeelte als Ost-Curaçao bezeichnet werden, während die nach Nordwest gekehrten Küsten Beider in ihrer Gesammtheit als Nordküste, die gegenüberliegenden als Südküste angeführt werden.

Im Nordwesten von West-Curaçao befindet sich die höchste Spitze der ganzen Insel, der scharfgratige St. Christoffel, welcher sich 376 m über das Meer erhebt und an den sich nach Westen zu noch eine Reihe niedrigerer Höhen anschliesst, die man auf der Insel zwar nicht mehr mit dem genannten Gipfel unter demselben Namen zu vereinigen pflegt, [1]) welche aber dennoch am natürlichsten ihm zugerechnet werden, da sie nur durch unbedeutende Thaleinschnitte unter einander und vom Christoffel geschieden sind und auf breitem Sockel mit Letzterem zusammenhängen.

Südöstlich vom Christoffel liegt im Innern der Tafelberg St. Hieronimo, welcher seinen Namen dem völlig flachen, auf conischer Basis ruhenden Gipfel verdankt und 218 m hoch ist; abermals südöstlich von diesem befindet sich unweit der Nordküste der kegelförmige St. Antonieberg, welcher nur wenig hinter dem Hieronimo an Höhe zurücksteht.

1) Besondere Namen für diese niedrigeren Höhen konnte ich ebensowenig in Erfahrung bringen.

Die genannten drei Berge sind nicht nur die bedeutendsten Erhebungen auf der ganzen Insel, sondern sie führen uns gleichzeitig sämmtliche verschiedenen Gebirgsformen derselben vor Augen und mit ihnen, wie unten näher zu erörtern sein wird, diejenigen Formationen, welche sich fast ausschliesslich an dem Aufbau von Curaçao betheiligen. Sie sind ferner, das Küstengebirge ausgenommen, die einzigen Höhen in West-Curaçao, die man als Berge bezeichnen kann; denn alle anderen besitzen einen sehr geringen Grad von Selbständigkeit, sind durch flache, muldenförmige Thäler getrennt und ragen über diese so wenig hervor, dass sie nur Hügel genannt werden dürfen.

Das Innere von West-Curaçao besitzt an vielen Orten kaum 30 m Meereshöhe (das Haus von Hermanus liegt nur 27 m, dasjenige von Savonet 20 m hoch) und im Mittel dürfte es schwerlich mehr als 60 m sich über den Spiegel des Oceans erheben, wenn die genannten drei Berge unberücksichtigt bleiben. Noch niedriger ist das Innere von Ost-Curaçao, dessen mittlere Höhe ich auf 40 m schätze und welches vielerorts nur bis zu 20 m und minder sich erhebt.

Sieht man auch hier vom Küstengebirge ab, so bleibt nur Eine Kuppe übrig, auf welche in Ost-Curaçao der Name eines Berges angewandt werden kann, das ist der „Ost-Seinpost". [1]) Dieser wird im Nordwesten von einer Schlucht begrenzt, welche die „Rooi [2]) Kibrahacha" heisst, im Nordosten von dem schroffen Küstengebirge, im Süden und Südosten von einer ausgedehnten Ebene. Im Uebrigen wird das ganze Innere von Ost-Curaçao von einem Hügellande gebildet, dessen sanfte Wellen an das Relief unseres Diluviums erinnern und welche im Osten des Schottegats, woselbst sich auch der „Midden-Seinpost" befindet, die bedeutendste Anschwellung zeigen. Ueberall aber, den etwa 100 m hohen Ost-Seinpost nicht ausgeschlossen, bleibt das Innere dieses Theiles von Curaçao an Höhe weit hinter dem Küstengebirge zurück und als Ganzes betrachtet lässt es sich als ein ovales Kesselthal bezeichnen [3]), dessen Gehänge von den die Küste einfassenden Höhen gebildet werden. Das Gleiche gilt auch von dem östlichen Abschnitte von West-Curaçao, woselbst der Höhenunterschied zwischen dem Innern und dem Küstengebirge ein ganz ähnlicher ist.

---

1) Es ist dies eigentlich der Name für einen auf der Höhe befindlichen, optischen Telegraphen, den man aber auf die Kuppe selbst überträgt.

2) *Rooi* heisst auf den Inseln jede Schlucht und jedes Thal; der Name ist abkünftig vom spanischen *arroyo*.

3) Dieser Charakter eines Kesselthales ist besonders augenfällig, wenn man aus grösserer Entfernung von Nordwesten her — so z. B. von St. Pedro an der Nordküste von West-Curaçao — nach dem östlichen Inseltheile blickt. Der Tafelberg und das Küstengebirge von Hato erscheinen dann annähernd gleich hoch, gewissermaassen projicirt auf eine Nord- und Südküste verbindende

Das Küstengebirge, welches mit sehr unbedeutenden Unterbrechungen die ganze Insel gürtelartig umsäumt, dehnt sich in der Mitte derselben und an der Nordküste, vor allem an der Küste von Hato, am weitesten landeinwärts aus; schmäler ist der Rücken, welcher von ihm längs der Südküste von West-Curaçao gebildet wird, und am meisten tritt es zwischen Westpunt und Savonet zurück.

Seine Höhen sind sehr verschieden; so erhebt sich der Gipfel, auf welchem das Fort Nassau liegt, nur 68 m über den Meeresspiegel, der benachbarte Priesterberg dagegen 129 m; unweit Hermanus besitzt das Gebirge der Südküste am inneren Absturze 67 m Meereshöhe; die bedeutendste Höhe erreicht aber der Tafelberg an der Fuikbai, denn ich schätze ihn auf 200 m.[1])

Ueberall besitzt das Küstengebirge landeinwärts schroff abfallende Wände, der Art dass nahe dem Gipfel sich nicht selten ein niedriger, fast lothrechter Absturz befindet, an den sich nach unten zu eine weit minder steile Basis mit 30—40° Neigung anschliesst. Diese Verschiedenheit des Böschungswinkels ist namentlich bei den höheren Gipfeln an der Südküste von Ost-Curaçao sehr augenfällig; bei den niedrigeren weniger ausgeprägt und bei den noch unbedeutenderen Höhen des Küstengebirges ist der ganze innere Absturz gleich steil wie es bei den ansehnlichen Bergen (Priesterberg, Fort Nassau, Tafelberg u. a.) nur deren oberer Abschnitt ist. Wie unten näher zu betrachten ist, hängt dieser wechselnde Böschungswinkel sehr nahe mit der geognostischen Gliederung des betreffenden Gebirges zusammen.

Nach dem Meere zu fällt das Letztere meistens steil, in mehreren schroffen Terrassen ab; doch macht hievon die Südküste von Ost-Curaçao eine Ausnahme, denn die Neigung beträgt hier höchstens 20°, oft 15°, selbst 10° und weniger, so bei den drei Gebrüdern, beim Gruneberg, Fort Nassau, Tafelberg und anderen, minder ansehnlichen Höhen.

Kurze, senkrecht zur Küste gerichtete, von schroffen Wänden begrenzte Thäler zerlegen das Gebirge in eine Anzahl von unbedeutenden, häufig sargförmigen Höhen, welche oftmals an der Basis kaum noch zusammenhängen oder auch völlig von einander isolirt sind. In diesem Falle reicht das Thal fast bis zum Meeresspiegel hinab und mehrfach erreicht der Einschnitt dies Niveau in Wirklichkeit, so dass an Stelle der Thalsohle entweder ein kurzer Canal tritt, welcher

---

Ebene, und ihre steilen Gehänge ragen wie der Rand einer Schüssel über das niedrige Hügelland des Innern hervor, während die Höhen nach dem Meere zu sanft abfallen.

1) Teenstra und Bosch (vgl. pag. 2) geben 300 und 302 m an; doch ist dies ohne Zweifel übertrieben. Ich selbst konnte eine Messung des Gipfels nicht ausführen, da der Eigenthümer Jedem den Zugang untersagt.

den Ocean mit Einem der vielen „Binnenwässer" (binnenwater) verbindet, oder die Ausbuchtung eines solchen Binnenwassers greift zwischen die betreffenden Höhen ein.

Die Binnenwässer sind im letztgenannten Falle durch einen niedrigen Uferwall vom Meere abgeschlossen; aber die Anwesenheit oder das Fehlen eines solchen ist von sehr untergeordneter Bedeutung, da Jene ihrer Lage nach stets den Charakter von Landseen tragen, während sie ihrer übrigen Eigenschaften wegen als mehr oder minder vollständig abgeschlossene Meeresbecken zu bezeichnen sind. Ihre Form ist entweder einfach, lang gestreckt, oder eine eigenthümlich gelappte, so dass man den Umriss der betreffenden Becken blattförmig nennen kann. Diese beiden verschiedenen Formen stehen ebenfalls im engsten Verbande mit der Art der Gebirgsformationen, welche die Ufer der Becken bilden.

Ausser den bereits erwähnten, kurzen Thälern im Küstengebirge und der Rooi Kibrahacha giebt es nur noch sehr wenige andere Thaleinschnitte von einiger Bedeutung. Zu ihnen gehört in erster Linie eine von steilen Klippen eingefasste Schlucht, welche sich am nordöstlichen Abhange des Christoffels befindet; ferner ein Thal, welches im schmalsten Theile der Insel von Hermanus aus sich nach Osten ausdehnt und ebenfalls sehr schroffe, aber wenig hohe Seitenwände besitzt. Die Letzteren werden von den inneren Abstürzen der beiden Küstengebirge gebildet, welche hier wegen der Schmalheit des betreffenden Theiles des Eilands nahe zusammengerückt sind und so das Thal entstehen lassen.

Alle anderen Thäler, nur sehr unbedeutende Wasserrisse ausgenommen, werden von Gehängen mit so geringer Neigung eingeschlossen, dass es besonderer Aufmerksamkeit bedarf, um ihren Verlauf zu erkennen; es sind langgestreckte, flache Mulden oder Canäle, in denen zur Regenzeit das Wasser nach der Küste abströmt und welche meistentheils ihre Endigung am Ufer der oben erwähnten, abgeschlossenen Becken finden.

Unter den Ebenen von Curaçao ist nur diejenige von einiger Bedeutung, welche sich im Osten des Tafelbergs an der Fuikbai, südöstlich vom Ost-Seinpost, ausdehnt und an der Küste unvollständig von dem dort mehrfach unterbrochenen Randgebirge eingeschlossen ist. Kleinere Ebenen befinden sich am Innenrande der Binnenwässer, so östlich vom Schottegat, westlich von Hermanus, hinter der Boca von Savonet und an einigen anderen Orten; indessen ist ihre Ausdehnung eine so geringe, dass sie in dieser Darstellung übergangen werden dürfen.

Die orographischen Verhältnisse von Curaçao sind auch auf der besten der bestehenden Karten, der oben erwähnten Darstellung von Raders, nur äusserst unvollkommen wiedergegeben. Das Küstengebirge ist im mittleren und östlichen Curaçao gut, im westlichen Theile der Insel mangelhaft eingezeichnet; die Höhen des Innern sind indessen so falsch und lückenhaft, dass von der sie betreffenden Zeichnung nur der Christoffel, der Hieronimo, Antonieberg, Ost-Seinpost und Midden-Seinpost zuverlässig erscheinen, während die Karte im Uebrigen betreffs des inneren Theiles des Eilands ganz falsche Vorstellungen erweckt.

Abgesehen von den Reliefverhältnissen ist aber die Rader'sche Karte sehr brauchbar und konnte ich deren neueste Ausgabe um so eher als Basis für meine geologische Karte benutzen, als darin jene Verhältnisse nicht weiter in Betracht kommen. Meine topographische Grundlage ist eine auf kleineren Maasstab reducirte Reproduction der Rader'schen Zeichnung, unter Weglassung ihres orographischen Theiles.

Geognostische Beobachtungen.

Von einem 29tägigen, durch die Reisen nach Aruba und Bonaire zweimal unterbrochenen Aufenthalte auf Curaçao konnte ich für die geognostische Untersuchung der Insel nur 18 Tage verwenden. Die im ersten Theile dieses Werkes geschilderte Schwierigkeit des Reisens auf Curaçao war hievon die Hauptursache. Zudem mussten die Excursionen so eingerichtet werden, dass sie gleichzeitig den Anforderungen der Botaniker unserer Gesellschaft genügten, was bekanntlich von vornherein nur wenig zweckentsprechend sein konnte. Der Ueberblick über die geognostischen Verhältnisse wurde indessen im östlichen und auch in einem Theile des westlichen Curaçao durch den fast völligen Mangel an dichtem Pflanzenwuchse sehr erleichtert.

In der angegebenen Zeit konnte ich untersuchen: 1tens die weitere Umgebung von Willemstadt. 2tens Hato. 3tens Brievengat. 4tens Fuik und den östlich von dort gelegenen Landstrich. 5tens Beekenburg. 6tens Hermanus und den schmalsten Theil der Insel. 7tens die Gegend von St. Jan. 8tens Savonet und Umgegend, bis nach Westpunt einerseits und bis zum Antonieberg andererseits.

Die zwischenliegenden Landstriche sind nur auf sehr flüchtiger Durchreise passirt; indessen konnte von den angegebenen Stationen aus jedenfalls das Wesentlichste der geognostischen Verhältnisse studirt und ein allgemeiner Ueberblick gewonnen werden. Welcher Werth den Formationsgrenzen meiner geologischen Karte zukommt, soll weiter unten bei den verschiedenen Bildungen im Einzelnen angegeben werden.

a. Im östlichen Curaçao.

Diabase.

An dem Aufbau von Ost-Curaçao nehmen Diabase den wesentlichsten Antheil, denn nicht nur bestehen fast sämmtliche vom Küstengebirge eingeschlossenen Hügel aus dieser Formation, sondern es werden auch die das Meer begleitenden Höhen zum Theil von ihr gebildet. Sedimentärgesteine, denen die Diabase zwischengelagert wären, sind auf Curaçao nicht bekannt; auch deutet die Richtung der kleinen, von diesem Eruptivgesteine gebildeten Hügel nirgends auf ein bestimmtes Streichen hin, so dass eine Anordnung in Lagern sich nicht nachweisen lässt. Da es ferner nach Analogie anderer Vorkommnisse bekanntlich nicht wahrscheinlich ist, dass die Diabase auf Curaçao als typhonischer Stock auftreten sollten, so betrachte ich die Lagerungsform als deckenartige Ausbreitung. Der Vergleich mit den Diabasen von Aruba legt aber die Vermuthung nahe, dass diese Decke in der Tiefe mit Lagergängen zusammenhänge. Ursprüngliche Kuppen dürften nirgends vorhanden sein, denn das flachwellige Terrain hat sein heutiges Relief im Wesentlichen der Erosion zu danken, welche die zahlreichen, kleinen Hügel leicht herausmodelliren konnte, da das Innere der Insel noch vor Kurzem vom Meere bedeckt war (vgl. unten) und die ganze Diabasformation in Folge dessen eine tief hinabreichende Auflockerung und Zersetzung erfahren hat.

Die Gesteine besitzen meist dichte Struktur, selten sind sie kleinkörnig; es muss aber leider unentschieden bleiben, ob wir es in letzterem Falle nur mit einer verschiedenen Facies oder mit verschiedenen Eruptionen zu thun haben, da grössere Aufschlüsse in dem ganzen Diabasgebiete fehlen. Diese Unsicherheit herrscht auch betreffs des kleinkörnigen Diabases, den Kloos von Australia, am inneren Abhange des Priesterbergs, beschrieb und den ich daselbst aus einem Brunnenloche erhielt, in welchem er in 10 m Tiefe ansteht, bedeckt von aufgelockerten Massen derselben Felsart.

Nur in der Nähe von Klein Mal Pays traf ich einen körnigen Diabas an, welcher den dichten Diabas gangförmig durchsetzen könnte. Ersterer bildet hier unter andern einen Hügel, auf dessen Oberfläche rundliche, nicht kugelschalige, schwer zersprengbare Blöcke zerstreut liegen, während an seinem Fusse körniger und dichter Diabas innerhalb des Abstandes von nicht mehr als 1 m neben einander anstehen. Der Contakt beider Gesteine war wegen Unvollständigkeit der kaum mehr als handbreiten Aufschlüsse freilich nicht zu beobachten.

Die dichten Diabase in Ost-Curaçao sind so sehr zersetzt, dass sich fast an keinem Punkte ein Handstück schlagen lässt; die Felsart zerbröckelt unter dem Hammer in dem Maasse, dass sie bequem zur Ausbesserung von Wegen abgestochen werden kann. Nur in der Rooi Kibrahacha, am Fusse des Ost-Seinpost, war die Diabasformation minder verwittert, und ich schreibe dies dem Umstande zu, dass daselbst das durch die Meeresbedeckung zersetzte und aufgelockerte Material mit Hilfe des fliessenden Wassers fortgeführt worden und das minder zersetzte Gestein an die Oberfläche gerückt ist. Hier entsprechen die Verhältnisse denen der Insel Aruba, deren Diabase uns später beschäftigen werden.

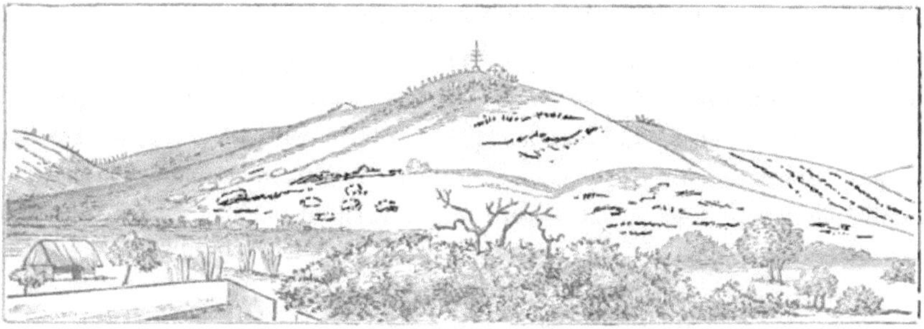

Fig. 2. Ost-Seinpost,
gesehen von Fuik aus. Der Thaleinschnitt zur Linken ist die Rooi Kibrahacha.

Nirgends nimmt man im Gebiete der dichten Diabase von Ost-Curaçao Blöcke als Ueberreste schwerer verwitternder Massen wahr, obwohl hie und da in dem grünlich gefärbten Gesteine unregelmässig ellipsoidische bis rundliche, von braunen Zersetzungsprodukten umgebene Partieen erscheinen, die indessen keine merklich grössere Festigkeit zeigen. Auch sie sind gleich dem Ausgehenden der ganzen Formation von zahlreichen, regellos verlaufenden Kluftflächen durchsetzt, auf denen Kalkspath eine gewöhnliche Erscheinung ist. Nach Kloos kommt auch Prehnit in schmalen Trümern vor. Für die Beobachtung dieser Verhältnisse ist namentlich der Weg von der Stadt nach Hato geeignet, woselbst die Diabase auf weite Strecken in mannshohen Entblössungen aufgeschlossen sind. Säulenförmige Absonderung habe ich nirgends wahrgenommen.

Vereinzelt setzen Quarzgänge von geringer Mächtigkeit im Diabase auf, unter denen indessen nur die in der Rooi Kibrahacha vorkommenden erwähnenswerth sind. Hier liegen auch am Ausgange der Schlucht, bis in die Nähe des Hauses von Fuik, Brocken von Quarzit in grosser Menge an der Oberfläche zerstreut, so dass man an die Verhältnisse im Diabasgebirge von Aruba erinnert wird, während im Uebrigen die Quarzgänge von Curaçao einen Vergleich mit diesen nicht zulassen.

Die Verwitterungsprodukte der Diabase werden durch die zu Zeiten fallenden, schweren Regengüsse von den Höhen abgespült, so dass die Letzteren, statt von

Thon, nur von zahllosen kleinen Scherben des Eruptivgesteins bedeckt werden, wenn nicht der lauchgrüne oder von einer dünnen, braunen Eisenockerrinde überzogene Fels unmittelbar zu Tage ausgeht. Das gelbbraune Colorit, hie und da mit einem Stich ins Grüne, lässt sich bei dem Mangel einer Pflanzendecke auf weite Strecken hin leicht überblicken. Die braunen, eisenschüssigen Thone aber, welche als Endprodukt der Verwitterung in den flachen Mulden des Binnenlandes sich ablagern und hier durch künstliche Anlagen vor der Wegführung ins Meer geschützt werden, erreichen eine ganz bedeutende Mächtigkeit. In mehreren Brunnenlöchern waren die Thone bei 10 m Tiefe noch nicht durchsunken.

Die Betheiligung der Diabase an dem Aufbau des Küstengebirges bedarf noch besonderer Erläuterung, da das Eruptivgestein hier als Liegendes der quartären Kalke auftritt und durch Letztere fast ganz verhüllt wird. Deswegen giebt auch Gabb an, dass das ganze Küstengebirge aus Korallenkalken bestehe, während er die Diabasformation auf Curaçao überhaupt nicht erkannte und den im Innern von ihr eingenommenen Raum nur als „internal rolling plain" in seiner Mittheilung anführt, und zwar als aequivalent mit den Korallenkalken. Es mag dies gleichzeitig als ein Beweis für die grosse Schwierigkeit gelten, mit der die geognostische Untersuchung des niedrigen, tief zersetzten Gebirges verbunden war.

Wenn man aber an den inneren, steilen Gehängen der die Küste begleitenden Höhen emporsteigt, so überzeugt man sich bald, dass dieselben von einem Grus bedeckt sind, welcher sich durch nichts von demjenigen des Diabasgebietes im Innern der Insel unterscheidet. Erst nahe dem Gipfel, wo der geringere Böschungswinkel plötzlich in den steileren Absturz übergeht (vgl. Orographie), beginnt der Korallenkalk, der somit nur in einer verhältnissmässig geringen Mächtigkeit die Diabasformation überlagert. Das Eruptivgestein befindet sich an der Grenze der beiden verschiedenen Böschungswinkel in unmittelbarem Contakte mit dem Korallenkalke, und die Scheidungslinie der Formationen lässt sich in der weiteren Umgebung der Stadt mit grosser Schärfe verfolgen, so an der Höhe, auf der Fort Nassau gelegen ist, und an den kleinen Bergen im Westen von Willemstadt. Instruktiv ist in dieser Beziehung vor allem auch der Ueberblick, den man von Altena aus hat, wenn man von dort nach genanntem Fort hinübersieht.

Quartäre Conglomerate und Kalke.

Während nahe dem Gipfel, am Innenrande des Küstengebirges, Diabase und Kalke, wie eben erwähnt, in unmittelbarem Contakte sich befinden, ist dies am Fusse des seewärts gekehrten Abhanges nicht der Fall. Hier schaltet sich zwischen beide Formationen noch eine aus unreinen Kalken und Conglo-

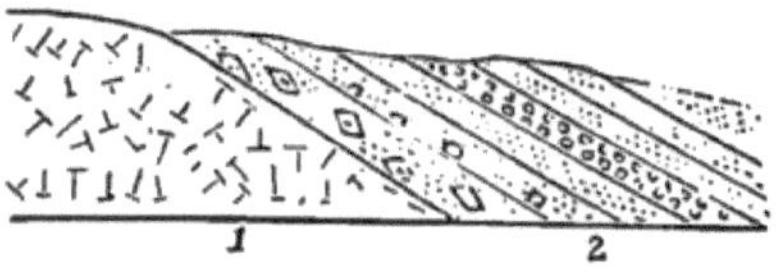

Fig. 3. Profil bei Plantersrust.
1. Diabas. — 2. Conglomerate und unreine Kalksteine.

merateu bestehende Schichtenreihe ein. Gegenüber dem Eingange zum Gute Plantersrust, im Westen der Stadt, ist das beistehende Profil aufgeschlossen. Der Diabas wird von Schichten überlagert, welche, annähernd parallel der Begrenzungsfläche des Eruptivgesteins, ein Fallen von 27° nach SW und ein Streichen von W 17° N zeigen. In den unreinen Kalksteinen und den durch ein kalkiges Cement bald fest bald locker verbundenen Conglomeraten lassen sich die allothigenen Bestandtheile leicht als Diabasbruchstücke erkennen, um so eher als in der Schicht, welche das Eruptivgestein unmittelbar überlagert, auch ziemlich ansehnliche, eckige Bruchstücke von Diabas enthalten sind. Der feinkörnige Detritus erweist sich bei mikroskopischer Prüfung als von der gleichen Felsart abkünftig.

Beim Zurücktreten der gröberen Bestandtheile des Conglomerates stellen sich Petrefakte ein, die freilich nur in Steinkernen überliefert siud. Ich fand darunter Lamellibranchiaten und Gastropoden, besonders aber auch Korallen, deren ausgefüllte Mesenterialfächer ungemein zierliche Versteinerungen gebildet haben. Diese Korallen sind aber allem Auscheine nach nur in Bruchstücken in dem Gesteine vorhanden, und unter ihnen sind Madreporaceen in erster Linie vertreten. Unter den Steinkernen von Gastropoden glaubte ich *Strombus gigas* zu erkennen; nur *Ostrea spec.* fand sich in Schalenbruchstücken vor, da die Schalen dieser Gattung bekanntlich zu den am meisten widerstandsfähigen gehören; aber auch sie liessen eine Artbestimmung nicht zu. Der Eindruck, den die Fauna macht, ist der einer sehr jugendlichen Bildung; das lässt sich trotz der ungünstigen Erhaltung jedenfalls noch wohl erkennen.

Das Hangende der hier beschriebenen Sedimente ist an demselben Orte nicht mehr aufgeschlossen; dagegen sieht man in unmittelbarer Nähe, in den Anpflanzungen von Plantersrust, die Conglomerate als Liegendes derjenigen Korallenkalke auftreten, welche sich bis zum Gipfel des Priesterberges ausdehnen. Die Conglomerate, in denen abgerundete Diabasbruchstücke bis zu mehreren Centimetern Durchmesser vorhanden sind, enthalten auch hier neben Resten von Mollusken wiederum ästige Korallenstöcke in grösserer Zahl.

Während bei Plantersrust demnach die drei verschiedenen Formationen, welche von unten nach oben als Diabas, Conglomerate und Korallenkalke auf einander folgen, gleichzeitig aufgeschlossen sind, ist dies an keinem anderen der von mir besuchten Punkte der Fall. Wohl aber sind an vielen Orten in den kurzen, das Küstengebirge rechtwinklig durchschneidenden Thälern und Canälen Profile entblösst, welche das Lagerungsverhältniss von Conglomeraten und Korallenkalken näher demonstriren. Unter ihnen sind zwei Profile, welche westlich und östlich vom Hafen, unweit des Eingangs zum Schottegat, sich befinden, besonders von Wichtigkeit.

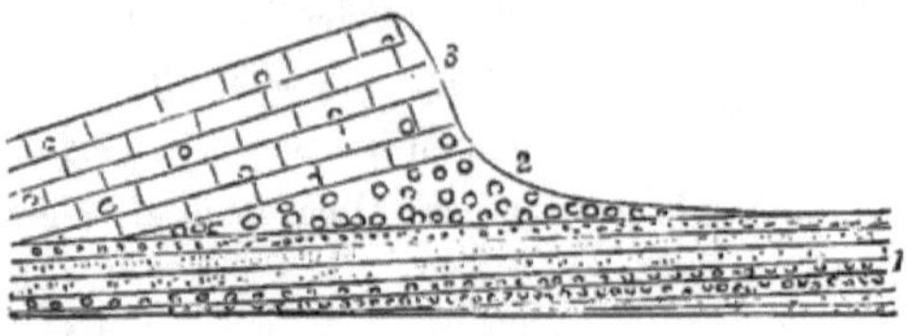

Fig. 4. Profil westlich vom Hafen.

1. Diabas-Trümmergesteine. — 2. Korallenkalk mit Diabasgeröllen. — 3. Korallenkalk, fast rein.

Der bedeutendste Aufschluss ist der westliche. Hier liegt unmittelbar über dem Meeresspiegel ein Complex von lockerem Grand, Breccien und Conglomeraten, in denen die Geschiebe und Gerölle faustgross werden (1). Es sind Diabas-Trümmergesteine, von denen die Conglomerate durch ein kalkiges Cement zu einem sehr festen Gesteine verbunden sind, und welche, bald gröber bald feiner, ohne Gesetzmässigkeit mit einander abwechseln. Gerölle herrschen unter den allothigenen Bestandtheilen bedeutend vor den Geschieben vor. Korallenbruchstücke sind in den oberen Schichten dieses Complexes nicht selten, doch fehlen unversehrte Korallen, wie es scheint, gänzlich. *Strombus gigas* liess sich mit Sicherheit auch darin nachweisen, neben *Venus cancellata* und anderen, unbestimmbaren Muschelresten. Die Schichten fallen unter einem Winkel von 4—5° nach der Küste zu ein.

Im Hangenden treten zunächst unreine Korallenkalke auf (2), in denen die ästigen und fingerförmigen Abdrücke von Madreporiden in grosser Zahl der Art zu beobachten sind, dass ihre Lage der vom lebenden Thiere eingenommenen Stellung entspricht. An der Basis schliessen diese Kalke noch zahlreiche Gerölle ein und vermitteln so unmerklich den Uebergang zu den das Liegende darstellenden Trümmergesteinen (1). Ebenso ist die Grenze nach dem Hangenden (3) hin sehr undeutlich, denn Letzteres wird ebenfalls von Korallenkalken gebildet, die sich nur durch fast gänzlich zurücktretende Gerölle und eine Neigung von 18—19° nach der Küste zu als zusammengehörig und von den soeben erwähnten Kalken verschieden charakterisiren. Die Discordanz von 1 und 3 wird also durch die mit 2 bezeichneten, an Geröllen reichen Korallenkalke vermittelt, und das Ganze stellt eine ununterbrochene Ablagerung dar, welche seit ihrer Bildung keinerlei Störung erlitten hat. Die scheinbare Aufrichtung der Kalke steht, wie unten näher erörtert werden soll, mit der Verschiebung der Strandlinie in Zusammenhang; hier möge nur noch hervorgehoben werden, dass in diesem instruktiven Profile sämmtliche Korallenstöcke ihre naturgemässe Stellung bewahrt haben, was sich in allen Einzelheiten an der senkrecht abgeschnittenen Wand verfolgen lässt. Madreporiden herrschen unter den Korallen ganz bedeutend vor; dazwischen liegen, gleichsam in Höhlungen der ästigen

Stöcke, Gruppen von Astraeaceen, zu denen sich dann noch eine Reihe von Muscheln, Wurmröhren u. s. w. gesellt. Unter Ersteren ist wiederum *Strombus gigas* neben *Pyrula melongena*, *Chama macrophylla*, *Lithodomus* und anderen vertreten. Die meisten Fossilien sind nur als Steinkerne überliefert.

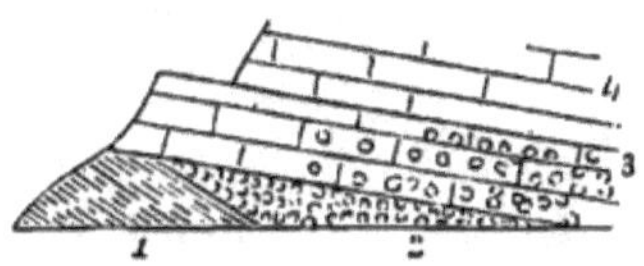

Fig. 5. Profil östlich vom Hafen.
1. Grand. — 2. Conglomerate. — 3. Korallenkalk mit Diabasgeröllen. — 4. Korallenkalk, rein.

Gegenüber dem hier beschriebenen Profile befindet sich östlich vom Hafen ein zweites, welches sich nach Obigem von selbst erklärt. Diagonal geschichteter Grand, welcher einzelne grössere Diabasgeschiebe enthält und kaum Spuren von Kalk, wird von eisenschüssigen, durch Kalk cementirten Conglomeraten der Art überlagert, dass sich beide Gesteinsarten rasch gegen einander auskeilen. Darüber liegt eine Kalkbank, die in ihrem tieferen, der Seeseite zugekehrten Niveau zahlreiche, im Mittel faustgrosse Gerölle von Diabas einschliesst und so allmählig von Kalk in Diabasconglomerat übergeht. Ihr Hangendes wird von Korallenkalken gebildet, die ihre Fortsetzung in den quartären Kalken des Fort Nassau finden.

Beide Profile sind nicht nur vom geognostischen Gesichtspunkte aus interessant, sondern vor allem auch deswegen, weil sie uns anzeigen, wie der für das Wachsthum von Korallen ungünstige Untergrund von grobem Sande allmählig durch das Auftreten eines Kalkcementes mit Bruchstücken von Korallen, Muscheln u. s. w. für die Ansiedlung der Bauten vorbereitet wurde.

Aehnliche Aufschlüsse finden sich noch an manchen anderen Punkten der Südküste des östlichen Curaçao, und es würde ermüdend sein, hier die stets in den wesentlichsten Zügen sich wiederholenden Verhältnisse einzeln zu schildern. Erwähnenswerth ist nur noch der Umstand, dass am spanischen Hafen in den Diabasconglomeraten auch eine offenbar von der Küste abgeschwemmte Landschnecke sich fand, und zwar *Pupa uva*, welche noch heute das Eiland bewohnt.

Nur im Innern der Caracas-Bai wird der Diabas unmittelbar von den Korallenkalken überlagert, ohne dass sich zwischen beide Formationen ein Trümmergestein einschaltete. Statt dessen sind die Kluftflächen, welche das Eruptivgestein regellos durchsetzen mit einer Breccie gangartig ausgefüllt. Die Bruchstücke derselben sind vom Nebengesteine abkünftig und das Cement ist Kalk, welcher von oben her in die Spalten eingedrungen sein dürfte. Diese Verhältnisse, welche am Fusse der Klippe, auf der das Quarantäne-Etablissement sich befindet, gut zu beobachten sind, deuten darauf hin, dass in der Caracas-Bai zur Zeit der Bildung der Korallenkalke keine erhebliche Brandung stand, entsprechend den Zuständen, die wir auch heute noch dort finden; denn die Bucht ist fast so ruhig wie ein Binnenmeer.

Die Ausdehnung der quartären Bildungen ist aus der Karte ersichtlich; die Beschreibung des petrographischen und palaeontologischen Charakters der Kalke behalte ich mir für einen späteren Abschnitt vor, da die gleichartige Ausbildung der betreffenden Schichten auf allen drei Inseln eine gemeinschaftliche Behandlung anempfiehlt. Aus gleichem Grunde übergehe ich hier vorläufig die jüngst gehobenen Korallenkalke und Muschelbänke, deren Trennung von den älteren quartären Bildungen stellenweise mit sehr grossen Schwierigkeiten verbunden ist.

Kreideformation.

Wenn man dem Wege folgt, welcher vorbei an dem oben erwähnten Gute Plantersrust von der Stadt nach Hato führt, so begegnet man anfangs keiner anderen Formation als den Diabasen. Erst kurz bevor der Innenrand des Küstengebirges am Nordstrande erreicht ist, sinkt das Eruptivgestein unter alluviale Bildungen weg, und bald darauf sieht man aus Letzteren die Schichtenköpfe einer aus Sandsteinen, Tutenmergeln und Kalksteinen gebildeten Formation herausschneiden. Es sind mehrere kleine, kaum $^1/_2$ m mächtige und $^1/_2$—1 m hoch aus dem Alluvium hervorragende Partieen, deren Schichten auf dem Kopfe stehen und von W nach O, fast parallel der Küste, quer über den Weg streichen. In wenigen Schritten Abstand folgen nach der Seeseite zu noch andere Schichtenköpfe von gleicher petrographischer Beschaffenheit, von gleich geringer Mächtigkeit und mit gleichem Streichen, und dies wiederholt sich noch mehrfach in der Richtung von Süd nach Nord.

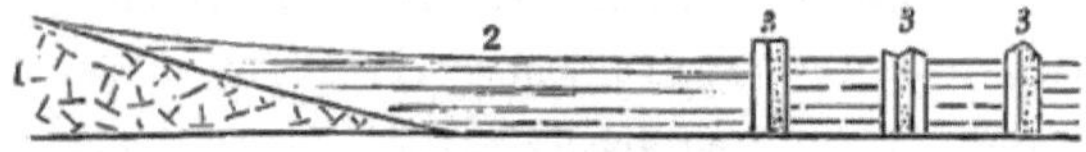

Fig. 6. Am Innenrande des Küstengebirges von Hato.
1. Diabas. — 2. Alluvium. — 3. Cretaceïsche Sedimente.

Der petrographische Charakter der betreffenden Schichten stimmt durchaus mit demjenigen überein, den die cretaceïschen Sedimentärgesteine im westlichen Curaçao zeigen, und dort wird auch die Altersbestimmung näher zu begründen sein. Hier ist indessen noch hervorzuheben, dass in West-Curaçao die Sand- und Kalksteine häufig mit schiefrigen Mergeln vergesellschaftet sind. Das dürfte auch an diesem Orte der Fall sein, doch sind wahrscheinlich die leichter zerstörbaren Schichten, welche mit den Sand- und Kalksteinen wechsellagern, an der Oberfläche durch die Wirkung der Erosion fortgeführt und nur die widerstandsfähigeren Reste des Schichtencomplexes hier erhalten geblieben. Ihre Ausdehnung im Streichen liess sich weder nach W noch nach O bei Hato weiter verfolgen.

Andere Schichten, welche sich durch ihren petrographischen Charakter gleichfalls als den cretaceïschen Ablagerungen des westlichen Inseltheiles aequivalent erweisen, traf ich bei Brievengat an. Das Haus ruht daselbst auf Kieselschiefer und in seiner unmittelbaren Nähe, nach Westen zu, erhebt sich ein nur wenige Meter hoher Hügel, welcher aus Kieselschiefer und Sandstein besteht. Die Umgebung ist wieder durch die künstlich angehäuften Abschwämmungsprodukte des inneren Inseltheiles verhüllt; aber weiter nach der Küste zu, wo das abströmende Wasser eine der Schutzmauern der Plantage zerrissen hatte, war ein kleines Profil entblösst, in dem ein thoniger Kalkstein und Sandsteine zu Tage traten. Die Schichten streichen auch hier von W nach O und fallen 45° nördlich. Unfern dieses Aufschlusses, östlich vom Strandwege, steht ein aus Kieselschiefer-, Diabas- und kleinen Quarz-Bruchstücken gebildetes Conglomerat an, welches durch Kalk cementirt und von Kalkspathadern durchzogen ist; alle hier genannten Gesteine aber nehmen im westlichen Curaçao an dem Aufbau der Kreideformation Theil.

Besonderer Erwähnung verdient schliesslich noch ein eigenthümlich blaugrün gefärbtes Trümmergestein, welches am Innenrande des Küstengebirges, zwischen Ronde Klip und Brievengat und zwar mehr dem letzteren Orte genähert, östlich vom erwähnten Strandwege, ansteht. Es stimmt mit den Beschreibungen überein, die von der sogenannten, auf den westindischen Inseln weit verbreiteten, cretaceïschen „Blue-beache" gegeben werden. 1) Im Einklange damit steht auch das Resultat einer von Wichmann ausgeführten, mikroskopischen Untersuchung, nach der das Gestein als Dioritbreccie zu bezeichnen ist. An keinem anderen Orte der drei Eilande habe ich die Blue-beache angetroffen.

Trotz der unbedeutenden Aufschlüsse, die ich gelegentlich meiner flüchtigen Besuche bei Hato und Brievengat beobachten konnte, glaube ich doch nicht zu irren, wenn ich annehme, dass die cretaceïschen Schichten an der Bildung des nördlichen Küstengebirges denselben Antheil nehmen, wie es die Diabase im südlichen Küstengebirge thun. Der innere Abhang der den Strand begleitenden Höhen ist nämlich bei Brievengat durch ein röthliches, von dem der Diabase völlig abweichendes Colorit ausgezeichnet, und rothbraune, eisenschüssige Quarzsande finden sich hie und da in den Niederungen. Die gleiche, röthliche Färbung ist aber auch für die Kreideformation an anderen Orten der Insel bezeichnend. Ausserdem sind die oben erwähnten Aufschlüsse von Kalkstein, Sandstein und Conglomeraten in Einschartungen des quartären Korallenriffes gelegen, wonach sie nur als Liegendes des Letzteren gedeutet werden können, wenngleich die Ueberlagerung durch die Kalke nicht direkt beobachtet wurde.

Auf Grund der mitgetheilten Lagerungsverhältnisse bei Hato und Brievengat

1) P. T. Cleve. On the Geology of the North-Eastern West India Islands. (Kongla Svenska Vet. Akad. Handl. B. 9. N° 12) pag. 4 u. 40. — Suess. Das Antlitz der Erde I. pag. 702.

und besonders des an beiden Orten beobachteten Streichens der cretaceïschen Schichten von W nach O habe ich angenommen, dass die Kreideformation sich längs der ganzen Nordküste von Ost-Curaçao ausdehne, eine Annahme, welche auch dadurch gestützt wird, dass gleiche Schichten abermals im Groote Berg angetroffen werden. Von diesem westlichsten Punkte Ost-Curaçao's aus erstrecken sich die Ablagerungen der Kreideformation noch weiter nach Süden und Südosten, denn bereits unweit Klein Mal Pays stehen am Fusse des oben beschriebenen Hügels von körnigem Diabas cretaceïsche Sandsteine an. Hier nimmt man auch eine sehr wesentliche Aenderung im Relief der Landschaft wahr, wenn man von der Stadt kommend seinen Weg zum Groote Berg hin fortsetzt, denn statt des flachwelligen Hügellandes, welches das Innere von Ost-Curaçao im Uebrigen auszeichnet, bemerkt man zwischen Klein Mal Pays und dem Groote Berg niedrige Höhen mit scharfen Kämmen, eine Reliefform, die auf Curaçao, soweit mir bekannt, nur den cretaceïschen Ablagerungen eigen ist.

Im westlichen Abschnitte von Ost-Curaçao schaltet sich demnach, gleichwie an seiner Nordküste, zwischen die Diabase und quartären Bildungen die Kreideformation ein; dagegen zeigt der östliche Abschnitt dieses Inseltheiles wiederum einen mit der Südküste übereinstimmenden Bau. Die Diabase werden hier unmittelbar von den jungen Korallenkalken überlagert, und ihre Grenze ist durch eine Linie angedeutet, welche vom Westen von Punt Canon aus sich über den Südfuss des Ost-Seinpost, von dort über das Haus von Fuik bis an den östlichen Abhang des Tafelberges hinzieht. Im Süden und Südosten grenzt hier an die Diabasformation eine alluviale, aus den Verwitterungsprodukten des Eruptivgesteins entstandene Ablagerung, als deren Mächtigkeit man bei Anlage eines Brunnens auf Fuik 11 m fand. Von der Kreideformation ist im Osten nirgends eine Spur aufzufinden.

Aus den geognostischen Beobachtungen im östlichen Curaçao ergiebt sich, dass von der Küste nach dem Innern der Insel zu die untenstehenden Formationen auf einander folgen:

Im Norden und Westen.	Im Süden und Osten.
Quartäre Kalke	Quartäre Kalke
(Quartäre Conglomerate mit Bruchstücken cretaceïscher Gesteine?)	Quartäre Diabasconglomerate
Cretaceïsche Sedimente	Diabas.
Diabas.	

Die quartären Conglomerate, welche im Norden und Westen bei dem Mangel an grösseren Aufschlüssen nicht beobachtet sind, dürften daselbst, wie nach Analogie anderer Lagerungsverhältnisse im westlichen Curaçao zu schliessen ist, schwerlich fehlen. Ich vermuthe, dass aus den Bestandtheilen der cretaceïschen Formation gebildete Trümmergesteine hier die gleiche Rolle spielen wie die Diabasconglomerate an der Südküste, und dass der petrographische Charakter dieser Conglomerate des Nordstrandes mit demjenigen der unten zu behandelnden Conglomerate von Hermanus übereinstimme. Die jüngsten Korallenkalke und aequivalenten Bildungen sind aus bereits erwähnten Gründen in dieser Uebersicht vorläufig übergangen.

b. Im westlichen und mittleren Curaçao.

An dem Aufbau von West-Curaçao betheiligen sich die gleichen Formationen, welche von Ost-Curaçao im Obigen beschrieben wurden; es erreichen aber die cretaceïschen Ablagerungen im Westen eine weit grössere Mächtigkeit und die Lagerungsverhältnisse sind so complicirt, dass sie sich bei dem Mangel an grösseren Aufschlüssen nur ungemein schwierig beurtheilen lassen. Es scheint deswegen geboten mit der Beschreibung derjenigen Schichten zu beginnen, deren Altersbestimmung keinem Zweifel unterworfen ist, um darauf ihre Beziehungen zu den übrigen Bildungen zu erörtern.

Rudistenkalk.

In der Gegend von Savonet tritt vereinzelt ein feinkörnig krystallinischer bis dichter, von vielen, feinen Kalkspathadern durchzogener Kalkstein auf, welcher splittrig bricht und schmutzig-bis blaugrau, einzeln auch gelblichweiss, gefärbt ist. Selten kommen kleine, abgerundete Kieselschieferbruchstücke in dem Kalksteine vor. Dem petrographischen Charakter nach könnte man geneigt sein, ihn für eine palaeozoische Bildung zu halten.

Der bedeutendste Aufschluss dieser Formation befindet sich in unmittelbarer Nähe von Savonet, südlich vom Hause, und wird von der Fahrstrasse durchschnitten. Hier dürften die Kalksteine etwa 20 m über die Thalsohle sich erheben und 40 m Meereshöhe erreichen. Sie werden stellenweise von einer groben Breccie bedeckt, die aus mehrere cm grossen Bruchstücken von Rudisten und Kalkalgen besteht, einzelne Exemplare von *Pupa uva* einschliesst und durch einen rothbraunen Kalk cementirt ist, offenbar eine Bildung der allerjüngsten Zeit.

Von gleicher Höhe ist nach roher Schätzung eine zweite, ansehnliche Partie derselben Formation, welche nordwestlich von Savonet, links von dem nach Westpunt führenden Wege, ansteht und hier eine schroffe, von den übrigen Gesteinen scharf sich abhebende Klippe formt. Kleinere Fetzen der Kalkschicht ragen nördlich und östlich von Savonet aus den unten zu behandelnden Kieselschiefern hervor, welche der Zerbröckelung eher anheimgefallen sind als die mächtigen Kalkbänke; doch sind auch die Letzteren oberflächlich fast ganz in grosse, quaderförmige Blöcke zertheilt, welche in der Regel sich nicht mehr in situ befinden.

Die Bestimmung des Streichens und Fallens ist dadurch an den meisten Punkten unmöglich geworden; nur an einer Kalkpartie östlich von Savonet liess sich als Streichungslinie W 18° N feststellen, verbunden mit antiklinaler Lagerung. In diese Streichungslinie fallen noch zwei andere der kleineren Fetzen dieser Formation; die übrigen Particen passen nicht hinein und liessen auch keine nähere Bestimmung zu. Sie sind in der beigefügten Kartenskizze aus diesem Grunde einigermaassen willkürlich eingetragen. Auf dem Gipfel der ersterwähnten Anhöhe im Süden der Plantage nimmt die Kalkschicht eine schwebende Lage ein, während sie am nordöstlichen Abhange mit dem Berge fällt; hier befindet sich also wahrscheinlich eine zweite Antiklinale.

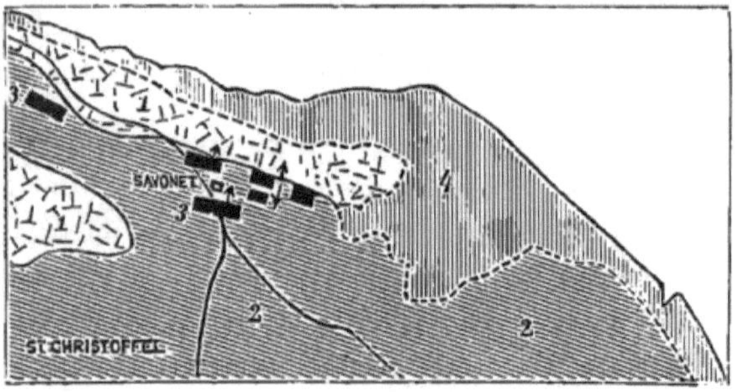

Fig. 7. Umgegend von Savonet.

1. Diabas. — 2. Kieselschiefer. — 3. (schwarz) Rudistenkalke. — 4. Quartärformation.

Die Kalksteine treten in unmittelbarem Contakte mit Kieselschiefern auf, und wo das Einfallen der steil aufgerichteten Schichten überhaupt zu bestimmen ist, überzeugt man sich auch leicht von der völlig concordanten Lagerung der Kalke und Schiefer. Da nun die Letzteren, wie im Folgenden erörtert werden wird, vielfach geknickt und gefaltet sind und die Kalkschicht ebenfalls antiklinalen Bau erkennen lässt, so gewinnt es einen hohen Grad von Wahrscheinlichkeit, dass Schiefer und Kalke ein Schichtensystem darstellen, welches zu mehreren, unter einander und der Küste von Savonet annähernd parallelen Falten zusammengeschoben ist.

Ungemein reich sind die Kalksteine an Resten von *Rudisten* (*Radiolites Lam.*), welche freilich in einem so unvollkommenen Erhaltungszustande überliefert sind, dass es besonderer Aufmerksamkeit bedarf, um sie als solche zu erkennen. Es sind nur grosse Brocken der äusseren Schalenschicht, welche bekanntlich am längsten von den Gehäusen genannter Gattung erhalten bleiben, und diese Brocken sind vielfach verdrückt, verschoben und zersplittert, so dass sie dem Gesteine eine breccienartige Struktur verleihen. In einzelnen Fällen sind an den Bruchstücken indessen noch sehr wohl die verästelten Eindrücke der Radialgefässe auf den Querböden erhalten (Tab. II,

Fig. 14 u. 17) und an Einem derselben erkennt man noch deutlich die innere Grenze der Schalenschicht (Fig. 14), obwohl auch sie nicht mehr den ursprünglichen Verlauf zeigt, sondern an der mit einem Sterne bezeichneten Stelle stark verdrückt ist.

In Folge der vielen Verdrückungen haben die Querböden nicht selten ihre parallele Lage eingebüsst, und die Fossilien machen dann im Längsbruche den Eindruck von incrustirenden Korallen, welche andere im Kalke eingeschlossene Organismen zu überziehen scheinen. In Wirklichkeit haben aberLetztere bei der mechanischen Veränderung des Gesteines nur das Widerlager für die Bruchstücke der Rudisten gebildet (Fig. 21).

Lassen sich schon makroskopisch derartige Störungen in der gegenseitigen Lage der einzelnen Theile der Fossilien wahrnehmen, so ist dies mikroskopisch in noch weit höherem Grade der Fall, denn hier sieht man an manchen Stellen im Gesteine die Zertrümmerung so weit fortgeschritten, dass jede einzelne Zellwand isolirt ist. Solche Partieen machen in Dünnschliffen auf den ersten Blick den Eindruck, als wäre der Kalkstein mit zahlreichen kleinen, vertikal durchschnittenen Gehäusen von scheibenförmigen Foraminiferen erfüllt, um so mehr, als man nur vereinzelt darin noch kleine Bruchstücke findet, an denen rechtwinklig auf einander stossende Zellwände wahrgenommen werden. Der Antang einer solchen Zertrümmerung ist in Fig. 18 dargestellt.

Diese Abbildung (Fig. 18) weist zugleich Merkmale auf, wodurch sich die Brocken von *Radiolites Lam.* im Längsschnitte sicher von palaeozoischen Korallen und Bryozoen unterscheiden lassen. Die Querböden gehen ohne irgend welche Unterbrechung von dem Einem in das jedesmal anliegende, andere Prisma über, während die Längswände des Letzteren in Folge dieser Eigenschaft in zahlreiche Glieder aufgelöst sind, die nur locker mit einander zusammenhängen. Die Seitenwände der Prismen benachbarter Querschichten liegen nicht einmal stets in derselben Richtung, sondern weichen hie und da aus ihr heraus; sie fügen sich zapfenartig in die Einbiegungen der Querböden, welche im Längsschnitte wellig gebogen erscheinen, ein.

Der Querschnitt dagegen zeigt eine auffallende Uebereinstimmung mit solchen von palaeozoischen Korallen und besonders von Chaetetiden: Von den völlig verschmolzenen Wänden aus ragen einzelne, hervorspringende Leisten, ganz in Uebereinstimmung mit Chaetetes, in das Lumen der Zellen hinein [1]); es sind dies die Durchschnitte durch die Lamellen, welche in diagonaler Richtung die Prismen von Radiolites durchsetzen (Fig. 16 u. 18) [2]). Als einziges Unterscheidungs-

1) Vgl. H. A. Nicholson. On the structure and affinities of the tabulate corals of the palaeozoic period. London 1879. tab. 12, fig. 4.

2) Vgl. auch Roemer. Die Kreidebildungen von Texas. Bonn 1852. tab. 6, fig. 1*d*.

merkmal kann in solchen Querschnitten der Rudisten vielleicht der Umstand dienen, dass die Zellen hier eine sehr auffallende Unregelmässigkeit im Umrisse zeigen und bisweilen stark geschwungene Seitenränder besitzen [1]), aber Aehnliches kommt doch auch bei palaeozoischen Bryozoen und Korallen vor [2]).

Der Umriss der Zellen ist meistens fünf- oder sechsseitig; ihr Durchmesser schwankt zwischen $\frac{1}{2}$ und 2 mm, am häufigsten beträgt er 1 mm. Von den Querböden kommen 13 bis 40 auf den Raum eines Centimeters. In der Regel ist die Höhlung der Zellen von Kalkspath, in anderen Fällen von Chalcedon ausgefüllt und nicht selten kommen ganz aus Kieselsubstanz bestehende Steinkerne vor (Fig. 15), welche die Rudisten auch da noch erkennen lassen, wo die Metamorphose im Uebrigen ihre Spuren bereits ganz verwischt hat. So ist in der oben erwähnten Kalkpartie am Wege nach Westpunt kein anderer Ueberrest eines Fossils mehr wahrzunehmen als die höckrigen Steinkerne der aus dem Gesteine hervorragenden, verkieselten Brocken von Radiolites.

An den anderen Aufschlüssen sind verkalkte Bruchstücke allerorts häufig und oft sieht man Letztere so dicht auf einander gepackt, dass Blöcke von mehreren Fussen Durchmesser überall die zierliche, netzförmige Struktur der Rudistenschalen zeigen, deren gegenseitige Begrenzung nicht mehr nachzuweisen ist. Uebrigens muss die Art eine bedeutende Grösse erreicht haben, denn ich fand unter anderen einen herausgewitterten Brocken der Aussenschale, welcher senkrecht zur Längsrichtung der Prismen 14 cm maass, wodurch sicherlich noch nicht die ganze Dicke angegeben ist.

Diese oben behandelten Reste habe ich früher als *Dania curasavica* [3]) beschrieben, da sie keinerlei Merkmale zeigen, wodurch sie von der Gattung *Dania E. H.* getrennt werden könnten, einer Gattung, welche auf Grund eines kleinen, *D. huronica* benannten Brockens eines Fossiles errichtet worden ist [4]). Unterstützt wurde diese Bestimmung durch die mikroskopische Prüfung des Querschnittes, das Vorkommen von Bruchstücken, welche an incrustirende, palaeozoische Korallen und Bryozoen erinnern, sowie durch die petrographische Beschaffenheit des Kalksteines; endlich schien der Umstand, dass die Kalke in Verband mit echten Kieselschiefern auftreten, auf ein palaeozoisches Alter der in Rede stehenden Schicht hinzuweisen. Ferd. Roemer erkannte zuerst die Uebereinstimmung des Fossils von Curaçao mit *Radiolites*, und ohne Zweifel ist diese Deutung die richtige, wie aus Obigem

1) Fig. 20, unten rechts.
2) Vgl. Nicholson l. c. tab. 1, fig. 6 und tab. 12, fig. 4*b*.
3) Brief im Neuen Jahrbuche für Mineralogie etc. Jahrg. 1885, Bd. II, pag. 239.
4) Edwards u. Haime Monogr. des polyp. foss. des terr. palaeoz. (Arch. du Mus. d'Hist. Nat Tome V.) pag. 275, tab. 18, fig. 2.

genügend hervorgehen dürfte; aber nichts destoweniger halte ich doch auch heute noch die anfängliche Bestimmung als *Dania* ebenfalls für richtig, da ich genannte Gattung für nichts Anderes als das Bruchstück eines Rudisten ansehen kann.

Die l. c. gegebenen Abbildungen und Beschreibungen lassen Nichts erkennen, wodurch *Dania E. H.* von einem Brocken von *Radiolites Lam.* [1]) zu unterscheiden wäre, so dass mehrere unserer verdientesten Palaeontologen das westindische Fossil mit mir als *Dania* gedeutet haben. Um die Frage endgiltig zu entscheiden, wünschte ich das Original der *D. huronica*, welches sich in Paris befindet, zu untersuchen, konnte es aber leider nicht erhalten; dagegen war A. Milne Edwards so freundlich, ein Bruchstück des Petrefakts von Curaçao daselbst für mich zu untersuchen und zu vergleichen sowie mir mitzutheilen: „C'est une autre espèce appartenant je crois à un autre genre". Das Erstere schloss ich auch bereits, als ich die Brocken unter dem Namen *D. curasavica* beschrieb; das Letztere bedarf aber aus angeführten Gründen des Beweises [2]).

Auch Quenstedt beschrieb [3]) eine *Dania* unter dem Namen *D. saxonica*, abkünftig von Harschleben bei Halberstadt aus unbekannter Schicht. Es kommt aber daselbst auch Kreide vor, und der mitteldeutsche Quader beherbergt, wie bekannt, *Sphaerulites*, so dass nach Obigem die Annahme wohl kaum gewagt ist, dass Quenstedt gleich mir das Bruchstück eines Rudisten zur Gattung *Dania E. H.* gezogen hat, weil eben die letztgenannte Gattung auch nichts Anderes als ein solches Bruchstück ist, welches irrthümlich als silurisch beschrieben wurde. Dass die cretaceïsche *Dania Edwardsi de Greg.* [4]) ein Rudistenbruchstück ist, kann überhaupt keinem Zweifel unterliegen. Jedenfalls kann auch der Umstand nicht dazu beitragen, den Glauben an die Berechtigung des Genus zu erhöhen, dass die erwähnten Brocken, welche die Namen *D. huronica*, *D. saxonica* und *D. Edwardsi* tragen, die einzigen bis jetzt bekannten Repraesentanten von *Dania* bleiben [5]).

An diesem Orte kam es in erster Linie darauf an, die Existenz der Kreideformation auf Curaçao nachzuweisen, und diese wird sicherlich trotz der Uebereinstimmung der Bruchstücke von *Radiolites Lam.* mit *Dania E. H.*

1) Eine nähere Begrenzung der Gattung, insonderheit eine Trennung von *Sphaerulites Desm.* ist bei den Bruchstücken nicht möglich.

2) Ich vermuthe, dass vielleicht die Radialgefässe an dem Fossile von Curaçao die Ursache sind, weswegen A. M. Edwards an eine andere Gattung glaubt; aber es kann nicht befremden, wenn dieselben an dem kleinen Bruchstücke, welches *D. huronica* genannt worden ist, nicht wahrgenommen werden.

3) Quenstedt. Handbuch der Petrefaktenkunde. 3te Auflage. Tübingen 1885. pag. 993, tab. 80, fig. 25.

4) Ant. de Gregorio. Fossili dei Dintorni Di Pachino. pag. 16, tab. 1, fig. 2; u. tab. 2, fig. 3. — Palermo 1882.

5) Ich halte es für möglich, dass die als *Favosites Dietzi Dach. et Mich.* und als *Favosites*

in keinem Punkte mehr zweifelhaft erscheinen. Leider ist die palaeontologische Ausbeute trotz eifriger Nachforschungen, die ich an mehreren Tagen in Curaçao angestellt habe, im Uebrigen eine sehr geringe für die Altersbestimmung der besprochenen Rudistenkalke gewesen. Ausser den Brocken von *Radiolites* fanden sich nur Kalkalgen, einige Foraminiferen, die in Dünnschliffen als *Textularia* bestimmt werden konnten, und eine einzige Korallenart [1]).

Vor allem die Kalkalgen sind neben den Rudisten von Bedeutung, da sie diese bisweilen geradezu ersetzen und stellenweise gesteinsbildend auftreten. Die angewitterte Oberfläche vieler Blöcke und Gesteinsbrocken zeigt die Skelete der Algen blaugrau gefärbt und deutlich von der eigentlichen Felsmasse sich abhebend; in frischen Brüchen und auf angeschliffenen Durchschnitten sieht man die Umrisse der licht gefärbten Stöcke gleich scharf von der braungrauen Gesteinsmasse abgegrenzt (Fig. 22). Alle diese Reste gehören, wie die Untersuchung zahlreicher Dünnschliffe lehrte, einer Art von *Lithothamnium* an, welche mit keiner der bis jetzt beschriebenen Species identificirt werden konnte und deswegen *L. curasaricum nov. spec.* genannt werden mag.

Lithothamnium curasaricum bildet rundliche Knollen, welche bis zu 35 mm Durchmesser erreichen und eine unregelmässig höckrige Oberfläche besitzen, an der man stellenweise eine grosse Zahl von feinen, nadelstichartigen Poren wahrnimmt, welche die Lage der früheren Cystocarpien andeuten. Ausgewitterte Exemplare, wie man sie in der erwähnten Kalkpartie südlich von Savonet zahlreich findet, gleichen bei makroskopischer Betrachtung ungemein feinröhrigen Bryozoen. In Durchschnitten erhält man mehr oder minder deutlich runde, an den Rändern unregelmässig gelappte Umrisse; aber gleichzeitig erkennt man, dass die Knollen keineswegs ganz von der Kalkalge gebildet werden, sondern dass dieselbe fremde Bestandtheile in sich aufgenommen hat. Die Pflanze ist von Gesteinsbrocken erfüllt, in denen man neben Kalkspathindividuen unter dem Mikroskope auch Foraminiferen und eine an Korallen erinnernde Struktur wahrnimmt, so dass also die betreffenden Partieen nicht etwa durch Annahme einer Metamorphose des Algen-

---

Sancti-Thomae Duch. et Mich. beschriebenen Reste ebenfalls von Rudisten abkünftig sind. Sie sollen aus angeblich silurischen Schichten von St. Thomas, die man früher für Jura gehalten, stammen, während ältere als cretaceïsche Sedimente auf den Antillen überhaupt nicht bekannt sind (vgl. unten). Auch ist es in der Beschreibung des erstgenannten Fossils auffällig, dass als Unterschied von *F. Gothlandica* angegeben wird: „Les tubes sont parallèles au lieu d'être couchés les uns sur les autres." (Duchassaing et Michelotti, Mém. sur les coralliaires des Antilles; Mem. della Reale Accad. d. Sc. di Torino Ser. II. T. XIX. 1860. pag. 360. — ferner: Supplément au Mém. etc.; l. c. T. XXIII. 1866. pag. 199). Leider sind daselbst keine Abbildungen gegeben.

1) Befindet sich noch unbestimmt im Besitze des Herrn Magister Pratz, welcher die Bearbeitung aller von mir mitgebrachter Korallen übernommen hat.

skelets erklärt werden können, sondern Körper repraesentiren, welche von dem Lithothamnium überwuchert wurden. [1]) Bisweilen erscheint der Stock ringförmig nach aussen geschlossen, während sein Inneres einen fremden Kern birgt.

Concentrische Streifen der Anwachszonen lassen sich schon mit der Loupe sehr deutlich in Querbrüchen und Dünnschliffen wahrnehmen, ebenso die früheren Cystocarpien, welche unter dem Mikroskope in grosser Zahl sichtbar werden (Fig. 23). In Längsschliffen zeigen sich fast quadratische Zellendurchschnitte (Fig. 25), da ihre Breite 0,012, ihre Länge nur 0,015 mm beträgt; [2]) stellenweise, namentlich dort wo die Cystocarpien sich einschalteten, treten aber bedeutende Abweichungen von diesen Maassen auf, denn die Länge kann 0,012 auch 0,019 und sogar 0,021 mm betragen, während die Breite fast immer constant ist und nur selten 0,015 mm erreicht. In Querschnitten besitzen die Zellen einen regelmässig sechseckigen Umriss (Fig. 24).

Kieselschiefer.

Die Kieselschiefer, welche bei Savonet im Verbande mit den Rudistenkalken angetroffen werden, erreichen im Süden und namentlich im Südwesten von diesem Orte eine bedeutendere Entwicklung, denn hier bauen sie unter anderen auch den 376 m hohen St. Christoffel auf.

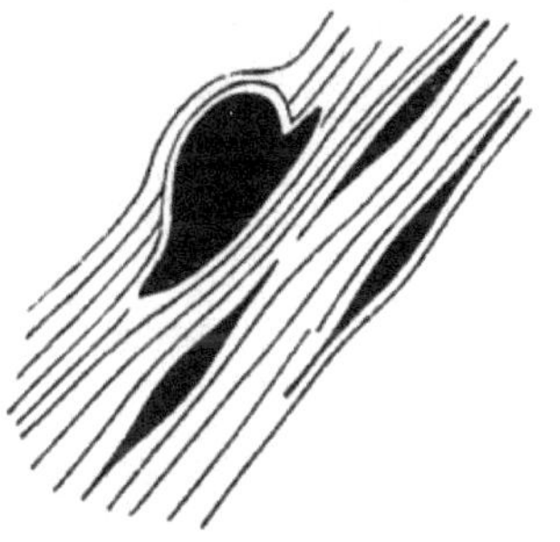

Fig. 8. Kieselschiefer mit Concretionen. — Bei Savonet.

Das Gestein ist deutlich und in der Regel dünn geschichtet; nur auf dem Gipfel des genannten Berges sah ich Bänke von mehreren Metern Mächtigkeit, [3]) und an seinem Fusse beobachtete ich an Einem Orte das Auftreten concretionärer Massen von Kieselschiefer, welche als Knollen und Linsen in dem gleichen Gesteine sich einstellen, ohne dessen Parallelstruktur merklich zu stören. Rechtwinklig zur Schichtungsfläche verlaufende Kluftflächen zerlegen das Gestein je nach der Mächtigkeit der Schicht und der Häufigkeit der Klüfte bald in quaderförmige und an Mauer-

1) Dies ist auch bereits von Unger an den Lithothamnien des Leithakalkes wahrgenommen worden. (Beiträge zur näheren Kenntniss des Leithakalkes — Denkschr. d. Kais. Akad. Wien; Math. Naturw. Cl. Bd. XIV, 1858, pag. 23.) — Vgl. ferner: J. Walther. Die gesteinsbild. Kalkalgen des Golfes von Neapel etc. (Zeitschr. d. deutsch. geolog. Ges. Bd. XXXVII, Heft 2, pag. 229, 1885.)

2) Es ist hier der Durchmesser angegeben, den Gümbel den „scheinbaren" nannte. Die Benennungen sind überhaupt im Sinne dieses Forschers angewandt (Die sogenannten Nulliporen. — Abhdlg. d. Math. Phys. Classe d. Königl. Bayer. Akad. d. Wiss. Bd. XI, 1874, pag. 11 ff.).

3) vgl. Band. I. Tab. XII.

werke erinnernde Partieen, bald in kleine, würfelartige und unregelmässig polyedrische Stücke. In letzterem Falle erscheint das Gestein bisweilen an der Oberfläche wie zerhackt. Feine Kalkspathadern sind in dem Kieselschiefer eine gewöhnliche Erscheinung. Seine Färbung ist im unverwitterten Zustande meist blauschwarz, seltener schmutziggrün; verwittert nimmt der Kieselschiefer eine graue oder schmutzig- bis strohgelbe Färbung an; stellenweise wird er auch rothbraun, und es ist sehr bemerkenswerth, dass sämmtliche, den Gipfel des Christoffels bildenden Gesteine in dieser Weise verändert sind, einschliesslich der mächtigsten Bänke. Am Fusse des Berges stehen dagegen blauschwarze Schiefer an, welche die von den Schichtungsflächen und Klüften ausgehende Verwitterung und Entfärbung in allen Stadien verfolgen lassen.

Röthlich gefärbte Hornsteine sowie gelbe und rothe Eisenkiesel sind dem Kieselschiefer an manchen Orten eingelagert, Erstere auf dem Gipfel des Christoffels anscheinend in fortsetzenden Schichten. An organischen Resten glaubte Kloos Radio-

Fig. 9. Gefaltete Kieselschiefer am Fusse des St. Christoffels.
(Vgl. auch Band I, Tab. XI.)

larien zu erkennen; daneben beobachtete Derselbe in Kieselschieferbruchstücken eines Conglomerates von Engelenberg Foraminiferen [1]).

1) l. c. pag. 83 u. 85.

Die Lagerungsform der Kieselschiefer ist eine sehr complicirte. In dem nebenstehenden, am Fusse des Christoffels beobachteten Profile [2]) erscheinen die Schichten als scharf zusammengestauchte Falten, deren Axenebenen annähernd parallel liegen. Die Längsaxen der Falten sind aber aus der Horizontale herausgerückt und steil aufgerichtet, so dass die unteren Enden der zusammengepressten, scharf umgebogenen Muldenflügel aus der Felswand hervorstehen, verkohlten Baumstämmen ähnelnd (1 u. 2 in der Zeichnung). Der Sattel der liegenden Falte in der Mitte des Bildes ist aufgeborsten und seine Flügel sind quer zu den Schichtungsflächen zerrissen. Ausserdem schaltet sich zwischen die Falten 1 und 2 noch eine dritte ein (3), welche sehr unvollständig überliefert und zum Theil zermalmt ist. Gegen die Nachbarfalten ist sie durch ein aus Kieselschieferbruchstücken gebildetes Trümmergestein abgegrenzt; die Schichten der dritten Falte sind ferner theilweise zu dünnen Lamellen zusammengedrückt und zerquetscht (Fig. 10.).

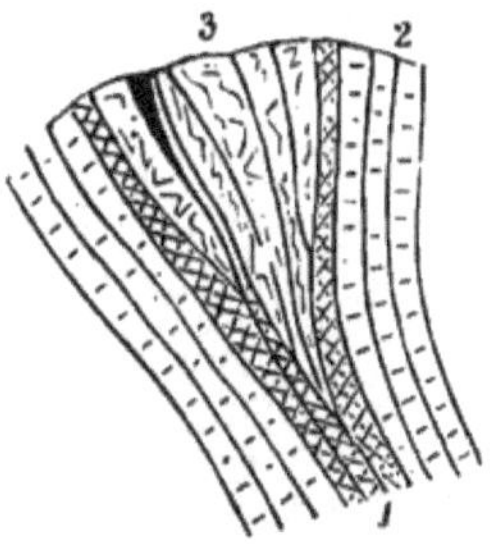

Fig. 10. Zerquetschte Falte im Kieselschiefer von Savonet (3), durch ein Trümmergestein (1) von den nicht gequetschten Nachbarfalten (2) geschieden.

Das Profil lehrt uns, dass nach der Faltung der Kieselschiefer noch bedeutende Störungen in der Architektur des Gebirges eingetreten sind, welche ziemlich regellos durch einander geworfene Trümmer haben entstehen lassen, und es erklärt somit auch den Umstand, dass in der Kreideformation von Curaçao nirgends ein bestimmtes Streichen wahrnehmbar ist. Die anscheinend gleichmässig auf einander folgenden Schichten, die in unbedeutenden Aufschlüssen hie und da, besonders auch in der Nähe des geschilderten Profils, zu beobachten sind, müssen ebenfalls als Theile einer gefalteten und zusammengepressten Reihe betrachtet werden.

Sandsteine, Mergel, Kalksteine und Conglomerate.

Den Kieselschiefern sind in der Gegend von Savonet hie und da dünnplattige Sandsteine eingeschaltet, so auch auf dem Gipfel des Christoffels; an anderen Orten der Insel ist aber das Verhältniss von Kieselschiefern zu Sandsteinen der betreffenden Schichtengruppe in der Regel das Umgekehrte, indem Letztere das herrschende Gestein darstellen, dem gegenüber die Ersteren nur eine untergeordnete Rolle spielen.

---

2) Das Profil ist nach einer grossen Photographie meines Reisebegleiters in allen Einzelheiten nachgezeichnet worden, unterstützt durch an Ort und Stelle gemachte Skizzen. Eine verkleinerte Reproduktion der Photographie findet sich in Band I auf Tab. XI dieses Werkes.

Die Sandsteine sind fein-bis grobkörnig, blaugrau in frischem Zustande, verwittert schmutzig-bis strohgelb, seltener lichtgrau gefärbt, nach den Untersuchungen von Kloos grösstentheils oder ganz aus einem granitischen Detritus gebildet, welcher häufig durch Calcit cementirt ist; aber auch Sandsteine mit thonigem Bindemittel sind weit verbreitet; zum Theil sind sie chloritisch. Die Sandsteine mit kalkigem Bindemittel sind reich an Foraminiferen und zeigen Neigung zu kugeliger Absonderung, ohne dass indessen concentrisch-schalige Struktur vorkäme; bisweilen sieht man rundliche und ellipsoidische, faust- bis kopfgrosse Knollen in einer feinerdigen Kalkmasse gelegen, unter anderem auch am Groote Berg und im östlichen Curaçao bei Klein Mal Pays. Im Allgemeinen sind aber die Sandsteine dünn geschichtet und selten erreichen die Bänke $^1/_2$ m Mächtigkeit. Die grobkörnigen Sandsteine, welche mit Kalksteinen lagern, sind von einem aus krystallinischem Kalkspathe bestehenden Trümernetze durchzogen.

Durch Zunahme des Bindemittels verlaufen die Sandsteine einerseits in Kalkstein andererseits in Mergel. Schiefrige, gelbliche Mergel besitzen namentlich im schmalsten Theile des Eilands eine bedeutende Entwicklung, sind aber oberflächlich zerfallen und haben bei der Zerstückelung bisweilen griffelförmige Bruchstücke geliefert, welche eine transversale Schieferung andeuten.

Auf den gehobenen Uferterrassen, welche sich nordwestlich und südöstlich vom Kleineberg befinden, sind sie zersetzt und umgelagert. Diese Terrassen werden an der Seeseite von quartärem Kalke, landeinwärts dagegen von erdigem, ungeschichtetem Mergel gebildet, welcher vorherrschend rostbraun, seltener grau oder auch lauchgrün gefärbt ist. Solche Mergel stehen auch am nordwestlichen Abhange des Groote Berg an und schliessen hier einzelne Gerölle von Korallenkalk ein, welche ihrem petrographischen Charakter nach dem quartären Riffe entstammen. Ihr Hangendes wird ebenfalls von jungen Korallenkalken gebildet, die hier nur wenige Meter mächtig und an der Basis röthlich gefärbt sind, weil sie mit den Mergeln verwaschen wurden. Die gleiche Erscheinung sieht man noch mehrfach in der Nachbarschaft, im schmalsten Theile von Curaçao, während aus den erdigen Mergeln hie und da die Schichtenköpfe der widerstandsfähigeren Sandsteine hervorragen, die früher mit schiefrigen Mergeln lagerten. Die Verhältnisse entsprechen somit den oben von Hato geschilderten; nur lässt sich in der Umgegend des Groote- und Kleine Berg die Zerstörung der mit den Sandsteinen wechsellagernden Mergel nachweisen, während an der Nordküste von Ost-Curaçao diese nur vermuthet werden konnte.

Kalksteine und Conglomerate nehmen den geringsten Antheil an der Zusammensetzung der in Rede stehenden Schichtenreihe. Erstere sind dunkelgraue, thonige oder sandige Gesteine, welche in Bänken von geringer Mächtigkeit im Sandsteine auftreten, wie dies oben bereits von Hato beschrieben wurde. Die sandigen Kalksteine zeigen das allmählige Verlaufen beider Gesteinsarten in einander an, die thonigen Kalksteine den Uebergang in Mergel. Obwohl es kaum einem Zweifel unterworfen sein kann, dass diese Kalke den Rudistenkalken von Savonet aequivalent sind, so traf ich doch weder makroskopisch noch mikroskopisch wahrnehmbare Fossilien in ihnen an.

Die Conglomerate bestehen aus Kieselschiefer-, Diabas- und Quarzitbruchstükken, welche durch Kalk cementirt sind. Im Einzelnen ist ihre Zusammensetzung, nach der Grösse der Fragmente und dem Vorherrschen der Einen oder der anderen Gesteinsart unter diesen, manchem Wechsel unterworfen; nur die Quarzite sind überall lediglich in kleinen Fragmenten in dem Conglomerate enthalten; die Grösse der anderen Bestandtheile schwankt zwischen der einer Haselnuss und von geringeren Dimensionen bis zu derjenigen einer Faust. Die gleichförmige Lagerung der Trümmergesteine mit den übrigen Sedimenten ist allerorts, wo sie auftreten, deutlich, so namentlich auch bei Engelenberg, ferner an einem Punkte zwischen Fontein und Sebastian sowie bei Brievengat in Ost-Curaçao.

Offenbar sind es diese Conglomerate, welche Stifft als Grauwacke bezeichnet hat [1]), da sie der Grauwacke ausserordentlich ähnlich sehen und auf keine andere Bildung der Insel die von ihm gegebene Beschreibung des betreffenden Gesteines passt.

Sandsteine, Mergel, Kalksteine und Conglomerate sind wie die Kieselschiefer, mit denen sie gleichförmig lagern, steil aufgerichtet; nirgends beobachtet man ein flaches Fallen, sondern es beträgt der Fallwinkel, soweit meine Beobachtungen reichen, stets mindestens 25°, in der Regel aber mehr. Ein constantes Streichen fehlt, und Stifft glaubte aus diesem Grunde die Lagerungsform so auffassen zu müssen, als ob die Sedimente den Diabasen muldenförmig eingelagert wären, eine Auffassung, welche bei dem fast völligen Mangel grösserer Aufschlüsse durchaus erklärlich ist, die ich aber doch im Hinblick auf das oben vom Fusse des Christoffels beschriebene Profil nicht für richtig halten kann. Ich betrachte vielmehr die steile Stellung und das gesetzlose Fallen und Streichen der Schichten als die Folge scharfer Faltungen und bedeutender Verwerfungen, dem das ganze System in gleichem Sinne ausgesetzt gewesen sein dürfte, wie es die Lagerungsform der Kieselschiefer von Savonet uns lehrt. Die Griffelstruktur der Mergel steht damit im besten Einklange.

---

1) Vgl. Dumontier l. c. pag. 298.

Das Alter der Sedimente.

Stifft betrachtete die Sedimente von Curaçao als palaeozoisch, speciell als „graues Todtliegendes;" [1]) sein Urtheil gründete sich auf die petrographische Beschaffenheit der Formation, da ihm Fossilien überhaupt nicht bekannt waren. Ich selbst habe bei der Untersuchung im Felde die Schichten ebenfalls für palaeozoisch gehalten und dabei die Gleichaltrigkeit sämmtlicher oben beschriebener Sedimente, einschliesslich des Rudistenkalkes, angenommen. [2]) Als sich bei weiterer Untersuchung und Auffindung der Reste von *Radiolites* das cretaceïsche Alter der Kalke von Savonet herausstellte, zögerte ich, diese Altersbestimmung auch auf die Kieselschieferformation zu übertragen, obwohl die Lagerungsverhältnisse für die Zugehörigkeit zu derselben Schichtenreihe sprachen. [3]) Es war bei dem Mangel an Aufschlüssen immerhin denkbar, dass das angenommene Lagerungsverhältniss unrichtig und die gleichförmige Folge der Kieselschiefer und Rudistenkalke nur eine scheinbare, durch spätere Verschiebungen in dem stark gestörten Gebirge entstandene sei. Die Thatsache aber, dass in Columbien und Venezuela ebenfalls cretaceïsche Kieselschiefer in Verband mit Rudistenkalken vorkommen, mussten diese Zweifel beseitigen, um so mehr als auch im Uebrigen die Sedimente Curaçao's in petrographischer Hinsicht eine bemerkenswerthe Analogie zu süd- und mittelamerikanischen Kreidebildungen zeigen.

Nach Karsten besteht an der Nordküste von Südamerika die obere, von ihm mit dem oberen Quader und Pläner Sachsens parallelisirte Kreide aus einem Systeme vorherrschend kieseliger Gesteine, dessen Mächtigkeit im Durchschnitte auf 1000 m geschätzt wird. Es sind feinkörnige, weisse oder gelbliche Sandsteine, welche roth verwittern und mit mächtigen Schichten von Kieselschiefern wechsellagern, untergeordnet mit Thonschiefern, Conglomeraten und Kalksteinen. Die Kieselschiefer sind gelblich, seltener dunkel gefärbt und „die Kalke, die diese Quarzgesteine begleiten," enthalten neben Resten von Zweischalern und Echinodermen auch Rudisten. [4]) Wall, welcher dieselben Schichten zum Gegenstande seines Studiums machte, sie aber irrthümlich zum Neocom rechnete, erwähnt, dass die betreffenden Kalke (in Uebereinstimmung mit den Rudistenkalken von Curaçao) stellenweise

---

1) Dumontier l. c. pag. 298 u. 301.

2) Revue Coloniale Internationale. Tome I. pag. 72. (briefliche Mittheilung). — 1885.

3) Tijdschr. Nederlandsch Aardrijkskundig Genootschap. Ser. II. Deel 2. pag. 638. — 1885.

4) H. Karsten. Ueber die geognost. Verhältnisse des westlichen Columbien. (Verhandlgn. d. Versammlg. deutsch. Naturforscher und Aerzte. Wien 1856. pag. 83 u. 85.) — Vgl. ferner: Karsten. Géologie de l'Ancienne Colombie Bolivarienne, Vénézuela, Nouvelle-Grenade et Ecuador. Berlin 1886. pag. 9 ff. und pag. 48. — ferner: Zeitschr. d. deutsch. geolog. Gesellsch. II. 1850. pag. 353 ff.

reich an in Kalkspath umgewandelte Fossilien seien, die sich nicht aus dem Gesteine herausschlagen lassen, und legte ferner dar, dass die Schichten des ganzen Kreidesystems gewaltige Störungen, Faltungen und Verwerfungen erfahren haben. Er schätzte die Mächtigkeit desselben auf 7000—8000 Fuss.[1])

Es ist somit die Uebereinstimmung zwischen den Kreideablagerungen des Festlandes und den oben beschriebenen Sedimenten eine sehr grosse, und dazu kommt noch das Fehlen aller vorcretaceïscher, versteinerungsführender Schichten in der betreffenden Cordillere. Denn auf dem südamerikanischen Continente, dessen geognostische Gliederung bei fortschreitenden Kenntnissen sich bedeutend mannigfaltiger erwiesen hat, als man früher anzunehmen geneigt war, sind doch bereits die nächst älteren, weit verbreiteten Juraablagerungen, wie Gottsche darlegte,[2]) auf die von N nach S streichende Cordillere der Westküste beschränkt; ihre östliche Grenze fällt mit der Wasserscheide der Cordillere zusammen und nördlich sind Juraschichten nur bis zu 5°46′ S. Br. in Peru bekannt. In der von W—O streichenden Küstencordillere fehlen sie ebensowohl wie alle älteren, versteinerungsführenden Schichten nach dem Stande unserer heutigen Kenntnisse.

Cleve[3]) und darauf Suess[4]) haben ausserdem gezeigt, dass auch auf den westindischen Inseln keine älteren versteinerungsführenden Schichten als diejenigen der Kreideperiode bekannt seien, und Letzterer entwickelte in geistreicher Weise, dass die grossen Antillen nach dem Typus der nördlichen Küstencordillere von Südamerika gebaut seien. Die als cretaceïsch erkannten Schichten der Antillen stimmen ferner wiederum sowohl petrographisch als hinsichtlich ihrer Lagerungsverhältnisse in allen wesentlichen Punkten mit den in Rede stehenden Ablagerungen von Curaçao überein, soweit es möglich ist, sich nach Beschreibungen ein Urtheil zu formen[5]). Deshalb sind sie auch ihres petrographischen Charakters wegen, ebensowohl wie die entsprechenden Sedimente in Venezuela und auf Curaçao, anfänglich für palaeozoisch gehalten[6]), bis palaeontologische Untersuchungen den Irrthum

1) G. P. Wall. On the Geology of a part of Venezuela and of Trinidad. (Quart. Journ. Geol. Soc. Vol. XVI. London 1860, pag. 460.)

2) C. Gottsche. Ueber jurassische Versteinerungen aus der Argentinischen Cordillere. Cassel 1878.

3) P. T. Cleve. On the Geology of the North-Eastern West India Islands. (Kongla Svenska Vet. Akad. Handl. B. 9. N° 12. 1871.) pag. 47.

4) E. Suess. Das Antlitz der Erde. I. pag. 698 ff.

5) Vgl. die Literaturangaben bei Cleve und Suess.

6) Nach Karsten (Géolog. de l'Anc. Col. Bol. pag. 4) in Venezuela, bis die palaeontologischen Untersuchungen L. v. Buch's das cretaceïsche Alter feststellten (Pétrificat. recueill. en Amér. par A. de Humboldt et par Ch. Degenhardt. 1839. pag. 18). Nach Suess sind im westlichen Cuba schwarze Thonschiefer und Quarzite ohne Grund als palaeozoisch betrachtet (l. c. pag. 703). De la Beche

aufdeckten. Hippuriten sind in einem Kalksteine von Cuba und Jamaica gefunden worden, auf letztgenanntem Eilande auch Radioliten.

Die Uebereinstimmung, welche die betreffenden Sedimente unseres Eilands sowohl in petrographischer Hinsicht als auch betreffs der Lagerungsverhältnisse mit den cretaceïschen Ablagerungen des Festlandes und der übrigen westindischen Inseln zeigen, ferner der geschilderte Verband zwischen den Rudistenkalken von Curaçao und den Kieselschiefern daselbst, endlich die grosse Analogie, welche überhaupt im geologischen Baue von Curaçao, Aruba und Bonaire mit der Cordillere von Venezuela und derjenigen der grossen Antillen besteht [1]) — dies Alles rechtfertigt die Annahme, dass die Rudistenkalke von Curaçao derselben Schichtenreihe angehören, wie die Kieselschiefer, Sandsteine, Mergel und Conglomerate, und dass alle diese Ablagerungen als Kreideformation zu bezeichnen sind.

Solche Erwägungen veranlassten mich später [2]), die Sedimente von Curaçao, meiner ursprünglichen Auffassung entsprechend, als Glieder desselben Schichtensystems anzusehen und sie als cretaceïsch zu bestimmen. Die von Kloos ausgeführte, mikroskopische Untersuchung [3]) enthüllte dann ferner noch die Anwesenheit von kleinen Organismen, welche eine weitere Stütze für diese Altersbestimmung bilden:

Die Sandsteine enthalten *Globigerinen*, *Rotalinen* und *Textularinen* in grosser Zahl, und unter diesen liess sich *Discorbina* und *Textularia* sicher erkennen, wenngleich die Mehrzahl der Formen ungünstiger Erhaltung wegen eine nähere Bestimmung nicht zuliess. Ausserdem kommen sehr häufig kleine Stücke von Kalkalgen vor, die ihrer Undurchsichtigkeit wegen schon bei Betrachtung der Praeparate mit der Loupe leicht aufzufinden sind, trotz der unbedeutenden Grösse, die in den angefertigten Schliffen 1 mm nicht übersteigt. Alle diese Kalkalgen stellen eckige oder abgerundete, losgelöste Bruchstücke von Pflanzen dar, welche gleich den übrigen Bestandtheilen der Sandsteine allothigen sind. Sie gehören dem Genus *Lithothamnium* an und stimmen nicht nur in der Form der Zellen, sondern auch in deren Dimensionen mit dem oben aus den Rudistenkalken beschriebenen *L. curasaricum* überein. Dass sie derselben Art angehören, lässt sich freilich trotzdem der geringen Grösse der untersuchten Bruchstücke wegen nicht behaupten.

---

hielt die cretaceïschen Ablagerungen von Jamaica aus petrographischen Gründen ebenfalls für palaeozoisch (Trans. Geol. Soc. 2nd. ser. vol. 2. part. 2. pag. 143). Die Aehnlichkeit cretaceïscher Sedimente mit silurischen Gesteinen wird von Cleve hervorgehoben (l. c. pag. 39.) — etc.

1) Vgl. über diesen Gegenstand die Schlussbetrachtungen.

2) Verslg. en Mededeelgn. d. Kon. Akad. v. Wetensch. te Amsterdam Afd. Natuurk. IIIe Reeks. 2de Deel. 2te stuk, pag. 238. — 1886.

3) Sammlgn. des Geol. Reichs Museums in Leiden. 2te Serie. Bd. I. pag. 82.

Man wird aber zugeben müssen, dass die palaeontologische Ausbeute, wie bescheiden sie auch sein mag, die aus anderen Gründen gefolgerte Zusammengehörigkeit der in Rede stehenden Schichten mit den Rudistenkalken nur stützen kann. Freilich betrachte ich dabei die Letzteren sammt den Conglomeraten als die relativ jüngsten Bildungen der cretaceïschen Schichtenreihe, da ich in einem einzelnen Falle in den Besitz eines lose an der Oberfläche aufgelesenen Handstückes gelangte, welches kleine Bruchstücke von Kieselschiefer einschliesst. Die Lagerung der übrigen Kalksteine, die ich gleich den Rudistenkalken stets nur am Aussenrande der Kreideformation angetroffen habe, spricht ebenfalls für ein relativ jüngeres Alter auch dieser Bildungen und für ihre Aequivalenz mit den Rudistenkalken.

Die hier zuletzt gemachte Annahme wird wiederum wesentlich durch die geognostischen Verhältnisse der grossen Antillen, insonderheit von Jamaica [1]), gestützt. Dort nehmen sogenannte „metamorphosed or altered rocks," welche petrographisch mit der Sandstein- und Kieselschieferformation von Curaçao übereinstimmen und, wie bereits Suess hervorhob [2]), flyschähnliche Kreideablagerungen sind, an dem Aufbaue der höchsten Höhen Theil. In ihrem Umkreise und im Hangenden treten Rudisten führende Sedimente auf, welche letztgenannte Formation: „seems to comprise two varieties of strata, an upper portion consisting of marls and sands containing corals etc. many hippurite remains, and a lower consisting of compact massive limestone with large radiolites very firmly imbedded, some indicating a length of seven feet. The genus Barrettia is obtained from these strata [3])." Sollte sich die Zweitheilung der betreffenden Ablagerungen als gerechtfertigt erweisen, so würden also die Rudistenkalke von Curaçao mit grosser Wahrscheinlichkeit der letzterwähnten, unteren Schicht, in der auch die so sehr fragliche Barrettia vorkommt, gleichzustellen sein; jedenfalls dürfen sie aber als das relativ jüngere Glied der cretaceïschen Schichtenreihe der Insel bezeichnet werden.

Sawkins hält die Kreideformation von Jamaica für aequivalent mit den Gosauschichten, begeht aber aus Unbekanntheit mit der betreffenden Literatur gleich Wall [4]) den Fehler, die cretaceïschen Ablagerungen der Küstencordillere von Venezuela für Neocom zu halten. Die Schichten von Jamaica (und, so weit unsere Kenntnisse reichen, der Antillen überhaupt) sind dagegen der oberen Kreide von Venezuela gleichaltrig, und dasselbe

1) James G. Sawkins. Reports on the Geology of Jamaica; or, Part. II of the West Indian Survey. London. 1869.

2) l. c. pag. 705.

3) Sawkins l. c. pag. 26.

4) Vgl. oben.

gilt nach obigen Auseinandersetzungen für die cretaceïschen Ablagerungen von Curaçao. Wahrscheinlich sind alle diese Bildungen der mittleren Kreide von Europa aequivalent.[1])

Diabas.

Im westlichen Curaçao spielen Diabase eine ähnliche Rolle wie im östlichen Theile der Insel, doch bilden sie im Westen ansehnlichere Höhen. Im Tafelberge St. Hieronimo steigen sie bis zu 207 m Meereshöhe an; ferner wird der St. Antonieberg von Diabas gebildet, und alle die zugerundeten Gipfel, welche, im Nordwesten von Paradera beginnend, sich südlich und südöstlich vom St. Christoffel durch das Innere der Insel verfolgen lassen, bestehen aus derselben Formation. Auch nördlich vom Christoffel, an der Nordwestecke der Insel, erreichen die Diabase eine bedeutende Entwicklung, bauen hier aber nur niedrige Hügel auf und fallen allmählig mit sanfter Neigung zum Strande ab, um sich längs der Nordküste noch weiter nach Osten auszudehnen, woselbst sie ein flachwelliges, nur wenige Meter über den Meeresspiegel sich erhebendes Hügelland formen. In Letzterem tritt in unmittelbarer Nähe von Savonet ein Gestein auf, welches nach Kloos aller Wahrscheinlichkeit nach als Diabasporphyrit zu deuten ist.

Die Struktur des Eruptivgesteins ist wie im Osten in der Regel eine dichte;

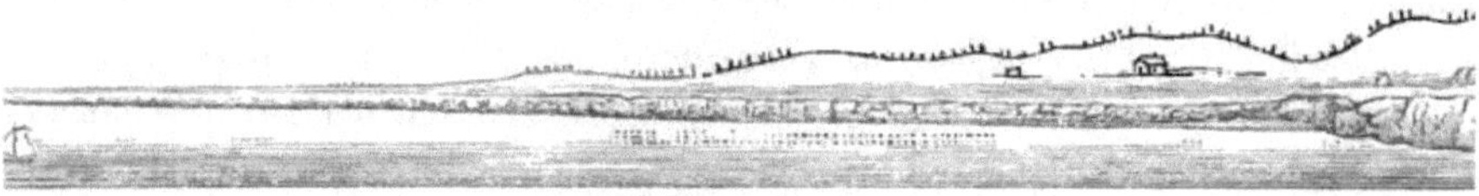

Fig 11. Bai von Westpunt.
Eingeschlossen von gehobenen Kalkbänken. Dahinter das Diabasgebirge, dessen äusserster Theil im Nordwesten eine alte Brandungsterrasse darstellt.

körnige Diabase treten dagegen hier wie dort sehr zurück, und unter diesen sind einige in der Umgegend von Savonet anstehende Gesteine durch ziemlich bedeutenden Quarzgehalt ausgezeichnet. Solche Quarzdiabase schlug ich etwa $^1/_4$ Wegstunde westlich von Savonet, an der Strasse nach Westpunt und ausserdem südöstlich vom Christoffel, zwischen diesem Berge und Westpunt, woselbst sie reich an erdigem Malachit sind.

Das genannte Mineral kommt hier auf den Kluftflächen des Eruptivgesteins vor und bekleidet dieselben so vollständig, dass man kaum einen Stein zerschlagen kann, ohne eine mit Malachit bedeckte Bruchfläche zu erhalten, wenn man nicht

1) Vgl. hierüber auch R. Etheridge in: Appendix V to the Geolog. Surv. of Jamaica etc. (Sawkins l. c. pag. 308).

mit Vorbedacht das Spalten nach den Klüften vermeidet. Thut man dies, so überzeugt man sich allerdings leicht von der im Verhältniss zur Gesteinsmasse geringen Menge an Kupfererz, welche den Gedanken an einen Abbau sofort zurückdrängt.

Leider hat man aber die Erfahrung, dass diese Kupfererze nicht abbauwürdig seien, erst nach dem Verluste bedeutender Capitalien auf Savonet gemacht. Man ist mit so wenig Sachkenntniss zu Werke gegangen, dass man sogar im Schotter, welcher von diesen Diabasen abkünftig ist und somit ebenfalls den erdigen Malachit enthält, Gruben zur Gewinnung des Erzes ausgetieft hat. Neben Malachit kommt untergeordnet erdiger Azurit und Rothkupfererz vor, endlich derbes Magneteisen und aus dessen Verwitterung hervorgegangener Brauneisenstein. Alle diese Erze sind aber dem Diabase eigen, denn von Gängen und Trümern ist nirgends eine Spur zu bemerken. Indessen lässt die Vertheilungsweise der Kupfererze keinen Zweifel darüber aufkommen, dass sie nachträglich als Impraegnationen längs der Kluftflächen in das Eruptivgestein eingedrungen sind.

Die ursprünglichen Kupfererzlagerstätten, aus denen die Solutionen hervorgingen, sind aber nichts desto weniger aller Wahrscheinlichkeit nach ebenfalls im Diabase zu suchen, denn es kommen in ihm an anderen Orten der Gegend von Savonet schmale Kalkspathgänge vor, die Kupfererze führen. Stifft hat ihrer Untersuchung besondere Sorgfalt zugewandt; er sagt: „sie streichen meistens zwischen Stunde 9 und 12 und wechseln häufig im Einfallen. Sie führen Rothkupfererz, Kupferglas, Malachit und gediegen Kupfer. Wahrscheinlich stammt von einem solchen Gange das grosse Stück Rothkupfererz mit gediegen Kupfer ab, welches in der Rooi am Tafelberg bei Savonet gefunden wurde". Auf Groot St. Martha, wo dieselben Gänge im Diabas vorkommen, ist man nach mir gemachten Mittheilungen beschäftigt, den bereits früher angestellten Versuch, die Erze in Abbau zu nehmen, augenblicklich zu erneuern; doch dürfte sich der Betrieb schwerlich als lohnend erweisen.

Selten setzen schmale Quarzgänge im Diabase von West-Curaçao auf, die an Bedeutung hinter den Gängen von Ost Seinpost im östlichen Curaçao noch weit zurückstehen.

Das Lagerungsverhältniss der Diabase zu den cretaceïschen Sedimenten ist äusserst schwierig zu beurtheilen, denn es ist mir kein Profil bekannt, in dem das Eruptivgestein überhaupt aufgeschlossen wäre. Deswegen verkehrte auch Stifft bezüglich der Deutung des Lagerungsverhältnisses in grosser Unsicherheit; während er einerseits annahm, dass die Sedimente dem Diabase bassinförmig eingelagert seien, war er andererseits geneigt, einen Theil der Kieselschiefer und Sandsteine als gleichaltrig mit ihm anzusehen [1]). Zu ersterer Auffassung veranlasste ihn neben dem bereits erwähnten, regellosen Fallen der steil aufgerichteten Sedimente die Beobachtung, dass die Höhen im westlichen Curaçao vielfach von dem Eruptivgesteine, die Thäler von den Sandsteinen gebildet werden; zu der zweiten Auffassung dürfte namentlich der Christoffel und seine Umgebung den Anlass geliefert haben.

FIG. 12. BLICK AUF DEN ST. CHRISTOFFEL. — Im Vordergrunde links liegt Savonet.

Die nebenstehende Skizze, von Nordost genommen, zeigt zwei wesentlich verschiedene Reliefformen: flachwellige, aus Diabas gebildete Hügel und den scharfgratigen, aus Kieselschiefer aufgebauten Christoffel. Betrachtet man den Berg von Osten (vgl. die Abbildung im 1ten Theile. Tab. X), so erscheint er sowohl nach Süden als nach Norden vom Eruptivgesteine eingeschlossen, und dies Bild legt den Gedanken nahe, die Diabase könnten dem Kieselschiefer eingeschaltet sein; die bedeutendere Höhe des Christoffels gegenüber seiner Umgebung würde in der grösseren Widerstandsfähigkeit des ihn aufbauenden Gesteines eine zwanglose Erklärung finden.

Indessen wird diese Annahme auf Grund des geschilderten Profiles am Fusse des Christoffels höchst unwahrscheinlich; denn es würde auffällig sein, dass bei dem von Stifft angenommenen Lagerungsverhältnisse in den scharf zusammengestauchten Falten der Kreideformation das Eruptivgestein nirgends gleichzeitig mit den Schiefern und Sandsteinen auf dem Eilande aufgeschlossen ist.

Auch für die Annahme, dass die Diabase jünger seien als die cretaceïschen Ablagerungen liegt kein Grund mehr vor, seit sich herausgestellt hat, dass die von dem Eruptivgesteine auf Aruba wahrscheinlich [2]) durchsetzte Schieferformation nicht mit den Schiefern von Curaçao aequivalent ist. Das Vorkommen von Diabasen unter den Bestandtheilen der cretaceïschen Trümmergesteine beweist ohnehin, dass mindestens ein Theil der Diabase von Curaçao älter ist als die Sedimente der Kreideperiode daselbst. Es steht deswegen nichts derjenigen Auffassung entgegen, welche auch ohne Kenntniss des Lagerungsverhältnisses nach der Analogie anderer Diabasvorkommnisse von

1) Dumontier l. c. pag. 297 u. 305.

2) Näheres hierüber bei Aruba zu vergleichen.

vornherein die grösste Wahrscheinlichkeit für sich hat, dass die Diabase das ältere, die Kreideschichten das jüngere Gebirge repraesentiren.

Demnach betrachte ich die Diabase als die älteste Formation von Curaçao, welche von gefalteten und verworfenen Kreideschichten bedeckt, aber durch später erfolgte Abtragung der Letzteren zum Theil wieder blosgelegt ist. Die isolirten, aus den Sedimenten aufragenden, kleinen Kuppen sind als das Ausgehende von Decken aufzufassen, welche das Liegende der cretaceïschen Ablagerungen bilden.

Diese Kuppen konnten übrigens in die Karte nicht eingetragen werden, da die topographische Grundlage so ungenügend ist, dass ein genaues Einzeichnen auf der flüchtigen Reise nicht möglich war, und es mir überhaupt an Zeit fehlte, die zahlreichen, kleinen Hügel zu besteigen und einzeln zu untersuchen. Die Grenzlinie zwischen Diabas und Kreide ist aus diesem Grunde nur so zu betrachten, dass sie die Hauptverbreitungsbezirke beider Formationen von einander trennt, während sie im Einzelnen noch mancher Correcturen bedürftig ist, die nur bei specieller Aufnahme der Insel angebracht werden können.

Diorit.

In der Nähe von Westpunt, ein wenig nordöstlich von genanntem Orte, steht ein massiges Gestein an, welches in grossen, rundlichen und ellipsoidischen Blöcken verwittert, wie sie sonst nirgends im Gebiete der Diabase vorkommen. Das porphyrische Gestein, welches mit sehr beschränkter Ausdehnung innerhalb der niedrigen, aus Diabas gebildeten Hügel auftritt, ist schon hiedurch auffallend; die mikroskopische Untersuchung von Kloos ergab, dass es als porphyrischer Diorit zu bezeichnen ist, ein Gestein, welches in gleicher Ausbildung auch innerhalb der Diabase von Aruba vorkommt. Da sich auf Curaçao über seine Beziehungen zu letztgenanntem Eruptivgesteine nichts erkennen lässt, so verweise ich diesbezüglich auf Aruba. Die auf dieser Insel beobachteten Verhältnisse können ohne Schwierigkeit auch auf Curaçao übertragen werden.

Quartäre Conglomerate und Kalke.

Entsprechend den von Ost-Curaçao geschilderten Verhältnissen werden auch im westlichen Theile der Insel die älteren Bildungen von quartären Conglomeraten mit kalkigem Bindemittel überlagert, in deren Hangendem reine Korallenkalke auftreten. Manchmal erreichen einzelne Bestandtheile des Trümmergesteins $^1/_2$ bis 1 m Durchmesser, und die Zusammensetzung wechselt je nach der das Liegende bildenden Formation. So sind an der Nordküste bei Savonet nahezu homomikte Conglomerate, gebildet aus den Bruchstücken der Diabasformation und ungemein reich an Gehäusen und Steinkernen von *Trochus pica L.*, entwickelt; am östlichen Ufer des Binnenmeeres von Hermanus dagegen stehen nahe der Küste die steil aufgerichteten, dünn geschichteten Sandsteine der Kreideformation an, überlagert von polymikten Conglomeraten, welche neben Bruchstücken der älteren Sedimente auch grosse Gerölle von Kalkstein einschliessen, die gleich den Geröllen im Mergel des Grootebergs nur um weniges älter sein können als die beide Bildungen bedeckenden, quartären Korallenkalke.

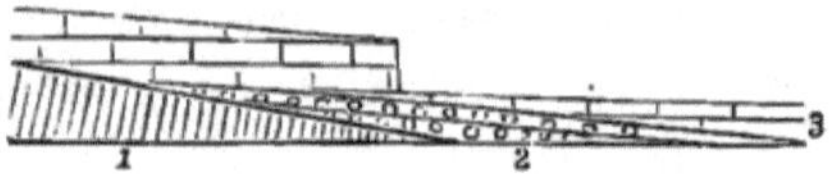

Fig. 13. Profil bei Hermanus.
1. Sandstein der Kreideperiode. — 2. Quartäre Conglomerate. — 3. Quartäre Kalke.

Die allgemeinen Schlussfolgerungen, welche aus den mitgetheilten Beobachtungen über den geognostischen Bau von Curaçao abzuleiten sind, werden in einem späteren Abschnitte gleichzeitig mit den Untersuchungsresultaten von Aruba und Bonaire behandelt werden, da die vielfachen Analogien, welche die drei Inseln in ihrem Aufbaue zeigen, bei einer gesonderten Darstellung zu ermüdenden Wiederholungen führen müssten. Hier sollen auch die geologischen Beobachtungen noch weiter mit Darstellung der quartären Riffbauten und einiger, allen drei Inseln gemeinsamer Verhältnisse, die aus gleichem Grunde eine einheitliche Behandlung wünschenswerth erscheinen lassen, vervollständigt werden.

Aruba.

Orographische Gliederung.

Die Insel Aruba besitzt nur Ein Gebirge von einiger Bedeutung, welches an der nach NO gekehrten Küste des Eilands sich vom Matevidirie bis in die unmittelbare Nähe von Fontein ausdehnt und nach dem Innern zu durch eine Linie begrenzt wird, die sich von dort aus in südwestlicher Richtung zur spanischen Lagune hinzieht, hier sich nach Nordwesten wendet und nun im Westen des Jamanota, Ariekok und von St. Lucie verläuft, bis sie am Fusse des Matevidirie wiederum die Küste trifft. Es wird somit ein Gebirgsstock von annähernd dreiseitigem Umrisse gebildet, dessen Eine Seite an der Nordküste ans Meer stösst.

Die höchsten Höhen dieses Stockes liegen im Südwesten, hart an seiner Grenze, und hier befinden sich auch zwei isolirte Gipfel, welche sich als Berge aus dem Massive herauslösen, der 183 m hohe Jamanota und der Ariekok, dessen Meereshöhe 167 m beträgt. Von ihnen aus fällt das Gebirge rasch nach Westen und Süden, langsam nach Osten und Norden ab, und dem entsprechend ist auch die Gliederung eine unregelmässig radiale; seine längsten Thäler haben eine östliche und nordöstliche Richtung, seine kürzeren eine westliche und südwestliche. Auf diese Weise herrschen senkrecht zur Nordostküste sich erstreckende Rücken in dem Stocke vor, aber alle Thäler, welche dieselben trennen, besitzen nur eine unbedeutende Tiefe, so dass diese Gliederung nicht sehr scharf ausgeprägt ist. Die flachen Rücken selbst sind durch noch seichtere Einschnitte in eine grosse Anzahl niedriger Kuppen zerlegt worden, deren Erhebung über die Thalsohle im Mittel etwa 30 m betragen dürfte, so dass die Bezeichnung „Berg" auf sie nicht wohl mehr angewandt werden kann.

Wo das Massiv unmittelbar ans Meer hinantritt, endigen auch seine Thäler [1]) an dem Strande; mehrfach lagert sich aber noch ein flacher Uferstreifen dem Gebirgsstocke vor, und in diesem Falle setzt sich entweder das Thal als unbedeutender Wasserriss in dem Uferstreifen bis zur Küste fort, oder es ist daselbst durch Dünen geschlossen und endigt blind. Die kleineren, am landeinwärts gekehrten Steilabfalle des Gebirges eingeschnittenen Thäler treten meist ohne deutlich nachweisbare Grenzen über flache Schuttkegel in das niedrige Plateau ein, welches sich im Westen des Massivs befindet; nur in der Richtung zur spanischen Lagune hin lassen sich auch ausserhalb des Letzteren scharf markirte Thaleinschnitte noch weiter bis in die Nähe des Strandes verfolgen.

Die meisten Thäler werden von sanft ansteigenden Gehängen eingeschlossen; nur an einigen Orten, wie in der Rooi Fluit und vor allem auch in der Rooi Cachuntie, begegnet man steileren Wänden und niedrigen Klippen; aber trotzdem beweisen die gewaltigen Mengen von grobem Gesteinsschutt und ansehnlichen Blöcken im oberen Abschnitte der Thäler, sowie die mächtigen Anhäufungen von Sand an ihren Ausmündungen, dass zu Zeiten ansehnliche Wassermengen durch sie zum Meere abfliessen müssen. Auf meiner Reise durch die Insel traf ich freilich nur eine kleine Wasserlache von etwa 1 m Durchmesser in der Rooi Cachuntie an; sonst war Alles trocken, und bei weitem die längste Zeit des Jahres hindurch, oft mehrere Jahre nach einander, bleibt dieser Zustand der gleiche.

---

1) Nur die bedeutendsten Thäler habe ich in die Karte eintragen können; für die Einzeichnung anderer, so auch derjenigen von Daimarie und Antikurie, fehlten mir die nöthigen Anhaltspunkte.

Das bereits erwähnte Plateau im Westen des Gebirgsstockes von Aruba ist von einem Felsenmeere bedeckt. Sieht man von den haushoch aufgethürmten Blöcken ab, welche oft kaum noch so viel Zusammenhang besitzen, dass sie als Hügel betrachtet werden dürfen, so ist seine Oberfläche völlig nivellirt. Sie steigt langsam von Südwest nach Nordost an und dürfte nirgends mehr als 60 m Meereshöhe besitzen; am Fusse des Hooibergs liegt sie nur 37 m hoch. Die ansehnlichsten Hügel, welche sich in der Mitte der Insel in geringer Zahl über diese Fläche erheben, schätze ich auf 20 bis höchstens 30 m.

Am südwestlichen Rande dieses Plateaus liegt der 175 m hohe, kegelförmige, in seinem Umrisse durchaus einem Vulkane gleichende Hooiberg, und von diesem aus zieht sich ein niedriger Höhenzug bis zum Innenrande der spanischen Lagune hin. Derselbe ist in eine Reihe von Hügeln aufgelöst, zu denen der Windberg und Carachito gehören und welche, bogenförmig geordnet, ihre convexe Seite dem Meere zukehren, um nach dieser Richtung hin das Plateau abzugrenzen.

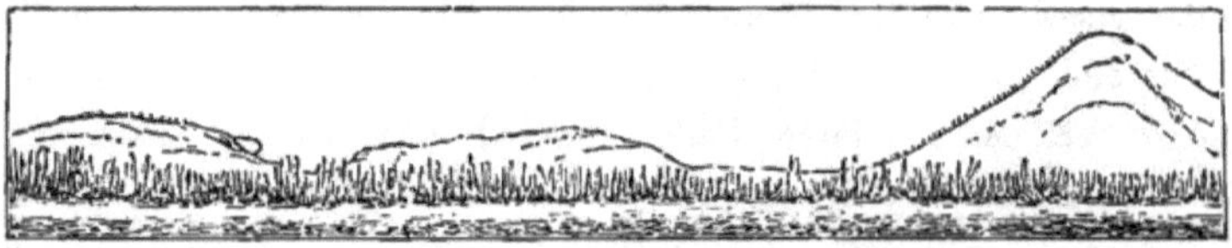

FIG. 14. BLICK VON ST. CRUZ AUS.
Rechts der Hooiberg, an den sich der Windberg, in der Mitte, und der Carachito, links, anschliessen.

Nach Norden zu bildet ein anderer, gleich flacher, aber zusammenhängender Rücken die Grenze desselben. Er geht vom Krystallberge aus und wendet sich nach Nordwesten, indem er anfangs längs der Nordküste sich hinzieht, um später eine mehr westliche Richtung anzunehmen und in der Nähe von Karamajeta, unfern der gegenüberliegenden Küste des Eilands, zu endigen. Diesem Rücken gehören Alta Vista und Kalabass an, neben einigen anderen, sehr flachen Kuppen, welche sämmtlich nur einen sehr geringen Grad von Selbständigkeit besitzen.

Nach Westen zu ist das Plateau offen und geht es unmerklich in den niedrigeren Küstenstrich über, desgleichen zwischen Krystallberg und Matevidirie an der Nordküste.

Ein zweites Plateau von wesentlich anderem Charakter formt den südöstlichen Theil von Aruba; es schliesst sich gleich dem ersterwähnten dem Gebirgsstocke der Insel an und dehnt sich von hier bis zur äussersten Südostecke Aruba's aus, wobei gleichzeitig seine Höhe von innen nach aussen hin abnimmt. Im Mittel mag dieselbe etwa 30 m betragen, im Norden vom S. Colorado kaum mehr als 15 m; der Serro Colorado selbst erhebt sich dagegen wiederum 38 m über den Meeresspiegel und bildet den einzigen Berg in diesem Theile des Eilands; seine Gehänge fallen im Osten und Südosten steil zum Meere ab.

An der Nordküste ist diesem Plateau ein niedriger, sehr schmaler Uferstreifen vorgelagert, von welchem es sich durch schroffe Felswände scharf abgrenzt; an der gegenüberliegenden Küste ist diese Scheidung indessen weit minder ausgeprägt und besitzt der Uferstreifen eine viel grössere Breite. Er zieht sich längs der ganzen Süd-und Westküste bis nach Westpunt hin und erreicht nördlich von Oranjestadt die grösste Ausdehnung. Hier und in der Nähe der spanischen Lagune zeigt seine Oberfläche eine sanfte Wellenbildung, während sie im Uebrigen fast völlig eben ist.

An der nordwestlichen Ecke der Insel befinden sich nur einzelne, niedrige Hügel, von denen Keiner mehr als 30 m Meereshöhe besitzen dürfte.

Die oben erwähnte, von Reinwardt publicirte Karte Aruba's giebt das Wesentlichste der orographischen Gliederung der Insel gut wieder und übertrifft hierin bei weitem diejenige von Curaçao; am mangelhaftesten ist auf ihr die Darstellung des Plateaus im Innern der Insel und die Nordwestecke.

Ich habe die betreffende Publikation im verkleinerten Maasstabe als Grundlage für meine geologische Karte benutzt, indem ich sie durch die englische Darstellung und eigene, auf die Feststellung vieler Compassdirektionen gegründete Beobachtungen weiter anfüllte. Ausserdem ist die südöstliche Ecke der Insel auf Grund von Aufnahmen verbessert, die J. H. Waters Gravenhorst gemacht und mir zur Verfügung gestellt hat.

Leider enthalten die erwähnten Blätter keine Gradeintheilung, und die Uebersichtskarten in kleinerem Maasstabe, insonderheit auch die mir bekannten Seekarten,[1]) geben den Umriss der Insel so an, dass sie nicht als Basis für die Einzeichnung von Länge und Breite irgend eines Punktes dienen konnten; denn es war mir nicht möglich, die nöthige Ubereinstimmung mit den besseren, grösseren Darstellungen des Eilands aufzufinden. Deswegen musste ich von dem Eintragen einer Gradeintheilung absehen, um so mehr als selbst bei Curaçao, wie oben erwähnt, noch bedeutende Unsicherheiten betreffs der genauen geographischen Lage herrschen. Es wäre sehr wünschenswerth, dass einige Orte astronomisch fixirt würden, wozu die Anwesenheit der holländischen Kriegsschiffe leicht Gelegenheit bieten könnte.

---

1) Es gilt dies auch für die neueste englische Admiralitätskarte.

Geognostische Beobachtungen.

Auf Aruba konnte ich von einem 12 tägigen Aufenthalte 10 Tage für geognostische Untersuchungen verwenden. Ich habe in dieser Zeit die Insel in den verschiedensten Richtungen durchkreuzt und sie fast ganz gesehen, wenn auch, wie selbstredend ist, nicht an allen Orten eingehender studirt. Auch hier wurde, wie in einem grossen Theile von Curaçao, die Uebersicht vielfach durch den Mangel einer dichten Pflanzendecke erleichtert, so namentlich in der Nähe des Nordstrandes und fast im ganzen Gebiete des Quarzdiorits und der jungen Sedimente. Während aber in diesen Gegenden die Formationen fast völlig entblösst auftreten, sind sie dort, wo Pflanzenwuchs sich in üppigerer Entwicklung einstellt, desto unzugänglicher. Dorniges Gestrüpp macht es daselbst unmöglich, sich in Kurzem einen Ueberblick zu verschaffen, da man zur Ueberwindung dieser Hindernisse vielleicht das Dreifache an Zeit gebraucht wie in einem gleich coupirten Terrain von Europa und an manchen Orten der Versuch des Durchdringens überhaupt aussichtslos ist.

Die Route, welche ich auf dem Eilande zurücklegte und die zum Theil auch in dem Reiseberichte näher beschrieben wurde, ist folgende: Von Oranjestadt vorbei am Hooiberge und St. Cruz nach der spanischen Lagune; von dort längs des Strandes über St. Nikolas zum S. Colorado; dann längs der Nordküste nach Fontein. Von hier durch die Rooi Cachuntie zum Jamanota, ferner über Miralamar, Pedro Cachoor und Parabusté zurück nach Fontein; weiter zur Boca dos Playos und im Bogen landeinwärts wieder zur Nordküste bei der Boca van Welvaart; von dort über Chetta, am Fusse des Ariekok, ferner über St. Cruz und Hooiberg nach Oranjestadt. Vom Dorfe nach Daimarie auf einem Wege, der östlich von St. Lucie vorbeiführt; von hier zur Rooi Fluit einerseits, nach Buschiribana, längs des Strandes, andererseits. Von letztgenanntem Orte zum Krystallberge, dann über Kalabass und S. Plāt nach Oranjestadt zurück. Ferner von hier aus über Ponton, Bukuruï und Karamajeta nach Westpunt, Araschie, Hurischibana, Anabuï und Adikurarie; von dort zum Nordstrande, längs Tikibanaï und Moskito zur Boca di Kurumjauw und weiter am Ufer nach Südosten bis in die Nähe von Alta Vista; dann zwischen Alta Vista und Kalabass hindurch nach North Church, am Innenrande des Bukuruï, und endlich zurück nach Oranjestadt.

Quarzdiorit.

Das Hauptgestein der Insel Aruba ist ein Quarzdiorit von rein granitischkörniger Struktur, meist mittel-, seltener grobkörnig, durch weissen, mit einem Stich ins Gelbliche verwitternden Feldspath und in der Regel hellgrauen Quarz, denen gegenüber die Hornblende sehr zurücktritt, hell gefärbt. Da der Plagioklas die Zwillingsstreifung bei der an den meisten Orten eingetretenen Zersetzung nicht mehr wahrnehmen lässt und hier auch der hohe Quarzgehalt leicht der Beobachtung entgeht, so gleichen diese Gesteine bei makroskopischer Betrachtung durchaus Syeniten.[1])

Bisweilen sind die Quarzdiorite durch Zunahme der Hornblende dunkler gefärbt, ohne dass im Uebrigen eine wesentliche Aenderung der mineralischen Zusammensetzung und der Struktur zu beobachten wäre; in der Regel tritt aber bei Anreicherung des Amphibols gleichzeitig eine bedeutende Grössenzunahme dieses Minerals ein und wird die Struktur eine porphyrartige. In diesen porphyrartigen Quarzdioriten bemerkt man ausserdem ein in kleinen, hellgrünen Körnern vorkommendes Mineral, welches die Hornblende umgiebt und von Kloos als **Augit** erkannt wurde.[2]) Mit der Anreicherung des Amphibols tritt aber ebenfalls eine Concentration desselben ein, und so bilden sich in dem normalen Quarzdiorite Concretionen grosser, dunkelgrüner Hornblendekrystalle, deren Zwischenräume von hellgrünen, körnigen Augitaggregaten angefüllt sind. Diese wallnuss - bis faust - und kopfgrossen Aggregate von Amphibol und Pyroxen grenzen sich scharf von den übrigen Gesteinspartieen ab und gleichen dadurch vollkommen fremden Einschlüssen. Es entsteht auf diese Weise ein hellgefärbtes, dem normalen Quarzdiorit entsprechendes Gestein, in dem bald mehr bald minder zahlreich grosse Hornblendekrystalle und dunkle, von Amphibol und Pyroxen gebildete Concretionen auftreten, so dass sich aus demselben Blocke sowohl Quarzdiorit als auch Mineralaggregate, welche AUGITDIORIT genannt werden könnten, eine geognostische Selbständigkeit aber nicht besitzen, herausschlagen lassen.

Die Untersuchungen von Kloos haben das hier geschilderte Verhältniss von Augitdiorit zum Quarzdiorit bestätigt;[3]) es lässt sich im Felde besonders schön am Fusse des Hooibergs studiren, namentlich am Wege, welcher nach St. Cruz führt, und an dem Fusspfade, welcher sich südlich vom Hooiberg zum Carachito hinzieht; die ganze Oberfläche ist hier mit den eigenthümlich gefleckten Blöcken bedeckt. Aber noch an manchen anderen Orten erkennt man eine ähnliche Zusammenziehung von Hornblende und Augit im Quarzdiorite, und dies nicht nur in der Mitte der Insel, sondern vor allem auch bei Westpunt, woselbst die Verhältnisse den soeben dargestellten in jeder Hinsicht entsprechen.

Die Concentration von Amphibol und Pyroxen kann aber einen noch höheren Grad erreichen, indem durch Zunahme der Concretionen der hellgefärbte, mittelkörnige Quarzdiorit so sehr zurücktritt, dass er nur noch netzartig die Zwischen-

---

1) Als solche sind sie auch in meiner vorläufigen Mittheilung beschrieben worden.
2) l. c. pag. 25.
3) Kloos l. c. pag. 27.

räume zwischen den Letzteren ausfüllt. Dies ist namentlich im Hooiberge der Fall, welcher am Gipfel der Hauptsache nach aus einem kleinkörnigen Augitaggregate mit porphyrartig eingesprengten, kurz säulentörmigen Hornblendekrystallen, deren Grösse bisweilen 2 cm übersteigt, aufgebaut wird. Zwar ist auch hier noch eine Mineralcombination vorhanden, welche dem normalen Quarzdiorite der Insel durchaus entspricht, aber sie gleicht in ihrem Auftreten fast einem Trümernetze. Ich schliesse aus diesen Verhältnissen, dass der Hooiberg den Mittelpunkt einer im Gebiete des Quarzdiorites stattgehabten Zusammenziehung von Hornblende und Augit darstellt, welche sich im weiteren Umkreise des Berges allmählig verliert, bis das Gestein in den normalen Quarzdiorit übergeht.

Aehnliches ist auch für die Nordwestecke der Insel angedeutet. Südöstlich vom Hause steht daselbst der normale Quarzdiorit an, in dem sich bei Westpunt selbst wieder die oben erwähnten Concretionen einstellen. Folgt man dem Wege am Strande nach Nordwesten hin, so trifft man zunächst südlich von Araschie eine bis nahe ans Meer vorspringende, niedrige Klippe, deren kleinkörniges Gestein hauptsächlich aus Augit und Hornblende mit Chlorit, untergeordnet aus Quarz und Feldspath besteht [1]). Weiter nördlich, ebenfalls noch südlich von Araschie, tritt der Amphibol zurück [2]) und erscheinen gleichzeitig unregelmässig begrenzte, lichtgefärbte, mittelkörnige Partieen im Gesteine, welche dem Quarzdiorite der Insel entsprechen. Noch weiter nördlich, an der äussersten Nordwestecke steht der Diorit in der herrschenden Varietät Aruba's an. Das augit- und hornblendereiche Gestein im Süden von Araschie scheint demnach einen ähnlichen Concentrations-Mittelpunkt im Nordwesten darzustellen, wie der Hooiberg in der Mitte der Insel, da sowohl nach der Einen als nach der anderen Richtung längs des Strandes der Uebergang in den normalen Quarzdiorit allmählig erfolgt. Auch östlich von Araschie, im Hügel Wijs, welcher nur wenig landeinwärts von dem Punkte liegt, an dem der Quarzaugitdiorit (141) ansteht, schlug ich ein kleinkörniges Gestein, welches nach Kloos als lokale Ausbildung des normalen Quarzdiorits zu betrachten ist. [3])

Gabbroartige Gesteine treten ebenfalls innerhalb des Dioritmassivs auf, ohne dass ihnen eine geognostische Selbständigkeit zugeschrieben werden dürfte, denn ihre Verknüpfung mit dem Quarzdiorite ist eine gleich enge wie sie es zwischen diesem und dem Augitdiorite ist.

Nur wenig östlich von Buschiribana bildet quarzfreier Hypersthengabbro

1) N°. 140 meiner Sammlung. Kloos l. c. pag. 27.

2) N°. 141. l. c. pag. 28.

3) Die Nordwestecke Aruba's und der Ostabhang des S. Colorado sind die einzigen Punkte auf der Insel, an denen ich einen kleinkörnigen bis dichten Quarzdiorit antraf. Diese Gesteine, vor allem von der Nordwestecke, sind bei makroskopischer Prüfung von den Diabasen nicht zu unterscheiden.

eine bis nahe an den Strand herantretende, keilförmig vorgeschobene Klippe (130*), und das Haus von Buschiribana ruht ebenfalls auf gabbroartigem Gesteine, in dem übrigens „Feldspath und Quarz in gleicher Weise ausgebildet, sind wie im normalen Quarzdiorit" (133 *) [1]). Ein anderes Gestein steht hier überhaupt nicht an; folgt man aber in nordwestlicher Richtung dem Wege am Strande, so trifft man unter den zahlreichen Blöcken, welche hier die gehobene Uferterrasse bedecken, nicht nur Amphibolgabbro (135) und an Hornblende reiche Quarzdiorite an, sondern unter Letzteren vor allem auch ungemein zahlreich Blöcke, in denen eine gabbroartige Mineralcombination (135 *) in gleicher Art als Concretion auftritt, wie Hornblende und Augit in den Gesteinen vom Hooiberg und von Westpunt. Auch hier sind die abweichend zusammengesetzten Aggregate scharf umgrenzt, nicht selten polyedrisch und bis $^1/_2$ m im Durchmesser gross. Das weitere Zurücktreten der gabbroartigen Particen liess sich am Strande nicht weiter verfolgen, da vorspringende Klippen das Passiren daselbst unmöglich machten, dagegen stellte sich auf dem nördlich vom Krystallberge zum Kalabass führenden Wege alsbald der normale Quarzdiorit wieder ein. Im Krystallberge selbst herrscht noch das gabbroartige Gestein, welches auch nordwestlich von Buschiribana auf der Uferterrasse angetroffen wurde, vor; aber man nimmt daneben bereits umfangreiche Particen von Quarzdiorit wahr, welche in mächtigen Blöcken auf dem Gipfel zerstreut liegen. Von einer Formationsgrenze zwischen Gabbro und Quarzdiorit, deren Existenz schon auf Grund der beobachteten, gabbroartigen Concretionen in Letzterem unwahrscheinlich ist, vermochte ich nirgends eine Spur zu entdecken; auch ist es nicht wohl denkbar, dass eine solche bei der Nacktheit des betreffenden Inseltheiles meiner Beobachtung entgangen sein sollte.

Fig. 15. Quarzdiorit bei St. Cruz.

Durch den Quarzdiorit setzen mehrere sich durchschneidende Kluftsysteme hindurch, welche bei beginnender Verwitterung unregelmässig rundliche oder ellip-

1) Kloos pag. 36. Vgl. hier näher die Gründe, welche zur Benennung der Gesteine als Gabbro Anlass gegeben haben.

soidische Blöcke entstehen lassen, deren Durchmesser 6 m und mehr betragen kann. Seltener, an der Nordküste, sieht man an kurze Säulen erinnernde Formen, die indessen nirgends ganz scharfe Kanten und Ecken aufweisen. Diese Art der Zerklüftung geht mit einer concentrisch-schaligen Zusammensetzung gepaart, die sich freilich nur an dem zerfallenden Gesteine wahrnehmen lässt. In der Mitte der Insel sieht man vielfach gekrümmte Platten, welche diese Art der Absonderung andeuten, nirgends aber traf ich dieselben in solcher Zahl an wie in unmittelbarer Nähe der Nordküste, in der weiteren Umgebung des Krystallbergs. Hier ist der Boden an vielen Stellen mit mehrere cm dicken, topfscherbenähnlichen, völlig frischen Gesteinsfragmenten übersät. Ich schreibe diese Erscheinung dem Umstande zu, dass die Felsblöcke nach grosser Erhitzung während der Tageszeit am Abende durch den Passat, der gerade auf das Gebirge stösst, eine rasche und bedeutende Abkühlung erfahren, wodurch Eine Schale nach der anderen abgesprengt wird. Die Verwitterungsrinde des Diorites ist von lichtgrauer Farbe.

Im ganzen Dioritgebiete ist die Blockbildung weit vorgeschritten; keineswegs ist sie auf die Mitte der Insel beschränkt, wie die Reinwardt'sche Karte andeuten zu wollen scheint, obwohl sie innerhalb derjenigen Linie, welche ich als alte Meeresbucht bezeichnet habe, am meisten auffällt. Denn hier sind die Hügel und Haufwerke loser Ellipsoide verhältnissmässig niedrig und wird das noch nicht zerfallene Gestein durch die Zersetzungsprodukte des Diorits verhüllt, welche zwischen den Blöcken abgelagert und während der noch jüngst stattgehabten Meeresbedeckung völlig ausgeebnet worden sind.

Die Brandung des Meeres hat an diesen Orten auch zur Bildung höchst eigenthümlicher Formen Anlass gegeben, denn zahlreich kommen concave Höhlungen in den Blöcken vor, welche sämmtlich der südwestlichen Küste zugekehrt sind. Bisweilen ist die Auswaschung so weit vorgeschritten, dass überhängende Dächer und an die Korbstühle europaeischer Seebäder erinnernde Gestalten entstanden sind. In anderen Fällen bildeten sich durch das Zusammenfliessen zweier concaver Flächen nasenförmige Vorsprünge und Höcker nebst anderen, bizarren Formen, welche besonders schön am westlichen Fusse des Hooibergs und in der weiteren Umgebung von Santa Cruz zu sehen sind. Diese Höhlen im Diorit dienten theilweise auch den früheren Bewohnern des Landes, den Inselcariben, zum Aufenthalte.[1])

Dass dem Meere ein wesentlicher Antheil bei der Blockbildung überhaupt zukommt, ist augenscheinlich, wenn man die ungeheuren Mengen von Ellipsoiden und zugerundeten Dioritblöcken in Betracht zieht, die gerade auf den unlängst

1) Vgl. Band I, pag. 133 ff. — Die Erosionserscheinungen in Gebirgsbächen lassen sich hiemit an Grossartigkeit gar nicht vergleichen.

gehobenen Uferterrassen sich befinden, so am Nordstrande zwischen S. Colorado und Fontein, ferner nördlich von Buschiribana und an der Nordwestecke der Insel.

Erwähnenswerth ist noch die weitgehende Zersetzung, welche das Gestein des Adikurarie in der Tiefe erfahren hat und welche auf die Durchtränkung mit Meereswasser zurückzuführen ist, denn Stifft stiess beim Abteufen eines Schachtes in dem niedrigen, kaum über den Ocean hervorragenden Hügel bereits in 15 Fuss Tiefe auf eindringendes Salzwasser. Das Gestein ist daselbst ebenso aufgelockert und zersetzt, wie es die Diabase im niedrigen Theile von Ost-Curaçao aus ähnlichem Anlasse sind.

Die Verbreitung des Quarzdiorits ist aus der Karte ersichtlich: Ausser dem Plateau im Innern der Insel sind auch die bogenförmig angeordneten Höhen, welche, vom Hooiberge und vom Krystallberge ausgehend, dasselbe unvollständig umgürten, aus dieser Formation aufgebaut. Im Nordwesten des Hooibergs, wo sich das Plateau nach Westen mit dem Küstenstriche zu Einer Ebene vereinigt, ist freilich das Eruptivgestein grösstentheils durch seine eigenen Zersetzungsprodukte verhüllt und ragen nur noch wenige Haufwerke aus dem alten Meeresboden hervor. Hier habe ich die Formation nach der Grenze der Blöcke, soweit ich sie verfolgen konnte, eingezeichnet und die von ihr eingenommenen Flächen abgedeckt angelegt, da es keinem Zweifel unterliegen kann, dass die Haufwerke sich noch auf ursprünglicher Lagerstätte befinden. Aus gleichen Gründen ist die Formationsgrenze auch westlich vom Hooiberge durch einen Landstrich gezogen, an dessen Oberfläche nur hie und da noch ein einzelner Block herausragt, während der Boden mit Trümmern von Diorit und Gangquarziten bedeckt ist, deren Grösse und Häufigkeit in der Richtung von der Küste nach dem Innern hin zunehmen. Ueber die Formationsgrenze zwischen Quarzdiorit und Diabas werde ich unten noch zu sprechen haben; im Uebrigen ist sie allerorts scharf ausgesprochen, in der Weise, wie die Karte es darstellt.

An der Nordwestecke der Insel setzt der Quarzdiorit ausser dem Tikibanaï und Moskito, östlich von dem ausgetrockneten Binnenmeere, nur noch kleine Hügel zusammen; er bildet hier unter anderen auch das Liegende der unbedeutenden, in der Karte verzeichneten Fetzen von quartärem Kalke. Bemerkenswerth ist aber vor allen Dingen, dass auch an verschiedenen Orten des flachen, südöstlichen Inseltheiles der Quarzdiorit als Liegendes der quartären Kalke beobachtet wurde, so etwas westlich vom S. Culebra und im S. Colorado, wo neben dem normalen, an verschiedenen Punkten durch den Abbau der Phosphate blossgelegten Quarzdiorite auch noch eine eigenthümlich dunkle, feinkörnige, apatitreiche Varietät des Gesteins ansteht. Ferner gehen Quarzdiorite in der auf der Insel gewöhnlichen Ausbildung am Innern der gehobenen Uferterrasse zwischen Colorado und Fontein als Liegendes der quartären Kalke zu Tage aus. Es ist mir deswegen sehr wahrscheinlich, dass dies Eruptivgestein auch das Grundgebirge des ganzen südöstlichen Theiles von Aruba bildet und hier nur von dem quartären Kalke überlagert wird, dass sonach, mit Ausnahme des gleich zu behandelnden Diabasgebietes, fast die ganze Insel von dieser Formation eingenommen wird.

Diabas, untergeordnet Diabasconglomerat.

Nächst den Dioriten nehmen Diabase den wesentlichsten Antheil an dem Aufbau von Aruba; sie bilden das Hauptgestein des eingangs beschriebenen Gebirgsstockes am Nordstrande, dem unter anderen der Jamanota und Ariekok angehören. Diese Diabase sind kleinkörnige bis dichte, sehr selten grobkörnige, dunkelgrüne Gesteine, welche nach Kloos in allen Einzelheiten der Struktur mit denjenigen von Curaçao übereinstimmen und zum Theil uralitisirt sind. Wie weit sich diese Umwandlung räumlich erstreckt, vermag ich nicht zu beurtheilen, da die Uralitite von den übrigen Diabasen bei makroskopischer Betrachtung nicht zu unterscheiden sind und beide Gesteine aus diesem Grunde im Felde von mir zusammengefasst wurden. Bekannt ist das Vorkommen der uralitisirten Diabase von Miralamar sowie von Chetta am Fusse des Ariekok, in beiden Fällen also von Punkten, welche in der nächsten Nähe der Formationsgrenze von Diabas und Diorit gelegen sind; ganz besonders gilt dies für den Uralitit von Chetta. Dagegen sind die Diabase, welche ich am Nordstrande geschlagen habe, nicht metamorphosirt.

Südöstlich von Fontein, an der Grenze der Diabasregion und in unmittelbarer Nachbarschaft der gleich zu behandelnden, archaeischen Amphibolite, steht ein Diabasconglomerat an, welches einige keilförmig auf die gehobene Uferterrasse vorgeschobene Partieen bildet. Die Gesteinsfragmente, welche auf der frischen, dunkelgrünen Bruchfläche nicht wahrzunehmen sind, treten erst bei der Verwitterung deutlich hervor, da sie leichter als das sie verbindende Cement zersetzt werden und sie sich zudem durch ihre rostbraune Färbung gegenüber den mehr gelbbraunen, übrigen Gesteinspartieen auszeichnen. Die in die Grundmasse eingesenkten Bruchstücke stellen sich dann am verwitterten Gesteine als rundliche, ellipsoidische und zugerundet-polyedrische Körper dar, deren Durchmesser 5 cm nicht selten übersteigt und andererseits bis zu 5 mm und weiter herabsinken kann. In Dünnschliffen treten sie gleich scharf mit unverwaschenen Grenzen hervor und erweisen sich die Fragmente zum Theil als solche von Variolit, zum grössten Theile aber als solche von echtem Diabas mit langleistenförmigen, gewundenen, gebogenen und vielfach verzwillingten Feldspathen, die hie und da radialstrahlige Aggregate bilden, bei herrschender richtungsloser Struktur. Das Cement dieses Gesteins ist ebenfalls Diabas-Material. In der Richtung nach Fontein zu wird das Conglomerat sehr bald durch Diabas verdrängt, und an keinem anderen Punkte des Nordstrandes traf ich das gleiche Gestein wieder an; die augenfällige Verwitterungsform macht es auch unwahrscheinlich, dass es von mir daselbst übersehen sein sollte, da alle Felsen dieses Strandes den zersetzenden Einflüssen des Meeres in hohem Grade unterworfen gewesen sind.

Nur auf dem Gipfel des Jamanota fand ich das gleiche Conglomerat anstehend; die Gesteinsfragmente lassen sich hier schon auf frischen Bruchflächen wahrnehmen, indem sie sich als tiefer grün gefärbte Massen von den umgebenden Partieen schwach abheben. Bemerkenswerth ist, dass dieser Punkt ebenfalls an einer Formationsgrenze, hier nahe dem Grünschiefer, gelegen ist. Diese Nachbarschaft erklärt auch vielleicht das Vorkommen der erwähnten Fragmente von Variolit, welche eine endogene Contakterscheinung der Diabase andeuten.

Das Conglomerat vom Jamanota ist nach Kloos uralitisirt, gleich den in der Nähe anstehenden Diabasen von Miralamar, während das sonst gleiche Trümmergestein von Fontein diese Umwandlung nicht erfahren hat.

Da die Fragmente des Conglomerats rascher verwitteren als das Cement, so müssen sie im zersetzten Gesteine Hohlräume zurücklassen, welche die Ansiedlung sekundärer Mineralien ermöglichen und somit eine unechte Mandelsteinbildung hervorrufen können, welche nicht auf die Ausfüllung praeexistirender Blasenräume zurückzuführen ist. Als solche ist vielleicht das von Stifft erwähnte Vorkommen zu deuten: „Eine Varietät (von Grünstein), die jedoch selten ist und nur an zwei Punkten vorkam, ist die wo ein dichter, schwärzlich-dunkellauchgrüner Grünstein durch länglichte und rundliche Mandeln, die von 1—2 Linien bis zu $\frac{1}{2}$ und $\frac{3}{4}$ Zoll Grösse vorkommen, eine mandelsteinartige Bildung annimmt. Diese Mandeln bestehen entweder aus Quarz allein, der zuweilen chalcedonartig wird, oder aus einem Gemenge von Quarz und Feldstein, zuweilen aber aus Feldstein allein." An einem anderen Orte sagt Stifft: „Chalcedon, brauner Jaspis und Eisenkiesel kommen auf dem Rücken des Ariekok im Grünsteine vor."

Diese Bildungen sind mir selber anstehend nicht bekannt geworden; doch erhielt ich durch van Koolwijk zahlreiche Bruchstücke und kleinere Splitter von Chalcedonmandeln, welche nebst Brocken von Diabas und von anderen Gesteinen in der Gegend des alten indianischen Dorfes bei St. Cruz aufgelesen sind, und da die Diabase der Insel von ihren früheren Bewohnern zu Steinbeilen verarbeitet wurden [1]), so dürften diese Chalcedone ebenfalls aus dem genannten Eruptivgesteine abkünftig sein.

Die Diabase sind mit einer dünnen, dunkelbraunen bis röthlichen Verwitterungsrinde bekleidet, welche durch ihre Färbung manchmal an Laterit erinnert, und ihr Ausgehendes ist mit Blöcken und kleineren Gesteinsbrocken bedeckt, welche stellenweise ganz ungeheure Mengen von Schotter bilden. Der scharfeckige Umriss der Fragmente deutet die herrschende, regellos polyedrische Zerklüftung an, die man auch bei den Aufschlüssen in den alten Minen wahrnimmt. Spuren einer bankförmigen Absonderung zeigt das Diabasconglomerat auf dem Gipfel des Jamanota. Abgerundete Blöcke kommen nur vereinzelt bei der grobkörnigen Varietät des Diabases vor, während im Uebrigen kugelförmige und säulenförmige Absonderung enbenso fehlt wie auf Curaçao.

Die Zerklüftung des Gesteins ist am besten am Nordstrande zu beobachten, woselbst die Erosion des Meeres eine grosse Zahl von bogenförmigen Ausschnitten mit kleinem Radius in den steilen Gehängen des Diabases erzeugt hat. Hier reiht sich Eine Bucht an die andere, und die vielen Kreisbögen werden durch mächtige, keilförmig vorgeschobene Gesteinspartieen geschieden, in denen grosse, polyedrische Blöcke mauerartig sich über einander aufthürmen. Zum Theil sind ihre Kanten und Ecken durch die Brandung abgeschliffen, aber eine kugelförmige Absonderung fehlt auch hier überall.

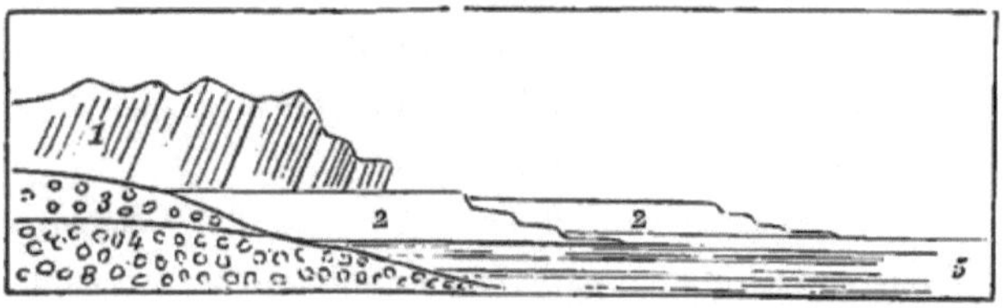

Fig. 16. An der Boca van Welvaart.
Vom Innern der Bucht nach NW gesehen. — 1. Diabas, welcher zwischen den quartären Kalken (2) ins Meer reicht. — 3 u. 4. Schotter von Kalk und Diabas. — 5. Meer.

Die erwähnten Buchten werden entweder noch heute vom Meere bespült, wie es auf der Strecke zwischen der Rooi Noordkap und der Boca dos Playos der Fall ist, so dass hier das Passiren des Strandes unmöglich wird, oder es lagert sich vor sie noch eine jüngst gehobene Uferterrasse der Nordküste, wodurch die Diabaskeile landeinwärts gerückt sind. Letzteres ist zwischen der Boca dos Playos und der südöstlichen Grenze der Formation zu beobachten.

1) Dasselbe Gestein wurde auch auf Curaçao zur Herstellung von Beilen verwendet (vgl. Theil I, Tab. VI, Fig. 15).

Wie sich hier am Meere die Formationsgrenze scharf bestimmen lässt, so ist dieselbe auch deutlich von dem Plateau des quartären, den südöstlichen Inseltheil bedeckenden Kalkes geschieden; minder ausgeprägt ist aber die Grenze zwischen Diabas und Quarzdiorit. Ich habe dieselbe an zwei Punkten, die gleichzeitig einen guten Ueberblick gewährten, durchschnitten, einmal auf dem Wege von Oranjestadt nach Daimarie, östlich von St. Lucie, das andere Mal bei Chetta, unweit der alten Direktorswohnung, und in beiden Fällen zahlreiche Blöcke von Diorit auf den westlichen Gehängen des Diabasgebirges zerstreut gefunden. Namentlich an dem ersteren der genannten Punkte ist die Zahl der Dioritblöcke, die das unterlagernde Gebirge bedecken, eine ungeheure, so dass anfangs auf dem Wege nach Daimarie zu nur hie und da ein Bruchstück der Diabasformation zwischen den Sphaeroiden von Quarzdiorit sichtbar wird; dann geht weiter nach Osten der Diabas in immer grösseren Partieen zu Tage aus, und endlich sieht man nur noch zungenartig vorgestreckte und einzelne isolirte Haufwerke von Quarzdiorit jene Formation bedecken. Es geht daraus hervor, dass der Diabas das Liegende des Diorits ist, welcher deckenartig sich über die Gehänge der westlichen Kuppen und Hügel ausbreitete und durch die Verwitterung, wie allerorts auf der Insel, weit zerfallen ist, so dass er die unterlagernde Formation nur noch unvollständig verhüllt.

Die geschilderten Verhältnisse verhinderten eine in allen Einzelheiten getreue Einzeichnung der Grenzlinie zwischen Diorit und Diabas; in ihren Hauptzügen liess sich aber dieselbe in der Art, wie sie die Karte wiedergiebt, ohne Schwierigkeit erkennen, da sie bei der grossen Verschiedenheit der Ausgehenden beider Eruptivgesteine leicht auf weite Strecken überblickt wird, so namentlich auch vom Jamanota aus. Die lichtgrau verwitterten, grossen Sphaeroide von Quarzdiorit zeichnen sich deutlich genug von den rostbraunen und rothen, nie mit so grossen und runden Blöcken bedeckten Höhen von Diabas ab. Auch in Handstücken ist eine Verwechselung der hellgefärbten Diorite von granitischem Habitus und der dunklen, meist feinkörnigen bis dichten Diabase fast immer ausgeschlossen; nur die erwähnten, feinkörnigen Ausscheidungen innerhalb des Dioritmassivs können hier zu einem Irrthume Anlass geben, doch sind dieselben, wie oben bereits hervorgehoben, äusserst selten. Aus solchen Gründen konnte das Haupt-Diabasgebiet schon im Felde in der Weise begrenzt werden, wie es die Karte angiebt.

Grünschiefer und schiefrige Amphibolgesteine.

Ich fasse hier zwei Gesteinsarten zusammen, von denen die erstere innerhalb der Diabasregion, die letztere ausserhalb derselben, aber doch in unmittelbarer Nähe des Eruptivgesteins, ansteht.

Die Grünschiefer, welche durch Kloos auf Grund mikroskopischer Untersuchung als quarzfreie Epidotamphibolschiefer erkannt wurden, erscheinen dem blossen Auge als dichte, homogene Gesteine von dunkelgrauer bis schmutzig- und lauchgrüner Farbe. Die graue Färbung tritt nur bisweilen auf frischen Bruchflächen hervor, während das Ausgehende der Formation entweder intensiv grün oder bei weit fortgeschrittener Zersetzung rostbraun erscheint. Die Schieferung ist bald mehr bald minder deutlich ausgeprägt, im Grossen und Ganzen aber stets ohne Schwierigkeit zu erkennen; doch kommt neben der den Ablagerungsebenen parallelen noch eine transversale Schieferung vor, welche das Gestein stellenweise leicht in dünne, nie sehr grosse Platten zerspalten lässt; in der Regel erhält man aber beim Zerschlagen nur polyedrische, unvollkommen griffelförmige oder schilfrige Bruchstücke. Die leicht spaltbaren Gesteine ähneln in Handstücken den Dachschiefern.

Die Stellung der Schichten ist überall eine sehr steile, fast senkrechte, und das Streichen im stratigraphischen sowohl wie im tektonischen Sinne annähernd von W nach O in beiden Thälern, in denen ich die Schiefer anstehend fand, nämlich in der Rooi Cachunti und dem Einschnitte, durch welchen der Weg von Oranjestadt nach Fontein führt, zwischen Pan Blanco und Parabusté. Dieselbe Richtung von W nach O nimmt aber nach der englischen Karte auch der obere, östliche Arm derjenigen Schlucht, welche in die spanische Lagune einmündet und an deren Ausgange ich ungemein zahlreiche Geschiebe von Grünschiefer gefunden habe, neben Fragmenten von Quarzdiorit, welche längs der westlichen, aus dem Dioritmassive herabsteigenden Nebenschlucht transportirt worden sind. Hierauf stützt sich die Einzeichnung der dritten Grünschieferpartie als Gestein des oberen Abschnittes der erwähnten Rooi, welchen ich selber nicht betreten habe.

Dass die Schluchten in die Schiefer durch Erosionswirkungen der zu Zeiten abfliessenden, gewaltigen Regenmengen eingeschnitten worden sind, kann keinem Zweifel unterliegen, denn die meist trockenen Wasserläufe tragen alle Charaktere eines Gebirgsbaches, so selten ein solcher auf der ausgedörrten Insel auch fliessen mag. Auch ist deutlich, dass das Ausgehende der Grünschiefer in ein stets tiefer sich verlegendes Niveau gerückt werden musste, während die widerstandsfähigeren Diabase der Zerstörung minder rasch unterlagen. Deswegen wird man den Umstand, dass die Schiefer nur in den Thaleinschnitten zu Tage ausgehen, das Eruptivgestein dagegen die benachbarten Höhen bildet, auch nicht als Beweis dafür anführen können, dass die Schiefer die ältere von beiden Bildungen darstellen und von den Diabasen durchsetzt sind. Wohl sprechen hiefür indessen andere Umstände:

Wollte man die Diabase als den Schiefern eingeschaltete und mit diesen zusammengestauchte Lager auffassen, so müsste es zunächst auffallen, dass die

Grünschiefer nur in einem Theile, und zwar gerade in dem höchsten Theile, des Diabasgebietes auftreten. Dass sie an anderen Orten fehlen, wird schon durch den Verlauf der übrigen Schluchten im Gebirgsstocke der Nordküste wahrscheinlich, denn sämmtliche Thaleinschnitte von einiger Bedeutung haben, mit Ausnahme der von den Schiefern eingenommenen, eine Richtung von N nach S oder von SW nach NO. Die Schluchten würden aber zweifellos dem Streichen der Schiefer von W nach O folgen müssen, wenn solche Gesteine überhaupt in dem betreffenden Gebiete anständen. Eine Aenderung der Streichungslinie der Schiefer, in dem Sinne wie es der abweichende Verlauf der Rooien fordern würde, ist nicht wohl denkbar. Auch habe ich in den Schluchten, die ich an ihrer Ausmündung am Nordstrande untersuchen konnte, nirgends Grünschiefer anstehend oder als Geschiebe gefunden, auch nicht in der bedeutendsten von ihnen, der Rooi Fluit, in der ganz ungeheure, an das Hochgebirge erinnernde Mengen von Schotter liegen.

Sind diese Verhältnisse auffallend bei der Annahme der Gleichaltrigkeit von Diabas und Schiefer, so sind sie umgekehrt sehr verständlich, wenn die Letzteren als die ältere beider Bildungen aufgefasst werden, da bei deckenförmiger Auflagerung des Eruptivgesteins die Sedimente am ehesten in den tiefst eingeschnittenen Schluchten und somit in dem höchsten Theile des Gebirges, woselbst die Erosion am wirksamsten thätig war, blossgelegt werden mussten.

Noch wichtiger ist der Umstand, dass auch am Nordstrande bei Fontein die Schiefer fehlen, denn die Endigung der Schlucht liegt daselbst im Diabase. Folgt man von genanntem Orte dem zum Jamanota führenden Wege, so durchschneidet man am Strande zunächst das Eruptivgestein in der Mündung der Rooi, darauf die im Hangenden auftretenden, quartären Kalke, welche landeinwärts in isolirte Brocken aufgelöst sind und bald ganz schwinden. Jetzt führt der Weg auf der Höhe über einen Diabasrücken nördlich von der Rooi Cachunti weiter, und an der gegenüberliegenden, südlichen Grenze der Schlucht sieht man ebenfalls in einer steil abfallenden Wand das massige Gestein von einer landeinwärts sich auskeilenden Schicht des quartären Kalkes bedeckt. Dann reitet man am nördlichen Abhange der Rooi hinunter; einzelne, kegelförmige Partieen von Schiefer, durch die Erosion von der Wand losgelöst, schieben sich gegen die Mitte des trockenen Bachbettes vor, und halbwegs Cachunti [1]) und Jamanota werden die alten Sedimentärgesteine von einer durch quartären Kalk verkitteten, aus Diabas- und Grünschiefer-Bruch-

1) Der Name gilt nicht nur für die Schlucht, sondern auch für die sie begrenzende Anhöhe im Norden. Die Höhennamen werden allgemein zur Bezeichnung der benachbarten Rooien verwendet.

stücken gebildeten, groben Breccie, die nur geringe Mächtigkeit besitzt, überlagert. An Einem Punkte sah ich auch ein massiges Gestein als Hangendes auftreten, aber die Unzugänglichkeit desselben verhinderte mich ein Handstück davon zu schlagen, und da an der Grenze der Grünschiefer auch Dioritporphyre emporgedrungen sind, so lässt sich aus dieser Beobachtung nichts für die Lagerung des Diabases ableiten. Wohl aber müsste es bei Annahme der Gleichaltrigkeit von Diabas und Grünschiefer befremden, dass die Lager des Sedimentärgesteins nicht bis zur Nordküste fortsetzen, dass vielmehr hier in der Schlucht nur der Diabas aufgeschlossen ist.

Zieht man dabei in Erwägung, dass auch auf Curaçao nichts auf die Anwesenheit von Diabaslagern hindeutet, dass dagegen am Rande des Diabasgebietes von Aruba ebenfalls in einem niedrigen Niveau schiefrige Amphibolgesteine vorkommen, welche ohne Schwierigkeit mit den Grünschiefern zusammengefasst werden können, so wird man sich der Annahme nicht verschliessen dürfen, dass die Sedimentärgesteine das Liegende der Diabase darstellen. [1]) Dazu kommt, dass von der kleinen Insel Orchilla im Osten der niederländischen Eilande, in gleicher Richtung also mit dem Streichen der Grünschiefer, das Vorkommen von Gneiss schon seit Humboldt bekannt ist. „Die Gneisshügel waren mit Gräsern bewachsen. Die geologische Beschaffenheit von Orchilla scheint im Kleinen der von Margarita ähnlich zu sein." [2]) Ich selbst erhielt durch Ernst in Carácas einen ausgezeichnet schiefrigen Quarzit von Orchilla, welcher wohl nur mit gemengten, krystallinischen Schiefergesteinen daselbst lagern kann. Das legt im Verbande mit der grossen Analogie, welche die Inseln überhaupt zu dem Festlande in ihren geognostischen Verhältnissen afweisen, [3]) die Annahme nahe, dass die Grünschiefer und Amphibolite das Grundgebirge darstellen und der archaeischen Schichtenreihe angehören.

Diese Amphibolite, welche südöstlich von St. Lucie und an der Nordküste südöstlich von Fontein anstehen, werden an beiden Orten von Haufwerken des Quarzdiorits in ähnlicher Weise überlagert, wie es in der Nachbarschaft von St. Lucie für den

1) Ich zweifle nicht daran, dass sich die Frage an Ort und Stelle sehr leicht bei längerem Verbleibe entscheiden lässt. Mir war es leider nicht möglich, die Schluchten ihrer ganzen Erstreckung nach abzureiten. — Bezüglich der entgegengesetzten Auffassung, vgl. Kloos l. c. pag. 60.

2) A. v. Humboldt und A. Bonpland. Reise in die Aequinoctial-Gegenden des neuen Continentes in den Jahren 1799—1804. 5ter Theil. pag. 729. — Stuttgart u. Tübingen. 1826.

3) Näheres hierüber in einem folgenden Capitel: Schlussbetrachtungen.
Bemerkenswerth ist auch die Angabe von Ernst, gelegentlich der Besprechung des 1ten Theiles dieses Werkes in Nature. 1887. March 17, pag. 460: „All these islands — Curaçao, Aruba, Bonaire, Los Roques, Orchila, Las Aves, Los Testigos etc. — have a nucleus of eruptive rocks (diorite, diabase, gabbro, eclogite); the same geological constitution exists in the central hill of the peninsula of Paraguaná and in the monntain-ridges of La Guajara."

Diabas oben beschrieben wurde. An letzterem Orte gehen nur kleine Fetzen [1]) des Amphibolgesteins zu Tage aus, und zwar am Fusse der Diabashügel, so dass man von Oranjestadt nach Daimarie reitend zuerst Amphibolit und dann weiter aufwärts Diabas als Liegendes des Diorits wahrnimmt. Das Amphibolgestein ist an diesem Orte von ausgezeichnet dünnschiefriger Struktur; seine Schichten sind steil aufgerichtet.

An der Nordküste ist der Amphibolit unvollkommen dickschiefrig, im Ganzen aber ebenfalls in deutlichen Platten abgesondert. Er bildet hier einen sehr niedrigen Höhenrücken, welcher einem flachen Uferwalle gleich sich von der südöstlichen Grenze der Diabasregion aus längs der Küste weit ausdehnt und sich landeinwärts unter den sein Hangendes bildenden Diorit und den quartären Kalk verliert. Unbedeutende, kleine Wasserrisse, welche vom Kalkplateau aus nach dem Meere sich erstrecken, lassen nur hie und da das Gestein in steil aufgerichteten Schichten anstehend wahrnehmen, während im Uebrigen das Ausgehende von reichlichen, unter dem Einflusse der früheren Meeresbedeckung gebildeten Trümmern bedeckt ist.

Dioritporphyre und Granite.

An der Grenze des Diabasgebietes fand ich mehrfach in losen Blöcken auf der Oberfläche Gesteine zerstreut, welche den Dioritporphyren angehören, so bei Chetta und nördlich von der Schlucht bei Fontein, unfern des Strandes, auf der Höhe. Diese Blöcke sind möglicherweise als eine Porphyrfacies des Quarzdiorits zu bezeichnen und sammt einem porphyrartigen Diorite, den ich als Gerölle am Fusse des Matevidirie auflas, mit dem herrschenden Gesteine der Insel zu vereinigen. Sie könnten von Decken abkünftig sein, welche die Diabase an der Grenze überlagerten, sowie dies oben auch für den typischen Quarzdiorit geschildert ist; denn Chetta liegt am Rande des Dioritmassivs [2]) und nichts steht der Annahme entgegen, dass auch am Nordstrande sich früher gleiche deckenartige Ausbreitungen des Quarzdiorits befunden hätten, welche mit jetzt zerstörten Theilen des Hauptmassivs in Verbindung standen.

Indessen sind Dioritporphyre auch anstehend innerhalb des Diabasgebietes bekannt; ich traf sie am südöstlichen Ufer der Boca van Welvaart an und ausserdem am Parabusté, an der Nordseite des von Oranjestadt nach Fontein führenden Weges, welcher sich über die Schichtenköpfe der Grünschiefer hinzieht. Das Eruptivgestein, welches eine ansehnliche, mit abgerundeten Blöcken bedeckte Höhe bildet, setzt hier scharf an den durchbrochenen Sedimenten ab; sein Lagerungsverhältniss zum Grünschiefer ist an diesem Orte somit das gleiche wie das der

1) Sie sind so unbedeutend, dass sie nicht in die Karte eingetragen werden konnten.
2) Vgl. oben pag. 53.

Diabase zum Schiefer. Das Lagerungsverhältniss von Diabas und Dioritporphyr dagegen ist bei dem Mangel eines jeglichen anderen Aufschlusses nicht festzustellen; mir schien die Verknüpfung eine sehr enge, so dass ich im Felde die Ueberzeugung hegte, die Dioritporphyre seien nur als eine lokale Facies des (derzeit als Diorit gedeuteten) Diabases anzusehen. Die mikroskopische Untersuchung konnte aber diese Auffassung nicht bestätigen und die Erklärung des Vorkommens muss deswegen in anderer Richtung gesucht werden.

Es ist nun vor allem von Bedeutung, dass Dioritporphyre auch innerhalb des Dioritmassivs der Insel bekannt sind, und zwar in Einem Falle sicher als gangförmige Durchsetzung desselben. An dem nordöstlichen Abhange des Serro Colorado, dort wo die alte Mine sich befindet, setzen im Diorite einige Quarzgänge auf, welche nur wenige Centimeter mächtig sind; daneben ist das gleiche Eruptivgestein von einem etwa $^3/_4$ Meter mächtigen Gange von Dioritporphyr durchbrochen, dessen Salbänder sich an der völlig kahlen, ins Meer hinausragenden Klippe mit grosser Deutlichkeit verfolgen lassen. Das Ganze wird von eisenreichen, quartären Korallenkalken überlagert.

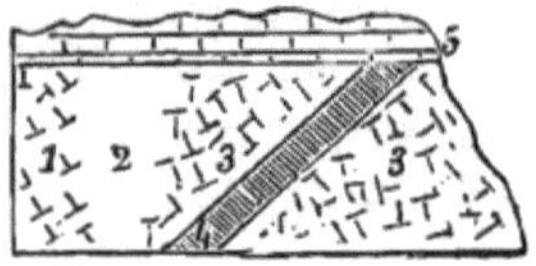

Fig. 17. Klippe am Serro Colorado.
1. Normaler Quarzdiorit. — 2. Unzugänglich. — 3. Feinkörniger Quarzdiorit. — 4. Dioritporphyr. — 5. Korallenkalk.

Oestlich von Alta Vista, unfern des Nordstrandes, steht ferner innerhalb des Gebietes des Quarzdiorits ein Dioritporphyr an, welcher durch seine Absonderung in ungemein regelmässigen, sechsseitigen, basaltähnlichen Säulen bemerkenswerth ist. Dasselbe Gestein traf ich noch mehrfach in der weiteren Umgebung des genannten Punktes an, und es kann wohl keinem Zweifel unterliegen, dass wir in ihm ebenfalls eine Gangmasse zu sehen haben.[1]) Daran schliesst sich ein anderes Gestein, welches in einer Niederung zwischen Kalabass und Serro Plāt ansteht, inmitten eines Cactuswaldes, der hier jede Feststellung der Grenze gegen den benachbarten Quarzdiorit unmöglich machte.

Als sicher möge nur die Thatsache hervorgehoben werden, dass innerhalb des Quarzdioritmassivs Gänge von Dioritporphyren vorkommen, welche Gesteinen, die innerhalb des Diabasgebietes anstehen, lithologisch sehr ähnlich sind. Es liegt deswegen nahe, nach einer für beide Vorkommnisse [2]) in gleicher Weise verwendbaren Erklärung ihrer Entstehung zu suchen:

Es werden unten ausführlich die Erzgänge von Aruba zu behandeln sein, die

1) Das Terrain ist kaum über den Meeresspiegel erhoben, von Felsenmeeren bedeckt, ohne Aufschluss. Nur Eins der Vorkommnisse ist eingetragen, da es mir bei den anderen nicht möglich war, die Lokalität genau zu fixiren. Meine Aufzeichnungen sind für dies Gebiet in Folge eingetretener Unpässlichkeit überhaupt mangelhaft.

2) Stifft hat auch die Vermuthung ausgesprochen, dass „Grünstein" sowohl den Quarzdiorit als

mit den Dioritporphyren das gemein haben, dass sie sowohl dem Gebiete des Quarzdiorits als demjenigen des Diabases angehören; auch scheint ein gewisser Zusammenhang zwischen den Mineral- und Gesteinsgängen dadurch angedeutet, dass auf Aruba, woselbst Erstere in grossen Mengen auftreten, auch der Dioritporphyr eine bedeutendere Verbreitung hat, während auf Curaçao dies Gestein nur an Einem Punkte bekannt ist und die Quarzgänge in gleichem Sinne sehr zurücktreten; auf Bonaire endlich sind weder die Mineralgänge noch die Dioritporphyre bis jetzt aufgefunden. Ich schliesse hieraus auf das Bestehen eines genetischen Verbandes zwischen dem Vorkommen beider Gangbildungen und halte es für wahrscheinlich, dass die Dioritporphyre zu derselben Zeit erumpirten, als das Gangspaltennetz Aruba's, welches nur unbedeutende Ausläufer bis nach Curaçao sandte, sich bildete, dass also die Aufbruchsspalten zum Theil durch das injicirte Gestein, zum Theil später mit Quarz erfüllt wurden.

Dass auch bei Bildung des Quarzdiorits Apophysen desselben zwischen die Gesteine der Diabasregion eingedrungen sein können, wie Kloos besonders für das Gestein von Parabusté anzunehmen geneigt ist, soll dabei ebensowenig in Abrede gestellt werden, wie die eingangs hervorgehobene Möglichkeit, dass die Blöcke von dem Rande des Diabasgebietes als Porphyrfacies des Quarzdiorits aufgefasst werden könnten. Sicherheit ist über alle diese Fragen auf Grund der vorliegenden Beobachtungen nicht zu erreichen.

Granitgaenge von geringer Mächtigkeit sieht man nicht selten die grossen Sphaeroide von Quarzdiorit durchsetzen; sie dürften innerhalb des Magmas der letztgenannten Felsart entstanden und als Schlieren zu deuten sein. Eine lose Platte eines hievon durchaus verschiedenen Ganggranits, welche in der Mitte der Insel, halbwegs St. Cruz und Belaschie, an der Oberfläche aufgelesen ist, wurde von Kloos als Mikroklingranit bestimmt.

Kreideformation?

Von cretaceïschen Ablagerungen ist mit Sicherheit auf Aruba nichts bekannt, und es erscheint dies um so auffallender, als Sedimente der Kreideperiode nicht nur auf Curaçao, sondern auch auf Bonaire eine grosse Verbreitung besitzen. Nach dem, was wir von erstgenannter Insel über das Lagerungsverhältniss solcher Bildungen kennen lernten, müssen wir sie am ehesten am Rande der von ihnen überlagerten Diabase zu finden erwarten. Dem entspricht das Vorkommen eines

---

den Diabas durchsetzt habe, welche beiden Letzteren er für gleichzeitige Bildungen ansah. Diese sog. Grünsteingänge können nur die Dioritporphyre sein, so dass also die Vermuthung von Stifft mit der hier ausgesprochenen Auffassung im Einklange steht.

dunkelgrauen Mergelschiefers, welcher mikroskopisch dem cretaceïschen Mergel von Hermanus auf Curaçao sehr ähnlich sieht, als anstehendes Gestein am Nordstrande, an der Boca dos Playos. Hier ragen die Schichtenköpfe nur wenig über das Meeresniveau in ganz unbedeutenden Brocken hervor, die Bucht im Nordwesten begrenzend, während an ihrem inneren Rande und aufwärts sogleich wieder der von Quarzgängen durchsetzte Diabas an die Stelle des Sedimentärgesteins tritt. Von Petrefakten ist nichts zu finden, und deswegen muss es sehr zweifelhaft bleiben, of diese Mergel in der That der Kreideperiode angehören.

Darauf, dass cretaceïsche Ablagerungen mindestens früher an dem Aufbau von Aruba Theil genommen haben, spricht indessen auch der Umstand, dass in den Phosphaten des Colorado das Bruchstück eines Ammoniten gefunden ist, welcher aus Kreideschichten abkünftig sein dürfte. Das unvollständige und obendrein noch verdrückte Petrefakt (Tab. I, Fig. 13) lässt eine Speciesbestimmung nicht zu; sehr nahe steht es aber anscheinend dem *Ammonites Treffryanus Karst.* aus der Kreide von Bogota.[1]) Sein Vorkommen in den quartären Phosphaten von Aruba hat nichts Auffallendes,[2]) da dieselben auch andere Bruchstücke älterer Formationen, vor allem Rollsteine von Quarzit, bisweilen einschliessen.

Schliesslich verdienen hier noch sehr feinkörnige, lichtgraue und hellgelbe Sandsteine mit äusserst spärlichem, thonigen Bindemittel Erwähnung, welche bei St. Cruz als Geschiebe aufgelesen worden sind. Sie enthalten freilich weder makroskopisch noch mikroskopisch wahrnehmbare, organische Reste; aber ausser der Kreideformation ist auf Keiner der drei Inseln irgend eine Ablagerung vorhanden, mit der man die Sandsteine in Verband bringen könnte.

Erzgänge und Seifen.

In den Quarzdioriten und Diabasen von Aruba treten zahlreiche Quarzgänge auf, und besonders reich ist die erstgenannte Formation an solchen Bildungen, entsprechend ihrer grösseren räumlichen Ausdehnung. Im Diabas setzen die Gänge des Jamanota und Ariekok, ferner diejenigen von Miralamar und besonders der Gegend von Daimarie auf; über das Dioritmassiv sind sie ziemlich gleichmässig vertheilt. Ihre Anzahl wird auf etwa 200 geschätzt, doch scheinen mir bei dieser Schätzung auch Parallelträmer und Trümer zusammengesetzter Gänge gesondert aufgeführt zu sein. Immerhin ist der Reichthum an Quarzitgängen auf Aruba ein ungemein grosser.

Die Mächtigkeit der Gänge schwankt von wenigen cm bis zu etwa 10 m,

1) Karsten. Ueber die geognost. Verhältnisse des westlichen Columbien, pag. 109, tab. 4, fig. 1.

2) Ich habe das Petrefakt nicht selbst gefunden, aber keine Ursache an der richtigen Angabe des Fundorts zu zweifeln (vgl. den vorläufigen Bericht pag. 43).

und das Aushalten im Streichen ist, soweit es an den Ausgehenden zu verfolgen war, bei vielen als 100 m und mehr, bei einzelnen als ½ bis 1 englische Meile angegeben worden. Da die Ausgehenden sich durch ihre weisse Farbe gegenüber den dunkleren Eruptivgesteinen scharf markiren und das Nebengestein in der Regel der Verwitterung rascher erliegt, so sieht man die gewaltigen Quarzmassen bisweilen schon aus grosser Entfernung in Form kleiner Hügel aus den umgebenden Formationen hervorragen, so „Fort George" im Norden der spanischen Lagune, den „Serro Blanco" bei Belaschie, welcher gleich dem sog. „Sneeuwberg" [1]) den Gangquarzen seinen Namen verdankt, ferner die Gänge des Kalabass, des Krystallberges, des Jamanota und manche andere

Ueber Streichen und Fallen der Gänge ist wenig bekannt. Ich selbst habe bei meiner flüchtigen Reise nur eine beschränkte Anzahl derselben besuchen können und muss mich deswegen im Wesentlichen auf die Angaben des Berichtes der Gold Mining Company stützen. Hierin heisst es nun zwar pag. 22 von den Gängen: „running in all directions and dipping at all angles", wenn man indessen die Streichlinien, welche bei den einzelnen Erzgängen angegeben sind, zusammenstellt, so ergiebt sich dennoch eine weit grössere Regelmässigkeit als nach obigen Ausdrücken geschlossen werden könnte.

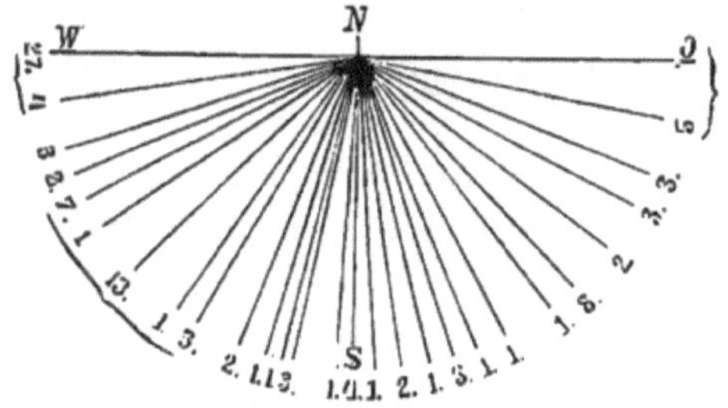

Fig. 18. Das Streichen der Quarzgänge auf Aruba, mit Angabe der in jede Streichlinie fallenden Anzahl derselben.

In nebenstehendem Grundrisse ist das Streichen von 104 Gängen dargestellt. Die Streichlinien entsprechen den verschiedensten Richtungen der Windrose, aber deutlich lassen sich aus ihnen mehrere Gruppen von Parallelgängen [2]) ableiten, denen gegenüber allen anderen nur eine sehr untergeordnete Bedeutung zukommt. Nicht weniger als 27 Gänge streichen von W nach O und 9 andere weichen nur um 10° von dieser Richtung ab; 13 Gänge streichen von SW nach NO, während wiederum bei 12 anderen der Richtungsunterschied nur 15° und weniger beträgt; 8 Gänge endlich streichen von NW

1) Dieser Name steht auf der alten Karte für einen Hügel im Westen vom Kalabass angegeben, ist aber auf der Insel unbekannt — aus leicht ersichtlichen Gründen. Die wirkliche Bezeichnung daselbst vermochte ich nicht zu erfahren.

2) Dass der Parallelismus sich auch stets auf das Fallen erstreckt, ist freilich noch nicht zu erweisen, wohl aber bei einzelnen, benachbarten Gängen bereits festgestellt.

nach S O. Es lassen sich somit drei Gruppen von Gängen erkennen, welche im Grossen und Ganzen von einerlei Streichen sind. Unter diesen besitzen die Morgengänge bei weitem die grösste Bedeutung; darauf folgen unter den diagonal streichenden die SW- und endlich in geringerer Zahl die NW-Gänge.

So weit mir bekannt ist, sind die Gänge steil bis saiger; über ihre Tiefenerstreckung fehlen alle Angaben. Gabelung ist ziemlich häufig. Die Salbänder stellen in weitaus den meisten Fällen scharf ausgesprochene Begrenzungsflächen dar und nicht selten legt sich zwischen sie und das Nebengestein ein dünner, lettiger Besteg, welcher bis 5 cm Mächtigkeit erreichen kann.

Der deutlich krystallinische Quarz, welcher die Gangspalten ausgefüllt hat, ist in der Regel von massiger Struktur, nur hie und da deutet eine lagenförmige Anordnung noch auf Succession in dem Ausfüllungsprocesse hin; bisweilen ist er auch löchrig und zellig, und die Hohlräume sind dann mit kleinen Krystallen ausgekleidet. Unter diesen verdienen die wasserklaren Bergkrystalle, welche dem Krystallberge bei Buschiribana seinen Namen verliehen haben, besonderer Erwähnung, da sie nicht selten die Combination ∞ P. R darstellen; daneben kommt ∞ P. R.—R. 2P2 vor, links entwickelt und die Rhombenflächen parallel zur Combinationskante von P gestreift. Die Farbe des Quarzes wechselt von Schneeweiss oder von schmutzigem und bläulichem Grau bis zu rothem und dunklem Braun; auch kommen blutrothe, rosenrothe und grünlich gefärbte Varietäten vor.

Alle diese Gangquarze enthalten in grösserer oder geringerer Menge Gold, welches indessen nur an einigen Orten makroskopisch sichtbar vorkommt. Vor allem die Gänge des Adikurarie an der nordwestlichen Ecke der Insel haben sich als reichhaltig erwiesen, und hier wurde auch zuerst das Vorkommen der Goldquarze auf Aruba entdeckt, nachdem die Seifen den Anlass zur Gewinnung des Erzes gegeben hatten. Im Adikurarie bildet das Gold bisweilen hübsche, moosförmige Ueberzüge auf zierlichen Quarzkrystallen; doch soll es hier keineswegs auf den Gangquarz beschränkt, sondern auch im Nebengesteine (feinkörniger Diorit) eingesprengt und in Trümern gefunden sein. Ferner ist in den Gruben Schaffenberg und Bruin, welche nur wenig südlich vom Adikurarie gelegen sind, freies Gold gefunden, und besonders auch in der Gegend von Buschiribana, in der Nähe der Nordküste, in den Gruben Kaduschie, Buschiribana, Serro Hacha, Tras Muralla und im Kalabass. Alle diese Gruben befinden sich in Gängen, welche im Quarzdiorite aufsetzen. Im Diabasgebiete ist bis jetzt nur Ein reichhaltiger Gang mit makroskopisch sichtbarem Golde bei Miralamar bekannt; unbedeutende Mengen Freigolds kamen in dem Gange von Boca dos Playos vor. Das Gold ist mit verschiedenen Mengen von Silber gemischt; es ist 19—21 karätig. Reinwardt bestimmte den Feingehalt zu $^{892}/_{1000}$ = 21 Karat 4 $^{9}/_{10}$ Grän. [1])

Accessorisch kommen in den Gangquarzen allgemein verbreitet goldhaltige Pyrite vor und in seinen Höhlungen Brauneisenerz, seltener Magneteisen; ausserdem Kupferkies, Malachit, untergeordnet Azurit und Rothkupfererz; vereinzelt ist auch Arsenkies und Silber gefunden. Die Kupfererze werden von Limonit begleitet und dürften daher aus dem Kupferkiese entstanden sein; sie bilden unregelmässige Nester in den Gangausgehenden und sind, so weit bekannt, auf das Diabasgebiet beschränkt, denn man hat sie nur bei Daimarie und bei Belaschie angetroffen.

Vor allem westlich von der bei Daimarie zur See hinabführenden Schlucht sind grössere Mengen von Kupfererzen gefunden, nächstdem etwas weiter nach Westen zu, südöstlich von der Bucht von Antikurie. Weit unbedeutender sind die Kupfererze von Belaschie; nach mir gezeigten Proben weisen sie auf durchaus das gleiche Vorkommen hin, welches oben aus der Umgegend von Savonet auf Curaçao erwähnt wurde. Irgend welche Bedeutung scheint auch dem Vorkommen der Kupfererze auf Aruba nicht beizumessen zu sein.

So lückenhaft unsere bisherige Kenntniss von den Erzgängen Aruba's auch ist, so lässt sich daraus doch Folgendes ableiten:

Die Insel ist von einem dichten Gangnetze durchzogen, welches das Diorit- und Diabasgebiet in gleichen Richtungen durchsetzt. Unter Letzteren herrscht das Streichen von W nach O ganz entschieden vor, und es fällt dieses mit dem Streichen der Grünschiefer zusammen, welche oben als das Grundgebirge von Aruba betrachtet wurden. In dieser angedeuteten Abhängigkeit der Gangspalten von dem Faltensysteme der Schiefer liegt aber eine weitere Stütze für die Annahme, dass die alten Sed mente auch das Liegende der Quarzdiorite bilden; ich möchte sie als eine Folge des Aufreissens längs den Schichtungsflächen der zusammengestauchten Grünschiefer und aequivalenter Bildungen betrachten.

In dem aus der Verwitterung und Zertrümmerung der anstehenden Formationen hervorgegangen SEIFENGEBIRGE ist das Gold schon seit langer Zeit bekannt. Es ist wohl nicht zu bezweifeln, dass aus ihm das ansehnliche Stück Freigold abkünftig war, welches bereits im Jahre 1750 gefunden wurde [2]) und veranlasste, dass ein gewisser Prins die Insel besuchte, welcher ohne Erfolg dem Edelmetall nachspürte [3]).

1) Die Angaben beziehen sich vermuthlich auf Seifengold. — l. c. pag. 281.

2) Bosch. Reizen. Deel II, pag. 230.

3) Derselbe teufte an der Ostseite des Serro Colorado am Meere einen Schacht im Diorite ab. Er befindet sich im Kreuzungspunkte eines von unbedeutenden Quarzgängen gebildeten Winkelkreuzes und steht jetzt voll Wasser, da das Meer Zutritt zur Grube erhalten hat. (vgl. auch pag. 58, oben).

Erst im Jahre 1824 wurde in Folge einer zufälligen Entdeckung von Neuem die Aufmerksamkeit auf das Erz gerichtet, denn man fand in den Alluvionen des Diabasgebirges, vor allem in der Rooi Fluit, ansehnliche Mengen Goldes. Ein Klumpen wog nach Teenstra [1]) 32 Pfund und 8 Unzen Amsterdamsches Gewicht, ein anderer, den das Leidener Museum besass, [2]) nach Reinwardt [3]) 6,415 niederl. Pfunde, eine ganze Reihe mehr als 1 Pfund. Im Ganzen wurden im Jahre 1825 an Gold 142 Pfunde gewonnen. [4]).

Diese Funde wurden die Veranlassung der geologischen Untersuchungen Stifft's, welcher in seinen Berichten die goldführenden Letten des Diabasgebirges ausführlich beschrieben hat. [5]) Dagegen blieb es Stifft unbekannt, dass auch in den Sand- und Lehmablagerungen, welche sich zwischen den Felsenmeeren des Quarzdiorits ausbreiten, Gold vorkommt, gleichwie von den Gängen nur die im Adikurarie aufsetzenden von ihm als goldhaltig erwähnt werden [6]).

Das Seifengebirge im Gebiete der Quarzdiorite besteht der Hauptsache nach aus Quarzsand, welcher Feldspath, Hornblende und Glimmer in verschiedenen Mengen enthält und hie und da mit Lehm abwechselt; seine Mächtigkeit fand ich an verschiedenen Punkten, an denen Gold gegraben war, zu 1—7 m. Das Liegende wird durch die unregelmässig höckrige Oberfläche des bald mehr bald minder verwitterten Quarzdiorits gebildet und das meiste Gold fand sich in den kummenförmigen Vertiefungen des Grundgebirges, der sogenannten „Flur", bis zu welcher die Gold-

---

1) l. c. Bd. II, pag. 215.

2) Dieser Klumpen ist jetzt nur noch im Abgusse vorhanden, doch besitzt das Leidener Museum noch immer einige ansehnliche Stücke von Aruba-Gold.

3) l. c. pag. 274.

4) A. D. van der Gon Netscher (Bijdrag. tot de Taal-, Land en Volkenkunde van Ned. Indië. 3e Reeks, III, pag. 494.)

5) Nach Stifft findet sich der Letten hauptsächlich in den Niederungen des Grünstein (Diabas)-gebietes, dessen Verwitterungsprodukt er darstellt; seine Mächtigkeit wechselt von wenigen Zoll bis zu 4—5 Fussen, und zwar bilden die mächtigeren Letten das Hangende von stark zerklüftetem und angegriffenem, die minder mächtigen das Hangende von festerem Grünsteine. Das Hangende des Letten ist Steingerölle und Dammerde oder Sand und Dammerde oder auch Sand allein, welche ihn in verschiedener, selten 1 Fuss betragender Mächtigkeit bedecken. Seine Farbe ist bläulich, gelblich, röthlich und grünlichgrau; durch Eisenoxydul, Eisenoxyd und Eisenoxydhydrat wird er flecken- und streifenweise ockergelb, gelblichbraun, schwarzbraun und blutroth. In den tieferen Lagen erscheint er am reinsten. Er ist milde und weich, von erdigem Bruche, bisweilen fettig anzufühlen und dann zäher und mehr formbar. Die goldführende Schicht liegt im Allgemeinen zu unterst. — Specielleres findet sich in den Berichten von Stifft, welche gerade diesem Gegenstande in erster Linie gewidmet sind und die Resultate der verschiedenen Versuche, die angestellt wurden, darstellen. Da sie augenblicklich weder von geologischem noch von praktischem Standpunkte aus von besonderem Interesse mehr sind, so habe ich nur Obiges den Rapporten entnommen.

6) Die reichen Erzmittel des Adikurarie erwähnt auch Reinwardt, denn die Einwohner entdeckten dieselben schon früher (Krayenhoff, van Raders, Gravenhorst.).

sucher gruben. Vielleicht ist dies nicht allein die Folge eines Schlemmprocesses, der die im Meere abgesetzten Seifen[1]), welche diluviale Bildungen in der eigentlichsten Bedeutung des Wortes darstellen, bei beständiger Umlagerung des Materiales ausgesetzt gewesen sind, sondern theilweise auch auf nachträgliche Lösung und darauf folgende Ausscheidung des Goldes in den tieferen Schichten zurückzuführen.

Die grossen Pepites der Seifen, welche den ersten Anstoss zur Goldsuche gegeben, sind die Ursache vielfacher Enttäuschungen geworden; denn so wenig in Australien die Gänge Klumpen Goldes enthalten, welche den dort gefundenen Riesen-Nuggets auch nur annähernd entsprächen, so wenig ist dies auch auf Aruba der Fall. Diese Klumpen sind nicht die unmittelbaren Produkte der Umlagerung goldführender Gesteine des Eilands, sondern durch Concentrirung des fein vertheilten Erzes erst nachträglich im Schwemmlande gebildet. Das beweist nicht nur ihre unregelmässig höckrige, an Concretionen durchaus erinnernde Gestalt, sondern vor allem auch ein bereits durch Reinwardt hervorgehobener Umstand, dass die Pepites häufig „kleinere Stücke von Erde oder Steinchen umschliessen, als wären sie um und zwischen denselben geschmolzen." [2]) Dasselbe erwähnt Teenstra l. c. von dem grössten auf Aruba gefundenen Goldklumpen und fügt ausserdem hinzu, dass Derselbe den Abdruck des Steines, auf dem er gefunden wurde, enthielt. Wollte man annehmen, dass die oberen, bereits zerstörten Gänge goldreicher gewesen seien als die tiefer gelegenen, noch auf primärer Lagerstätte sich befindenden Gesteine, so würde hiebei die Thatsache höchst auffallend sein, dass allerorts gerade die grössten Klumpen in den Seifen vorkommen, so dass also in den entlegensten Erdtheilen die Vertheilung der edelsten Geschicke die gleiche gewesen sein müsste. Endlich ist von Egleston der Nachweis geliefert worden, dass die Tageswässer im Stande sind Gold in Lösung zu bringen, aus der es bei Gegenwart von organischen Substanzen wieder ausgefällt werden kann [3]).

Die Gewinnung des Goldes beschränkte sich lange Zeit hindurch fast ausschliesslich auf die Ausbeutung des Schwemmlandes und fand in äusserst primitiver Weise statt. Entweder wurden die Seifen in grossen Schalen am Meere oder in stehenden Tümpeln gewaschen oder in noch roherer Weise mit Hilfe des kräftigen Windes gesiebt, da fliessendes Wasser fehlte. Zu diesem Zwecke breitete man die ausgegrabene Erde auf einem Tuche aus, zerklopfte sie mit einem

1) Vgl. über die frühere Meeresbedeckung das Capitel „Erosionserscheinungen" im Folgenden.

2) Reinwardt (l. c. pag. 274) kann sich deswegen der Ansicht nicht verschliessen, dass das Gold von Aruba im Seifengebirge ursprünglich geschmolzen vorkam, und widerspricht sogar entschieden der Annahme, als ob es sich auf sekundärer Lagerstätte befinden könnte (l. c. pag. 278).

3) Transact. Am. Inst. of Min. Eng. Easton. IX. 1881.

Stocke und lass die grösseren Gesteinsbrocken zunächst mit der Hand aus. Darauf wurde das zurückgebliebene Material in einen Kübel geschüttet, mit den Händen hoch emporgehoben und nun wieder, völlig trocken, auf das Tuch ausgegossen, wobei alle leichteren Bestandtheile durch den Wind fortgeblasen wurden. Derselbe Process wurde mehrfach wiederholt und endlich der Goldstaub aus dem rückständigen Sande mit der Hand ausgelesen. Auch suchte man nach heftigen Regengüssen das Gold an der Oberfläche in den Thälern. Von den goldhaltigen Gängen wurden anfangs nur die im Adikuarie aufsetzenden in Abbau genommen. [1]).

Aber die reichen Erträge blieben, wie in allen Goldländern, in den Seifen bald aus, und da die Letzteren nur eine geringe Ausdehnung besitzen, so trat die Erschöpfung der Goldproduktion so rasch ein [2]), dass sie für den Weltmarkt niemals von Bedeutung gewesen ist und weiteren Kreisen völlig unbekannt blieb. Schon im Jahre 1827 war der Ertrag sehr gering; 1845 betrug er nach Teenstra nur 500 bis 600 Gulden an Werth, [3]) und augenblicklich könnten die armen und sehr schlecht verwaschenen Alluvionen nur noch von den genügsamen, fleissigen Eingeborenen ausgebeutet werden, wenn nicht das alleinige Recht der Goldgewinnung der „Aruba Company" zustände. [4])

Freilich würde die Anwendung der in Californien üblichen, hydraulischen Vorrichtungen gewiss noch viel Gold aus dem Seifengebirge zu Tage fördern, aber es fehlt an fliessendem Wasser und die Verwendung des Meereswassers dürfte schwerlich angezeigt sein; denn die Alluvionen des Diabasgebirges besitzen eine zu geringe Ausdehnung, als dass grossartige Vorrichtungen für sie angelegt werden könnten, die Seifen im Dioritgebirge sind aber gleichzeitig die Ackergründe der Einwohner und ihre Fortschwemmung hiesse die Insel in eine Einöde verwandeln.

Die englische Gesellschaft hat sich dem Abbau der Gruben zugewandt, aber die Ausbeute hat den Erwartungen bis jetzt nicht entsprochen; der Grubenbau wurde eine Zeit lang eingestellt, wird indessen jetzt vielleicht wieder aufgenommen. Dass derselbe bei gutem bergmännischem Betriebe einen bescheidenen, aber regelmäs-

1) So betrieb die Regierung die Goldgewinnung bis zum Jahre 1827, darauf die einheimische Bevölkerung von 1832 an bis 1867. Von dieser wurden auch Schachte im Adikurarie abgeteuft, die aber 1854 in Folge eindringenden Wassers aufgegeben werden mussten, denn es fehlte an den einfachsten Maschinerieen zum zweckmässigen Betriebe.

2) G. van Lennep Coster (Aanteekeningen gehouden gedurende mijn verblijt in de West-Indiën, in de jaren 1837—40; Amsterdam 1842. pag 96.) erzählt, dass man für die Erlaubnisskarten um Gold zu graben 1 Gulden per Ruthe zahlte; ferner l. c. pag. 99, dass ein Mann in einem ganzen Monate nicht mehr Gold als für 3 Gulden an Werth fand. Der Goldgewinn muss sonach schon sehr bald erschöpft gewesen sein.

3) l. c. Bd. II, pag. 707.

4) Seit 1867 hat dieselbe das Monopol für die bergmännische Gewinnung von Erzen auf der Insel erhalten.

sigen Gewinn liefern wird, scheint mir ausser allem Zweifel zu stehen, zumal in den Gängen, welche Freigold erkennen lassen, das geförderte Gestein in Einer Tonne Gold im Werthe von 6 bis 7, ja sogar von 10 bis 22 £ enthielt.[1]) Diese reichen Gänge sind also den reicheren, wenn auch nicht den reichsten, californischen Vorkommnissen gleichzusetzen; aber gerade im Hinblick auf die Erfahrung, die man in diesem Lande gemacht hat, wird man sich hüten müssen, an sie übertriebene Erwartungen zu knüpfen. Bekanntlich nimmt der Adel der Gänge nach der Tiefe hin sehr bald bedeutend ab, und die Gangquarze, welche von Aruba untersucht sind, stammten zum grössten Theile aus den Gangausgehenden, wie aus dem englischen Rapporte deutlich ersichtlich ist.

Die allgemeinen, aus den geognostischen Beobachtungen auf Aruba abzuleitenden Schlussfolgerungen sollen aus bereits pag. 40 angeführten Gründen in einem späteren Capitel, „Schlussbetrachtungen über die Inseln", behandelt werden; ebenso die quartären Kalke und alle anderen, die drei Inseln in gleicher Weise berührenden Verhältnisse.

Bonaire.

Orographische Gliederung.

Ein Theil der Insel Bonaire erstreckt sich gleich Curaçao und Aruba in der Richtung von Nordwest nach Südost; er ist gebirgig, ähnlich den beiden anderen Inseln. Ein anderer Theil dagegen hat eine Richtung von Nord nach Süd und ist der Hauptsache nach flach, eine kaum über den Meeresspiegel sich erhebende Ebene bildend, deren Umrisse erst in nächster Nähe des Strandes vor dem Ankömmlinge aus dem Wasser hervortauchen. Der gebirgige Theil möge im Folgenden als West-, der flache als Ost-Bonaire bezeichnet werden.

Der höchste Gipfel von West-Bonaire ist der Brandaris, welcher aus der Ferne gesehen in seiner Form einem Vulkane mit wiederholter Kegelbildung ungemein ähnelt. Sein unterer, abgestutzter Kegel mit etwa 45° Neigung besitzt im Westen 177 m Meereshöhe, seine Spitze, welche sich in Gestalt eines kleineren Kegels über dieser Basis erhebt, 254 m; der Fuss des Berges ist nur wenig höher als das Niveau des Oceans gelegen.[2])

1) Nähere Angaben sind in dem citirten, englischen Berichte zu vergleichen.
2) Vgl. die Abbildung in Band I, Tab. 16.

Vom Brandaris aus zieht sich nach Rincon zu, in südöstlicher Richtung, ein langgestreckter Bergrücken, und ein zweiter mit gleichem Streichen geht vom Karakao aus. Beide sind durch eine Anzahl von seichten Einschnitten in Höhen zerlegt, welche sich als runde Kuppen und kleine Spitzen über der gemeinschaftlichen Basis erheben, ohne aber in Form von Bergen aus dem Rücken sich herauszulösen. Der Juwa und der Makaku besitzen unter ihnen den grössten Grad von Selbständigkeit und sind gleichzeitig die bedeutendsten Gipfel, deren Meereshöhe etwa 200 m sein dürfte.

Die Küste von West-Bonaire wird von einem Gebirge eingefasst, welches durchaus den gleichen Charakter trägt wie das Küstengebirge von Curaçao; aber seine sämmtlichen Höhen sind flach und Böschungswinkel von 10—20°, wie sie an der Südküste von Ost-Curaçao vorkommen, findet man auf Bonaire in diesem Gebirge nirgends. Ueberall ist sein Absturz seewärts mit sehr steilen Terrassen versehen und an der Nordküste zeigt es den gleichen Charakter wie an der Küste von Hato auf Curaçao. Wie auf dieser Insel, so ist auch auf Bonaire im schmalsten Theile eine Brücke vorhanden, welche die Gebirge der Nord- und Südküste verbindet; aber diese Brücke ist hier bedeutend breiter und nimmt die Gestalt eines Plateau's an, welches östlich von Rincon sich zwischen dem sogenannten Lange Berg und Fontein ausdehnt und dessen mittlere Höhe ich auf etwa 40 m schätze.

Gleich Curaçao besitzt auch Bonaire längs des Küstensaumes eine grössere Anzahl von kleinen, abgeschlossenen Meeresbecken, unter welchen diejenigen von Goto und Slachtbai die bedeutendsten sind. Ihr Charakter ist auf beiden Inseln derselbe; doch kommen auf Bonaire keine Becken vor, welche noch durch einen schmalen Canal die Verbindung mit dem Meere unterhielten; alle sind durch Uferwälle völlig isolirt.

An der Nord- und West-Küste des westlichen Bonaire ist das betreffende Gebirge vielfach unterbrochen und durch breite, kurze Thaleinschnitte in eine grössere Anzahl von unbedeutenden Höhen zerlegt, welche sich nur an wenigen Punkten mehr als 25 m über den Meeresspiegel erheben dürften, in der Regel aber noch weit hinter dieses Maass zurückbleiben; an der Südküste dagegen besitzt es mehr Zusammenhang und östlich von Goto dehnt sich der Lange Berg in Form einer ununterbrochenen Mauer, mit flachem Gipfel und vielleicht 40 m Meereshöhe, von Nordwesten nach Südosten aus. Dabei weicht dieser Berg im Osten mehr und mehr vom Ufer zurück, indem ein flacher Küstenstrich sich zwischen ihn und das Meer einschiebt.

Der letzte Ausläufer des Lange Berg bildet die bedeutendste Höhe des östlichen Bonaire, und in der Verlängerung seines Streichens liegen noch einige andere, niedrigere Hügel in der Mitte der Insel; sie tragen die Namen Serro Grandi, Wamari und Baradicarta. Fast der ganze übrige Theil von Ost-Bonaire ist kaum über den Meeresspiegel erhoben; er scheint in der Richtung von Süden nach der Nordküste hin, deren Höhe ich auf 30 m schätze, allmählig anzusteigen und die Oberfläche des Landes ist bis auf wenige, unbedeutende Wellen vollkommen eben.

Das bedeutendste Thal auf Bonaire ist dasjenige von Rincon. Es ist ein Kesselthal, welches im Norden, Osten und Süden von den steilen Gehängen der Küstengebirge und des Beide verbindenden Plateau's eingeschlossen wird, im Westen von den Ausläufern der von Brandaris und Karakao ausgehenden Höhenrücken, im Nordwesten von einigen niedrigen Hügeln. Nur im Südwesten ist das Thal nach Goto hin geöffnet, während ein schmaler Einschnitt dasselbe östlich vom Serro Largo mit der Nordküste verbindet.

Ausser diesem Thale und dem Längsthale, welches die öfter erwähnten Höhenzüge im Innern von West-Bonaire trennt, verdient noch ein drittes hier genannt zu werden. Es scheidet den Karakao vom Mangel und erstreckt sich vom Fusse des Brandaris aus in nordöstlicher Richtung bis in die Nähe der Nordküste. Dort findet es seine Endigung in einer langgestreckten Ebene, welche sich zwischen dem vom Karakao ausgehenden Höhenzuge und dem Meere ausdehnt und an Letzterem nur in sehr unvollständiger Weise vom Küstengebirge eingeschlossen wird, da dieses hier wenig Zusammenhang besitzt.

Die topographische Grundlage meiner geologischen Karte von Bonaire gründet sich theilweise auf diejenige von Conradi und Jarman; die Darstellung des westlichen, jedenfalls belangreichsten Inseltheiles aber, mit Ausnahme der Küstenlinie, im Wesentlichen auf eine Kartenskizze, welche von dem Ingenieur F. A. A. Simons angefertigt und mir zur Benutzung übergeben wurde, neben anderen, interessanten Angaben, die ich unten zu erwähnen haben werde. Die Binnengewässer konnten auf diese Weise bedeutend besser zur Darstellung gelangen als auf der früher publicirten Karte; auch die Angabe der Lage der Berggipfel in West-Bonaire ist vervollständigt und verbessert. Meine eigenen Beobachtungen waren hauptsächlich auf die Einzeichnung der Formationsgrenzen gerichtet, da an den wichtigsten Punkten die Feststellung von Compassdirektionen in Folge des zum Sturm angeschwollenen Passates nur mit annähernder Richtigkeit erfolgen konnte. Von der Einzeichnung einer Gradeintheilung habe ich aus gleichen Gründen wie bei der Karte von Aruba absehen müssen.

Geognostische Beobachtungen.

Für die geognostische Untersuchung von Bonaire konnte ich nur vier Tage verwenden und von diesen musste ich noch obendrein einen Tag ziemlich nutzlos unter Zurücklegung eines schon Ein Mal passirten Weges vergeuden. Das Terrain ist zudem in den höher gelegenen Theilen der Insel sehr coupirt und Aufschlüsse fehlen daselbst fast gänzlich, so dass eine eingehendere Darstellung des geognostischen Baus der Insel nur bei längerem Verweilen möglich sein wird. Ich hatte dazu keine Gelegenheit, denn die einzige Station, die meinen Zwecken dienlich gewesen wäre, stand unserer Reisegesellschaft nur kurze Zeit offen und auf den Verbleib im Freien war ich nicht vorbereitet.[1]) So habe ich denn im Fluge den gebirgigen Theil von Bonaire durcheilt, und wenn ich dabei auch ohne Zweifel die hauptsächlichsten Formationen kennen lernte, die an seinem Aufbau Theil nehmen, so ist doch meine Kenntniss der Insel weit lückenhafter als diejenige von Curaçao und Aruba. Erleichtert wurde mir freilich das Studium auf Bonaire durch Manches Gemeinsame, welches diese Insel mit den beiden anderen Eilanden besitzt; erschwert wiederum durch die äusserst schlechte topographische Karte. Um keinen Missverstand über die Tragweite meiner Beobachtungen aufkommen zu lassen, scheint es mir angezeigt, über dieselben zum Theil an der Hand des zurückgelegten Weges zu berichten.

a. Von Kralendijk bis Fontein.

Folgt man dem in die Karte eingetragenen Wege nach Fontein, so durchschneidet man zunächst einen niedrigen Küstenstrich, welcher aus Korallenkalken gebildet wird, die erst in allerjüngster Zeit dem Meere entstiegen. Nach dem Lange Berg zu wird das Terrain flachwellig, aber die Formation bleibt dieselbe; sie erinnert an die hügeligen Korallenkalke an der Südküste von Aruba, besonders an die Gegend der spanischen Lagune und an diejenige von Ponton. Es sind Flachbauten, welche sich dem Untergrunde angeschmiegt haben, ohne zur Ausebnung zu gelangen; zahlreiche Fragmente von Kieselschiefer und Sandstein bedecken ihre Oberfläche und nehmen an Häufigkeit zu, je mehr man sich dem Lange Berg nähert.

Die Fahrstrasse bleibt östlich von diesem Berge und durchschneidet hier die bereits von Curaçao bekannten Sedimente der Kreideperiode, die nach der Küste

---

1) Ich hatte nach mir gemachten Mittheilungen erwartet, dass ich Bonaire in gleicher Weise wie Aruba würde durchreisen können, aber es findet sich daselbst ausser Kralendijk und Rincon kaum ein Haus zum Verbleib. Wir waren nicht einmal im Stande, uns Proviant zu besorgen; zudem sind die Bewohner zu keinen Dienstleistungen zu gebrauchen. Wer Bonaire untersuchen will, muss sich wie für eine Expedition in unbewohnte Länder ausrüsten.

zu vermuthlich auch das Liegende der soeben erwähnten Korallenkalke bilden und sich durch den Schotter schon vorher angekündigt hatten. Oestlich vom Lange Berg befindet sich eine niedrige Klippe, welche von einem hellgelben, dünnplattigen, sehr feinkörnigen Sandstein gebildet wird; seine Schichten streichen W 32° N und fallen 45° NO. In der Verlängerung der Streichungslinie sind auch der S. Grandi, der Wamari und Baradicarta gelegen, und die Mittheilung des mich begleitenden Herren Gravenhorst [1]), nach der diese Höhen ebenfalls aus Sandstein und Kieselschiefer aufgebaut sind, steht somit in gutem Einklange mit dieser Beobachtung. Hierauf gründet sich die schematische Einzeichnung der Kreideformation hieselbst.

Noch mehrfach treten hierauf in den Böschungen des Weges Kieselschiefer und Sandsteine in kaum mehr als handbreiten Aufschlüssen zu Tage; es lässt sich nur erkennen, dass die Stellung der Schichten überall, wie auf Curaçao, eine sehr steile ist.

Nachdem der Weg über einige kleine, aus cretaceïschen Ablagerungen aufgebaute Hügel geführt hat, passirt man eine niedrige Anhöhe, die im Wesentlichen aus einem schneeweissen Kalkmehle gebildet ist. Nur einzelne, faust- bis kindskopfgrosse Kalkknollen liegen darin, und diese enthüllen in Dünnschliffen bei mikroskopischer Betrachtung ungemein zahlreiche, winzige und eckige Bruchstücke der sowohl in Kreide- wie in Quartär-Ablagerungen der Eilande weit verbreiteten Lithothamnien. Ausser den Kalkalgen sind auch Foraminiferen, und zwar meistens als Fragmente, vertreten; das Ganze ist durch eine feinkrystallinische Kalkmasse unvollkommen zu einem porösen, abfärbenden Kalksteine verbunden. Makroskopisch sind keinerlei organische Reste wahrzunehmen. Der feine, kreideähnliche Staub, welcher von dieser Ablagerung abkünftig ist, bedeckt ringsumher alle Pflanzen, so dass sie wie getüncht aussehen.

Ich betrachte die Bildung als einen auf der alten Uferterrasse, über die von jetzt ab der Weg führt [2]), zusammengewehten, feinen Kalksand, der einer Zertrümmerung sehr jugendlicher Ablagerungen seine Entstehung zu danken hat. Er erinnert in seiner Zusammensetzung an den unten zu behandelnden Kalk des St. Hieronimo auf Curaçao, nur ist er, mit Ausnahme der in ihm enthaltenen Knollen, nicht verfestigt worden.

Die erwähnte Terrasse trägt alle Kennzeichen der gehobenen, auf den Inseln so weit verbreiteten Plattformen. Bruchstücke der cretaceïschen Sedimente, welche

1) Herr J. H. Waters Gravenhorst, Amtsvorstand der Insel, der mich durch Bonaire überall begleitete, hat den geognostischen Verhältnissen daselbst vielfach seine Aufmerksamkeit zugewandt, und ich verdanke Demselben manche Angaben, besonders betreffs des von mir nicht betretenen, niedrigen, südlichen Bonaire.

2) Vgl. die Karte.

unter dem Schotter anstehen müssen, bedecken in grosser Zahl den Boden, und von ihnen dürfte auch der äusserst feine, alles durchdringende Staub abkünftig sein, welcher hier auf der ebenen Fläche von dem kräftigen Passate fortgetrieben wird. Daneben begegnet man daselbst zahlreichen Brocken quartären Korallenkalkes als Ueberresten zerstörter Bänke, welche die Fortsetzung der Schichten des Lange Berg gebildet haben. Dieser sammt dem höheren Plateau, welches ihn mit den gehobenen Riffen des Nordstrandes verbindet, überragt mauerartig begrenzt die Ebene, durch die der Weg leitet, die alte Strandlinie im Westen andeutend. Nach Osten hin soll die Brandungsterrasse sich allmählig in die recenten Korallenkalke der Insel verlieren, welche Letztere an dem Aufbau des flacheren Theiles von Ost-Bonaire sich in erster Linie betheiligen. Somit herrschen hier überall an der Oberfläche moderne Bildungen vor, und es war nicht möglich die Flächen im Innern des Eilands, zwischen dem Lange Berg und Fontein, abgedeckt anzulegen, da vom anstehenden Fels nirgends eine Spur zu bemerken ist.[1])

Nähert man sich dem Nordstrande, so nimmt die Zahl der Bruchstücke von quartärem Kalke bedeutend zu, und alsbald findet man an der Grenze der Brandungsterrasse des Innern dasselbe Gestein anstehend. Die gehobenen Riffkalke fallen in mehreren, scharfgeschnittenen Stufen zum Nordstrande ab, während sie landeinwärts ganz allmählig in die zerstückelten Schichten derselben Formation übergehen. Die Grenze ist deswegen höchst unbestimmt.

An dem Punkte, wo der Weg zum Nordstrande hinabführt, sieht man als Liegendes der quartären Kalke graue, röthliche und grünliche Mergel anstehen, mit einzelnen Kalkgeröllen, ganz entsprechend den Mergeln, welche oben aus dem mittleren Curaçao beschrieben wurden [2]) und hier aus den Sedimenten der Kreideformation entstanden sind. Weiter abwärts ragt aus der untersten Uferterrasse ein kleinkörniger Diabas hervor; das Gestein, nach Kloos ein Proterobas, ist in lose, ellipsoidische Blöcke von $1/2$ m und mehr Durchmesser aufgelöst. Etwas weiter westlich ist im gleichen Niveau abermals das Ausgehende der Diabasformation in stark von der Verwitterung angegriffenen Partieen entblösst, während die Hauptmasse des Eruptivgesteins vom quartären Riffkalke verhüllt wird, um erst bei Fontein selbst auf weitere Strecken hin aufgeschlossen zu werden. Aber auch hier wird der Diabas noch von vielen, gewaltigen Kalkblöcken bedeckt, so dass das Relief der Landschaft durch ihn in keinem Punkte beeinflusst wird und es schon aufmerksamer Beobachtung bedarf, um seine Ausdehnung zwischen den zerstückelten

---

1) In dem Profile, welches den „idealen" Durchschnitt giebt, ist das Alluvium im Innern fortgelassen, da es jedenfalls nur von sehr geringer Mächtigkeit ist.

2) Vgl. pag. 30.

Kalken zu verfolgen. Ich sah indessen das Eruptivgestein bei Fontein als Liegendes der genannten jungen Bildungen bis zu beträchtlicher Höhe hinansteigen, und hierauf gründet sich seine Einzeichnung in die Projektionsebene durch den mittleren Theil von Bonaire, welche das Profil auf der Karte darstellt.

Ueberblicken wir die im Obigen dargelegten Verhältnisse, so erkennen wir in Allem, was uns zwischen Kralendijk und Fontein begegnete, die grösstmögliche Uebereinstimmung mit Curaçao: Die Diabase, die Sandsteine und Kieselschiefer, die Mergel, welche auf die Anwesenheit der schiefrigen Mergel im Liegenden der alten Terrasse schliessen lassen – das Alles ist auf beiden Inseln durchaus gleich entwickelt, der Uebereinstimmung der quartären Kalke beider Eilande nicht zu gedenken.

b. Von Fontein bis Goto.

Von Fontein nach Rincon reitend durchschneidet man zunächst wieder den gehobenen Riffkalk [1]) und gelangt durch eine alte Einschartung, welche in der Bucht von Onima endigt, in die Ebene von Rincon. Ihr südöstlicher Theil ist fast völlig flach; nur hie und da nimmt man eine kaum merkliche Bodenschwelle wahr. Grössere Aufschlüsse fehlen ganz; wo aber ein kleiner Einschnitt am Wege sich zeigt, da sieht man wieder die Schichtenköpfe der Schieferformation herausragen, deren Bruchstücke auch die Oberfläche in grosser Zahl bedecken. Unter ihnen befinden sich Brocken, die reich an eingeschalteten, aber nicht scharf geschiedenen Lagen eines hellgrauen, krystallinischen Kalkes sind und von Kloos deswegen als „Kalkkieselschiefer" bezeichnet wurden.

Sie sind besonders ihrer Fossilführung wegen interessant, denn das Gestein enthält zahlreiche, runde und elliptische Durchschnitte von Organismen, welche sich nur als Radiolarien deuten lassen, wie Kloos bereits vermuthet hat. Mir scheinen die Fossilien, unter denen zwei durch verschieden weite Kammern ausgezeichnete Formen sich befinden, der Gruppe der *Disciden* anzugehören. Man bemerkt in Dünnschliffen concentrische, von radialen Balken durchschnittene Ringe, und die Gesammtform des Skelets dürfte eine linsenförmige gewesen sein. In einem einzelnen Falle beobachtete ich auch das deutlich erhaltene Gehäuse einer Foraminifere, vermuthlich aus der Gruppe der *Rotalinen*, in dem gleichen Kieselschiefer.

Im Westen von Rincon wird die Gegend etwas hügeliger, ohne aber den Charakter einer Ebene einzubüssen. Kieselschiefer herrschen auch hier noch vor, aber innerhalb des von ihnen eingenommenen Gebietes steht unmittelbar an der westlichen Grenze des Dorfes ein aus Porphyrbruchstücken gebildetes, durch Kalk

1) Vgl. Band I, pag. 145 u. 146.

cementirtes Conglomerat an, dessen Bestandtheile Haselnussgrösse erreichen. Es formt einen kaum 2 m hohen Hügel, der wiederum in der flachen Umgebung und beim Mangel jeglichen Aufschlusses sein Lagerungsverhältniss nicht erkennen lässt; dass er aber als ein Glied der cretaceïschen Schichtenreihe anzusehen ist, scheint mir trotzdem nicht zweifelhaft, da die ganze Umgegend nichts Anderes als die Sedimente der Kreideperiode erkennen lässt. Das Conglomerat dürfte den von Curaçao beschriebenen, cretaceïschen Trümmergesteinen aequivalent sein, wobei selbstredend die abweichende Beschaffenheit der allothigenen Bestandtheile dem Vergleiche keinen Abbruch thut.

Weiter nach Goto zu stellen sich unter dem die Oberfläche bedeckenden Schotter der Kreideablagerungen wieder mehr und mehr Brocken von quartärem Kalke ein; es müssen hier mächtige Bänke dieser Formation zerstört sein, welche anstehend im Süden und Osten das Thal von Rincon mauerartig, mit steilem Absturze überragt. Die Verhältnisse erinnern durchaus an diejenigen der Brandungsterrasse zwischen Fontein und Kralendijk. Dann steigt der Weg, welcher sich am Innenrande des erwähnten Kalkgebirges hinzieht, ein wenig an; er führt über einen niedrigen, aus kleinkörnigem Diabas gebildeten Hügel, dessen Gestein in grosse, sphaeroidische Blöcke zerfallen ist. Diese Verwitterungsform findet sich überhaupt auf Bonaire weit häufiger als auf den beiden anderen Eilanden, denn sie ist nur dem körnigen Diabase eigen, der auf Bonaire fast ausschliesslich vorkommt, während auf Curaçao und Aruba dichte Varietäten vorherrschen. Im Uebrigen bot aber die Geologie der durchreisten Strecke von Kralendijk aus in Bezug auf die Formationen kaum etwas Bemerkenswerthes, für Bonaire Eigenthümliches; auch die mikroskopische Prüfung der Gesteine konnte die Uebereinstimmung mit den betreffenden Formationen der beiden, benachbarten Inseln nur bestätigen.

Kurz bevor man den nordöstlichen Rand von Goto erreicht hat, ändert sich indessen mit Einem Schlage die ganze Landschaft; Relief und Formation erscheinen im Vergleiche zu dem von Curaçao und Aruba Bekannten durchaus fremdartig.

c. *Das nordwestliche Bonaire.*

Das Gebirge, welches sich im Norden und Nordwesten von Goto erhebt und durch seine steilen Gehänge und ansehnlicheren Höhen in so grossem Gegensatze zu den übrigen Theilen der Insel steht, ist ausschliesslich aus porphyrischen Gesteinen aufgebaut. Diese Gesteine, vorherrschend Glimmerporphyrite, in deren rothbrauner bis gelber, feinporöser Grundmasse kleine, weisse Feldspathe liegen, bilden fast sämmtliche, vom Küstengebirge umschlossenen Berge des nordwestlichen Bonaire. Es sind die zahlreichen, kleinen Kuppen und Spitzen, welche bereits dem Ankömmlinge von der Rhede aus durch ihre charakteristische, an das Siebengebirge erinnernde Form auffallen und unter denen der 254 m hohe Brandaris sich am höchsten erhebt.

Ich bestieg den Gipfel von NW aus, wo die Basis des Berges wenig geneigt und mit prismatischen, lose daliegenden Säulenbruchstücken des Eruptivgesteins bedeckt ist, welche 4 m Länge und Mannsdicke erreichen. Der Boden steigt erst langsam, dann rascher an, und ein kleiner Thaleinschnitt führt an dem jetzt steilen Gehänge bis zu dem westlichen Absatze des Berges, welcher von Slachtbai gesehen sich wie ein älterer Ringwall gegenüber der höher ansteigenden Spitze ausnimmt.[1]) Beim Ersteigen des Brandaris schwindet aber jeder Eindruck einer wiederholten Kraterbildung. Der erwähnte Absatz ist völlig flach, und auch die Spitze entbehrt einer Einsenkung; sie wird aus annähernd vertikal stehenden, unregelmässig polygonalen Säulen gebildet, welche häufige Gliederung und hie und da auch kugelige Absonderung (diese indessen in geringer Vollkommenheit) erkennen lassen. Die Gliederung der Säulen erleichtert einigermaassen den schwierigen Anstieg, doch fehlt sie nicht selten gänzlich.

Da der Gipfel kahl ist und das kleine Eiland völlig beherrscht, so hat man von ihm aus einen sehr instruktiven Rundblick, um so mehr, als auch die benachbarten Höhen jedes dichten Pflanzenwuchses entbehren. Der Passat verhindert das Wachsthum und der Gegensatz zu dem stark coupirten, windgeschützten Terrain des Thales ist deswegen ein sehr grosser. Durch diese Verhältnisse wird es aber möglich, die Ausdehnung des Porphyrits auf weite Strecken zu übersehen. So weit das bewaffnete Auge reicht, erkennt man dieselbe Absonderungsform des die Höhen aufbauenden Eruptivgesteins; alle zwischen Brandaris und Juwa, zwischen Karakao und Makaku sich ausdehnenden Kuppen tragen den gleichen Charakter. In Uebereinstimmung hiemit erwiess sich das zuerst bei Goto anstehend gefundene, säulenförmig abgesonderte Gestein als identisch mit dem Gesteine des Brandaris, und als ich, von Letzterem aus in nordöstlicher Richtung zum Serro Grandi reitend, die Gebirgslandschaft durchschnitt, traf ich daselbst abermals fast ausschliesslich dieselben Glimmerporphyrite an.

Nur an Einem Punkte stand ein als Mandelstein ausgebildeter Porphyrit an, dessen kleine Mandeln mit Quarz und Chalcedon gefüllt sind. Vielleicht sind aus einem solchen auch die zahlreichen Chalcedonbrocken und Achate abkünftig, die ich mit der Angabe „aus der weiteren Umgegend von Rincon" erhalten habe und welche hier auf sekundärer Lagerstätte gefunden sind[2]). Welche Stellung dem Gesteine

1) Vgl. Band I, Tab. XVI.

2) Stifft erwähnte ebenfalls, dass „im östlichen Theile der Insel der Porphyr zu einem schönen

zukommt, vermag ich nicht anzugeben; ich traf es nur im Waldwege, wo über sein Lagerungsverhältniss nichts zu erkennen war, anstehend an. Indessen möchte ich es für wahrscheinlich halten, dass dies porphyrische Gestein (nach Kloos ein Diabasporphyrit seiner mineralischen Zusammensetzung nach) geologisch zu den Glimmerporphyriten gehört. Auch für einen braunvioletten Porphyr mit Cumuliten und Longuliten (nach Kloos ein Orthoklasporphyr), welcher am Innenrande von Goto ansteht, dürfte dieselbe Annahme gerechtfertigt sein. Beide Gesteine besitzen jedenfalls nur eine sehr beschränkte Verbreitung.

Kurz bevor der vom Brandaris zum S. Grandi führende Weg in die Ebene hinaustritt, welche sich südlich von letztgenannter Höhe und längs des Nordstrandes ausdehnt, verflacht sich die das Innere von Westbonaire bildende Gebirgslandschaft. Gleichzeitig treten einzelne Brocken der cretaceïschen Kieselschiefer mit steiler Schichtenstellung im Wege auf, um mehrfach von einem schmutziggrünen Tuffgesteine verdrängt zu werden. [1]) Die Ebene selbst ist wieder mit zahlreichen Fragmenten von Kieselschiefer bedeckt; auch sie ist, gleich den oben beschriebenen Ebenen, alter Meeresboden, über den der S. Grandi isolirt mit terrassirtem Bau sich erhebt. An seinem Fusse lass ich als Gerölle einen Glimmerporphyrit auf, der durch grossen Reichthum an mehrere cm im Durchmesser erreichenden Calcitmandeln ausgezeichnet ist, und die ausgewaschenen Höhlungen der alten Strandlinien daselbst sind reich an Diabasgeröllen.

Nach Südosten zu setzt sich die Brandungsterrasse mit gleichbleibendem Charakter eine beträchtliche Strecke weit längs des Strandes fort, landeinwärts begrenzt von dem steil ansteigenden, vom Karakao zum Makaku sich ausdehnenden Höhenrücken, der an seinem Fusse deutlich die frühere Einwirkung des Meeres in dem stark zersetzten Gesteine erkennen lässt. Soweit dasselbe eine Prüfung zuliess [2]) vermochte ich auch hier keinerlei Unterschiede von den in Westbonaire herrschenden Glimmerporphyriten zu entdecken. Ich folgte der Ebene bis zur Rooi Grandi und gelangte durch sie auf dem Wege nach Rincon in einen flachwelligen, nach dem Dorfe zu allmählig ansteigenden Landstrich, dessen Hügel durchaus den gleichen Charakter tragen, wie manche Gegenden in West-Curaçao. Sie werden

---

Mandelsteine wird," dessen Blasenräume in der Regel mit Chalcedon, seltener mit Amethyst, Quarz, Jaspis und Opal gefüllt seien. Es kommen indessen auch Diabase mit Mandeln von Quarz und Chalcedon auf Bonaire, ebensowohl wie auf Aruba, vor.

1) Die braunen Streifen der Tuffe in dem der Karte beigegebenen Profile sollen keineswegs eine Schichtung andeuten.

2) Das Mitnehmen grösserer Mengen von Gesteinsproben war leider dadurch unmöglich geworden, dass uns unsere sämmtliche Dienerschaft ohne Umstände verlassen hatte. Deswegen vermochte ich die Beobachtungen später auch nicht zu controliren.

von cretaceïschen Schichten gebildet, unter denen auf dem Gipfel mehrfach ein in runde Blöcke zerfallender, körniger Diabas hervorstösst, die Bodenschwellen gleich einem Mauerwerke krönend.

Diabase habe ich auch auf dem Wege von Goto nach Slachtbai angetroffen; hier bildet das Eruptivgestein ein niedriges, dem Innern des östlichen Curaçao vergleichbares Terrain, dessen Oberfläche eine sehr tief hinabreichende Zersetzung erfahren hat. Halbwegs zwischen den beiden Binnenmeeren gelang es mir erst in einer Tiefe von 6 m in einem zur Gewinnung von Wasser angelegten Loche ein einigermaassen frisches Gestein zu erhalten. In dieser Gegend ist überhaupt die Grenze der Formationen sehr schwer anzugeben, da am Innenrande der Binnenmeere Alles in hohem Grade zersetzt ist; sicher nehmen aber keine anderen als eruptive Bildungen dort an ihrer Umgrenzung Theil. [1])

Unter diesen verdienen noch einige Vorkommnisse besonderer Erwähnung. In erster Linie ein Tuffgestein, welches am Innenrande von Goto ansteht, am Fusse eines ansehnlichen Hügels, in der Fortsetzung der Glimmerporphyrite, welche nordöstlich von Goto am Wege angetroffen werden. Dieses Tuffgestein lagert hier mit dem oben erwähnten, violetten Porphyr, den ich an keinem anderen Orte der Insel gefunden habe. Bei Slachtbai bildet ein palagonitartiges Tuffgestein das Liegende des die Küste umsäumenden, quartären Kalkes.

Die sämmtlichen, von Bonaire bekannten Tuffe liegen nach Obigem am Rande der Glimmerporphyrite; sie decken den Fuss des von den Porphyriten gebildeten Gebirgslandes, und da keine anderen Bildungen von der Insel bekannt sind, mit denen die Tuffe in Verband gebracht werden könnten, so hat ihre Zugehörigkeit zu jenen Gesteinen von vornherein viel Wahrscheinlichkeit. Mir scheint sie in keiner Hinsicht zweifelhaft zu sein.

Nun können aber die Tuffe nach der Untersuchung von Kloos nur von jüngeren Eruptivgesteinen abkünftig sein und deuten sie zum Theil auf eine in nächster Nähe befindliche Eruptionsstelle hin. Demnach wären die Glimmerporphyrite ebenfalls junge Eruptivgesteine, und die mikroskopische Untersuchung, wonach sie einen „besonderen Typus" darstellen und weder mit jungpalaeozoischen noch mit tertiären, massigen Gesteinen völlig übereinstimmen, steht dieser Annahme nicht entgegen. Kloos hält es ebenfalls für möglich, dass die Porphyrite jünger seien als die Sedimente der Kreideformation auf Bonaire. [2])

Vielleicht haben wir in den Glimmerporphyriten der Insel die durch Denudation blossgelegten Kerne junger Eruptionskegel zu sehen, deren Tuffe im Umkreise

1) Vgl. Band I, pag. 147.
2) l. c. pag. 106.

an günstigen Stellen erhalten blieben, indem sie während der Meeresbedeckung in quartärer Zeit überall dort, wo sie jetzt anstehen, durch aufgelagerten Korallenkalk geschützt wurden, wie solches noch heute an der Küste von Slachtbai der Fall ist.

Leider gab kein Profil über das Lagerungsverhältniss der Eruptivgesteine zu den cretaceïschen Sedimenten Aufschluss, und da die oben gegebene Erklärung durch ähnliche Vorkommnisse von anderen Orten nicht gestützt wird, so bedarf der Gegenstand erneuter und eingehender Untersuchung. Freilich liegen die Verhältnisse auf Bonaire so ungünstig, dass es mir fraglich erscheint, ob man jemals das relative Alter der in Rede stehenden Bildungen daselbst mit Sicherheit wird feststellen können.

Im Gebiete der Porphyrite habe ich cretaceïsche Sedimente nicht angetroffen, und das wäre, wenn die Kreideschichten jünger als das Eruptivgestein sein sollten, nur schwierig zu erklären. Man sollte vielmehr in diesem Falle ein ähnliches Lagerungsverhältniss zu finden erwarten, wie es im westlichen Curaçao und auch auf Bonaire selbst zwischen Diabasen und cretaceïschen Sedimenten besteht: isolirte Kuppen des Eruptivgesteins, welche unter den Sedimenten hervorstossen. Statt dessen bilden aber die Porphyrite ein zusammenhängendes Gebirgsland, welches in seinem Relief an dasjenige jungeruptiver Gebiete erinnert.

Stifft deutete das Lagerungsverhältniss der Porphyrite zu den Schiefern ganz so wie dasjenige von Diabas zu den cretaceïschen Ablagerungen auf Curaçao, indem er einerseits die „Porphyre" als das Grundgebirge ansah, andererseits aber annahm, dass Lager von Kieselschiefer ihnen eingeschaltet seien. Der „Porphyr" soll in „Thonstein" und „Kieselschiefer" übergehen; offenbar ist unter dem Thonsteine das Tuffgestein verstanden, und die oben geschilderten, auf dem Waldwege vom Brandaris zum S. Grandi beobachteten Verhältnisse erklären deswegen, was die Tuffe betrifft, die Auffassung von Stifft vollkommen, ohne dass Letztere mit meinen Beobachtungen in Widerspruch stände.

Von Bonaire könnte auch das Material von Tuffgesteinen abkünftig sein, welche auf Curaçao vorkommen und petrographisch mit den Tuffen jenes Eilands übereinstimmen. Ich fand sie in einem Wasserrisse bei St. Jan und in einem Brunnenloche unweit Brievengat anstehend, ohne dass es mir möglich gewesen wäre, über ihre, jedenfalls sehr beschränkte, Ausdehnung daselbst weitere Beobachtungen anzustellen.

Ueber andere Bonaire betreffende Bildungen und Verhältnisse ist der folgende Abschnitt zu vergleichen.

Den Inseln gemeinsame Bildungen und Verhältnisse.

Ältere quartäre Korallenkalke. [1])

PETROGRAPHISCHER CHARAKTER. Der petrographische Charakter der Korallenkalke ist grossem Wechsel unterworfen. Feinkörnige, scheinbar dichte und erdige Gesteine wechseln ohne erkennbare Regelmässigkeit mit einander ab; fast alle sind porös, andere zellig; ihre Farbe ist weiss oder lichtgelb, grau in allen Nüancen, röthlich oder rosenroth, seltener rothbraun und zuweilen steinroth. Auch geflammte Varietäten kommen vor. Die Verwitterungsrinde ist indessen fast stets eintönig lichtgrau gefärbt, so dass die geschilderte Mannigfaltigkeit nicht besonders in die Augen fällt.

Kleine Höhlungen, an denen das Gestein reich ist, sind vielfach mit Kalkspathdrusen und zierlichen Stalaktiten ausgekleidet; auch Grotten kommen im Kalksteine vor, die als Lücken in den Korallenbauten, zum Theil später durch abfliessendes Wasser erweitert, aufzufassen sind, soweit sie nicht zur Kategorie der durch Meereserosion entstandenen Höhlungen gehören. Als eine solche Lücke in dem Riffkalke betrachte ich auch die Grotte von Hato auf Curaçao, welche durch ihre Grösse ausgezeichnet ist und sich in Westindien besonderer Bekanntheit erfreut. [2])

Die Oberfläche der Kalke ist zackig und zerrissen, mit vielgestaltigen Zinken und Spitzen versehen, welche durch sehr unregelmässige Hohlräume geschieden werden, beim Betreten einen klingenden Ton geben und das Begehen der Formation ungemein erschweren. Diese an Karrenfelder erinnernden Bildungen, deren Höhlungen bis zu Meter Tiefe erreichen, haben der Einwirkung des Meereswassers ihre Entstehung zu danken, sind aber später durch die Wirkung der Atmosphaerilien in den gehobenen Kalken erweitert worden. Man kann ihre Bildung auch heute noch am Nordstrande der Insel wahrnehmen, besonders schön bei Fontein auf Aruba, wo an der Basis einer durch das Hochwasser geformten Hohlkehle zur Ebbezeit zahlreiche, schüsselförmige Vertiefungen sichtbar werden, die der Gischt jeder auflaufenden Welle von Neuem benetzt und welche stets mit Meereswasser gefüllt bleiben. Durch Zusammenfliessen der beckenförmigen Vertiefungen bilden

1) Mit Inbegriff der wesentlich aus Conchylien und anderen Organismen aufgebauten Kalke, die sich bekanntlich in jedem Riffe befinden und geognostisch gleichwerthig sind. — Die älteren quartären Korallenkalke sind auf den Karten als „Quartärformation" bezeichnet: im Gegensatze zu den „Jüngsten Riffkalken etc." Statt „Quartärformation" hätte hier „Aeltere Quartärformation" stehen sollen.

2) Vgl. Band I, pag. 116.

sich unregelmässig zackige Höhlungen, deren Form durch die mehr oder minder grosse Widerstandsfähigkeit einzelner Kalkpartieen, besonders auch durch die Vertheilung der Fossilien, wesentlich beeinflusst wird. [1])

Bisweilen sieht man in den Korallenkalken rostbraune Partieen, welche scharf gegen das übrige Gestein abgegrenzt sind und in ihrer Form die erwähnten, unregelmässigen Höhlungen nachahmen. Sie sind durch einen geringen Gehalt an Posphorsäure ausgezeichnet und scheinen mir als spätere Ausfüllungen aufgefasst werden zu müssen, da ein solcher Process sich im Hinblick auf die Bildung der unten zu behandelnden, durch Metamorphose aus den Kalken entstandenen Phosphate [2]) leicht erklärt, während die scharfe, zackige Begrenzung sonst nicht verständlich ist.

Gesonderte Schichten werden oft selbst in mächtigen Ablagerungen der Kalke völlig vermisst; Letztere stellen dann ein durch ununterbrochenes Wachsthum der Korallenthiere entstandenes Gebilde dar; an anderen Orten dagegen sieht man Bänke von 1 m und mehr Mächtigkeit, welche vielfach senkrecht zur Schichtungsfläche zerklüftet sind.

Palaeontologischer Charakter. Die Kalke sind ungemein reich an Petrefakten, die sich indessen trotz dieses Reichthums nicht leicht in genügender Zahl sammeln lassen, denn selten sind sie in gut erhaltenem Zustande aus dem Gesteine herauszuschlagen; beim Sammeln ausgewitterter Exemplare bedarf es aber ganz besonderer Vorsicht, wenn man sicher gehen will, keine jüngeren, organischen Reste zu erhalten, als die Kalke selbst sind. [3]) Deswegen sind in der weiter unten folgenden Uebersichtstabelle über die Fossilien der älteren quartären und allerjüngsten Bildungen auch nur verhältnissmässig wenige Species aus den erstgenannten angeführt. Diese Arten sind aber, soweit eine Bestimmung überhaupt möglich war, sämmtlich noch lebend und bewohnen das Meer, welches die Küsten der Eilande bespült; die häufigsten unter ihnen gehören zudem auch in der Jetztzeit zu den gemeinsten Repraesentanten der westindischen Meeresfauna, so dass die palaeontologische Verknüpfung der älteren quartären Kalke und der jüngsten Riffbildungen eine ungemein enge ist [4]).

---

1) Karrenfeldartige Bildungen, welche nach J. Walther unter dem Einflusse des Seewassers an den Kalkfelsen von Sorrent und Capri entstehen (J. Walther: Die gesteinsbildenden Kalkalgen des Golfes von Neapel etc. — Zeitschr. d. deutsch. geolog. Gesellsch. XXXVII. 2. 1885, pag. 348.), werden von P. Schirlitz als das Resultat der Einwirkung der Chloride des Meerwassers auf die Gesteine angesehen (J. Walther und P. Schirlitz: Studien zur Geologie des Golfes von Neapel. — l. c. XXXVIII, 2, 1886, pag. 338 ff.).

2) Vgl. unten Näheres über diesen Gegenstand.

3) Vgl. hierüber unten in dem die jüngsten Riffkalke behandelnden Theile.

4) Ueber dies Alles ausführlicher unten, l. c.

Im Gegensatze hiezu schien eine *Carcharodon*-Art zu stehen, die kaum von *C. megalodon Ag.* zu unterscheiden ist[1]) und mich veranlasste die in Rede stehenden Ablagerungen früher für Tertiär zu halten[2]). Ich habe nun zwar trotz wiederholter Prüfungen zu keiner sicheren Benennung dieser Reste gelangen können, aber die betreffenden Petrefakte verursachen doch kaum noch Schwierigkeiten für die Beurtheilung der Kalkbänke. Die mikroskopische Untersuchung von Korallenkalken von Bonaire lehrte mich nämlich unter anderen die Anwesenheit von zahlreichen, zerbrochenen, offenbar auf sekundärer Lagerstätte befindlichen Gehäusen von Foraminiferen kennen, die der Gattung *Orbitoides* anzugehören scheinen. *Orbitoides* ist in den cretaceïschen Schichten West-Indiens bekannt, und die jungen Kalke, in denen ich die Bruchstücke in grosser Zahl zu erkennen meine[3]), bilden an der Nordküste von Bonaire das Hangende von Mergeln, die aus der Zerstörung von Kreideschichten hervorgegangen sind[4]). Es kann deswegen in keiner Hinsicht befremden, dass die quartären Kalke dort, wo sie diese Mergel überlagern, an ihrer Basis Fragmente von *Orbitoiden* einschliessen, und die Vermuthung liegt nahe, dass auch die *Carcharodon*-Art aus cretaceïschen Schichten abkünftig sei und sich in den Korallenkalken auf sekundärer Lagerstätte befinde. Diese Annahme wird noch dadurch gestützt, dass der Ort, an dem die Wirbelthierreste auf Bonaire gefunden sind, nur wenig nordwestlich von dem *Orbitoiden*-führenden Kalksteine und fast in gleichem Niveau mit Letzterem gelegen ist, sowie ferner durch das Vorkommen eines Ammoniten in den Kalken vom S. Colorado auf Aruba, für welches die gleiche Erklärung gefordert wird. Jedenfalls ist nach Obigem der Fund des *Carcharodon* nicht im Stande das quartäre Alter der Korallenkalke in Frage zu stellen, da dasselbe durch die bekannten Mollusken völlig sicher bestimmt werden konnte.

WACHSTHUM. Die Versteinerungen sind in den Kalken sehr verschieden vertheilt, und dies nicht nur bezüglich der einzelnen Thiergruppen, sondern auch der Species. Nirgends fand ich z. B. *Trochus pica* in solchen Mengen wie an der Küste von Savonet, nirgends so viele Exemplare von *Strombus gigas* wie bei Westpunt; im Allgemeinen schien es mir auch, als ob an der Wetterseite die Korallen mehr durch *Astraeaceen* vertreten seien als an der im Wind- und Stromschatten gelegenen Küste, woselbst neben anderen Korallen besonders auch Conchylien zahlreicher gefunden werden. Indessen sind meine Beobachtungen solcher Verhältnisse, die nur bei längerem Verweilen mit Frucht studirt werden können,

1) Unten: „Wirbelthierreste aus marinen Phosphaten."
2) Vorläufiger Bericht, pag. 73.
3) Der Erhaltungszustand ist ungünstig, denn die Reste sind theilweise metamorphosirt.
4) Vgl. oben, pag. 72.

zu lückenhaft, als dass ich darauf allgemeine Schlussfolgerungen bauen möchte.

Nur Eine Thatsache ist mit grosser Klarheit zu erkennen, dass nämlich die Kalke nirgends von lebenden Korallen aufgebaut worden sind, wo Schlamm, Sand und Trümmer das Wasser verunreinigten. Hier wurde zunächst durch andere Thiere der Boden für ihre Bauten vorbereitet, durch Mollusken, und vor allem durch Kalkalgen, mit denen sich Bruchstücke von Korallen mengten, die durch ihre abgerollte Form in den Conglomeraten deutlich als solche sich kennzeichnen.

Die oben beschriebenen Profile von Curaçao [1]) lassen das Wesentlichste dieser Verhältnisse bereits bei makroskopischer Betrachtung erkennen. Das Mikroskop enthüllte ausserdem in Praeparaten, welche von den quartären Conglomeraten angefertigt wurden, neben Diabasbrocken mit allen Eigenthümlichkeiten des anstehenden Eruptivgesteins, besonders einen ungeheuren Reichthum an Kalkalgen und zwar an *Lithothamnium*. Die Pflanze ist fast nur in Bruchstücken von winzigen Dimensionen vorhanden, herrscht aber vor allen anderen, organischen Resten vor, auch vor den Foraminiferen, die nächst den Kalkalgen und vereinzelten Korallenbruchstücken den wichtigsten Antheil an der Bildung der Diabasconglomerate nehmen. Das Ganze ist durch einen sehr feinkörnigen Kalk cementirt.

Diese Beschaffenheit zeigen die Conglomerate von Plantersrust, ferner aus dem Profil westlich vom Hafen, bei der Stadt, sowie vom spanischen Hafen und von Savonet. Wesentlich das gleiche mikroskopische Bild zeigen auch Diabasconglomerate von der Boca van Welvaart, nur mit dem Unterschiede, dass statt der Foraminiferen reichliche Korallenbruchstücke sich einstellen. Die Kalke unweit Fontein auf Bonaire, welche als Hangendes der bunten Mergel auftreten, sind fast ganz aus Bruchstücken von Foraminiferen aufgebaut, die sich hier zur Bildung einer feinen Breccie vereinigt haben und wiederum von einzelnen Brocken der genannten Kalkalge begleitet werden.

Die betreffenden Profile lehren uns gleichzeitig, dass die Schichten, die in ihnen aufgeschlossen sind, nur während einer positiven Strandverschiebung gebildet sein können, denn bei umgekehrter Bewegung des Meeresspiegels würden die Trümmergesteine im Untergrunde der Korallen und ihr allmähliges Verlaufen nach dem Hangenden hin gar nicht zu erklären sein. Dabei ist freilich nicht ausgeschlossen, dass die Korallenkalke auch während der negativen Strandverschiebung noch weiter fortwucherten; es ist dies im Hinblick darauf, dass noch heute die Riffbildung in ununterbrochenem Fortgange begriffen ist und dass eine scharfe Trennung von altquartären und recenten Bildungen unmöglich erscheint, [2]) keinem Zweifel unterworfen.

1) Pag. 16 u. 17. 2) Vgl. hierüber unten.

Die complicirten Wachsthumsverhältnisse lassen sich bei dem Mangel petrographischer und palaeontologischer Unterschiede zwischen den während positiver und negativer Strandverschiebung gebildeten Korallenkalken im Einzelnen nicht weiter verfolgen. Nur soviel darf als feststehend angenommen werden, dass die Korallen bei positiver Bewegung des Meeresspiegels zu bauen begannen, indem sie sich auf Uferbildungen in geringer Tiefe ansiedelten und mit dem Fortschreiten der Strandverschiebung allmählig alle dem Meere benachbarten Höhen überwucherten, so dass die Zahl der vom Grundgebirge abkünftigen Gerölle, welche in die Bauten gelangten, beständig abnahm; dass aber ferner bei negativer Strandverschiebung, welche bis in die Jetztzeit fortdauert, nach aussen zu neue Korallenbauten ringförmig über und um den alten Riffen sich bildeten, in ähnlicher Weise wie dies von Guppy [1]) auf den Salomon-Inseln beobachtet wurde.

Bei üppiger Entwicklung und Emporwachsen der Polypen bis zum Meeresspiegel musste sich nun während der positiven Strandverschiebung ein den älteren Formationen aufgelagerter Kalkkeil bilden, dessen grösste Mächtigkeit an der Aussenseite gelegen ist, und in der That lässt sich das Auskeilen der quartären Kalke nach der Landseite hin an mehreren Punkten beobachten, so unter anderen vortrefflich in der Rooi Cachunti auf Aruba. [2])

Wo die Wachsthumsverhältnisse indessen ungünstige waren, da formten die Korallen minder mächtige Ablagerungen, die sich dem Untergrunde anschmiegten und dessen Relief auch nach stattgehabter Verhüllung noch deutlich durchtreten liessen; die Ausebnung, eine Folge des Emporwucherns bis zum Meeresspiegel, oder auch des rascheren Wachsens an der Aussenseite, trat nicht ein. Es bildeten sich mantelförmige Umlagerungen von Korallenkalken, die besonders schön am Innenrande des Schottegat zu sehen sind, sowie ursprünglich geneigte Schichten, die ihre Neigung lediglich den ihnen als Unterlage dienenden Gehängen der älteren Formationen zu danken haben.

Solche geneigte, aber keineswegs aufgerichtete Schichten, in denen die Korallenstöcke alle noch die ihrem Wachsthume entsprechende, vertikale Stellung einnehmen, sind vor allem in der Umgebung von Willemstadt entwickelt und machen hier bei oberflächlicher Betrachtung den Eindruck, als ob das Küstengebirge gewaltige Störungen in der quartären Periode erfahren hätte. Die Formation erscheint nicht nur aufgerichtet, sondern auch verworfen, da von aussen nach

1) Guppy. Observ. on the recent Calcareous formations of the Salomon Group (Nature 1885. Bd. XXXIII, pag. 202, Abstract of a paper read before the Roy. Soc. Edinburgh on June 15th 1885, being. comm. by J. Murray.)

2) Vgl. oben, pag. 55.

innen zu mehrere derartig geneigte Schichten im Kalkgürtel des Eilands einander folgen, und sogar Gabb hat sich durch diese Verhältnisse täuschen lassen, indem er die Nord- und Südküste begleitenden Korallenkalke als Flügel einer Antiklinale, deren Achse der Längsrichtung der Insel parallel verlaufe, aufgefasst hat.

Auch Stifft glaubte, dass das betreffende Küstengebirge eine Aufrichtung erfahren habe, indem es nach Südosten einstürzte, [1]) und sah in den gewaltigen Blockbildungen, wie sie die Formation unter anderem besonders auffällig in der Caracas Bai zeigt, die Folge stattgehabter Erdbeben. Mir ist indessen kein einziger Punkt bekannt, welcher eine wesentliche Störung der ursprünglichen Lagerungsform erkennen liesse, abgesehen die unbedeutenden Verwerfungen, welche in Folge der Erosionswirkungen des Meeres hie und da im Kalkgebirge zu beobachten sind, sowie u. a. am Nordstrande von Curaçao, in der Nähe von Ostpunt. Die flachen Wölbungen, welche die Kalkbänke an der Caracas Bai zeigen, haben ebensowenig mit einer Sattelbildung zu schaffen wie die mantelförmigen Ueberlagerungen von Korallenkalk am Innern des Schottegat; sie sind gleich ungestört wie die in schwebender Lage sich befindenden Bänke von anderen Orten der Inseln.

Dass solche Verhältnisse, die selbst erfahrene Geologen täuschen konnten, lehrreich und wichtig für die Würdigung des Schichtenbaus älterer Sedimente sein können, braucht kaum hervorgehoben zu werden.

Mächtigkeit. Die geschilderten Wachsthumsverhältnisse und die daraus sich ergebende Lagerung der Riffkalke haben auch zu Irrthümern bei der Beurtheilung der Mächtigkeit der Quartärformation geführt, denn Dieselbe erscheint nach der Küste zu fast überall völlig geschlossen, ohne dass die älteren Formationen zu Tage treten, und wer die Korallenkalke für aufgerichtet ansah, der musste in Uebereinstimmung mit dem ersten Eindrucke, den die Schichten machen, auch annehmen, dass ihre Mächtigkeit eine sehr bedeutende sei. Deswegen giebt auch Gabb an, die Riffkalke seien die einzige Formation auf Curaçao.

Ich schätze die Mächtigkeit der Korallenkalke im Durchschnitte auf nicht mehr als 20 m; selten dürfte sie 30 m erreichen, während sie oftmals auf 15 m, 10 m und noch minder herabsinkt; sie bilden demgemäss im Verhältnisse zu den bis 200 m ansteigenden Küstengebirgen nur eine dünne, den älteren Formationen aufgelagerte Schicht und ihre geringe Mächtigkeit ist auch die Ursache der so sehr verschiedenen Höhen des Küstengebirges. Hätten die Korallen sich üppiger entwickelt, so würde der Einfluss, den das Relief des Untergrundes auf die Höhe des Riffes ausübte, bald geschwunden sein; jetzt aber wird die Höhe des Küsten-

---

1) Dumontier l. c. pag. 304.

gebirges nach wie vor durch diejenige des Grundgebirges längs des Meeresstrandes bedingt.

Durch später erfolgte Erosion, namentlich durch die Herausbildung der Uferterrassen, ist die Kalkdecke an manchen Orten noch bedeutend unter das angegebene Maass ihrer Mächtigkeit herabgesunken und das Grundgebirge bisweilen wieder bloss gelegt worden, während es in anderen Fällen nur noch von einer sehr dünnen Kalkschicht bedeckt ist, so z. B. am Nordstrande von Bonaire, unweit Fontein. Vielfach lässt sich indessen nicht mehr beurtheilen, ob die Mächtigkeit stets eine geringe war, oder ob Letzteres als Folge späterer, zerstörender Einflüsse aufzufassen ist, so z. B. an der Nordwest- und Südostecke von Aruba, wo überall die Eruptivgesteine unter der Kalkdecke in geringer Tiefe anstehen und sich die Existenz einer Brandungsterrasse nicht nachweisen lässt.

Ueber die Mächtigkeit der quartären Kalke von Bonaire verdanke ich interessante Angaben Herrn Ingenieur Simons, welcher ihre Ausdehnung genau studirte, da er sich mehrere Monate im Interesse der Phosphatgewinnung auf der Insel aufhielt. [Ihm schulde ich auch die Angabe der Formationsgrenzen der Riffkalke im nordwestlichen Bonaire.] Der S. Grandi ist nach Simons an seinem äusseren, dem Meere zugekehrten Steilabsturze von 15 m Höhe ausschliesslich aus Korallenkalk gebildet, landeinwärts ist aber die Riffbildung nur noch 6 m mächtig; in den 24 m hohen, zu Seiten der Playa Franz gelegenen Hügeln beträgt sie nur 4,5 m und im 45 m hohen Wazal sinkt sie an manchen Stellen auf 1,5 m herab. Diese Kalkschichten werden in Uebereinstimmung mit den von Curaçao geschilderten Verhältnissen durch Conglomerate vom Grundgebirge geschieden, welche an der Innenseite des S. Grandi mehr als 1 m, im Wazal fast 2 m Mächtigkeit besitzen.

Verbreitung. Die älteren quartären Kalke bildeten zur Zeit Ihres Wachsthums dort, wo jetzt Ost-Curaçao gelegen ist, ein ovales Atoll. Dasselbe war an der Strom und Wind ausgesetzten Nordküste am vollkommensten geschlossen, denn hier ist der Kalkgürtel nicht nur am breitesten, sondern es befinden sich in ihm auch nur wenige, unbedeutende Einschartungen, von denen nur Eine noch bis zum heutigen Meeresspiegel hinabreicht. An der Leeseite dagegen war, entsprechend den kurzen, das Küstengebirge rechtwinklig schneidenden Thälern, eine grosse Zahl tiefer Rinnen vorhanden, durch welche das zur Fluthzeit ins Innere des Atolls gelangte Wasser wieder abströmen konnte.

Mit Ausnahme der Ronde Klip, welche sich hoch über die nächste Umgebung erhebt, befinden sich augenblicklich innerhalb des einstmaligen Atolls keinerlei Kalkablagerungen mehr; aber sowie sich jetzt im Schottegat noch unbedeutende

Flachbauten bilden, so dürften dieselben auch im quartären Atoll von Ost-Curaçao nicht gänzlich gefehlt haben. Sie sowohl wie etwaige Ablagerungen von Korallensand mussten indessen bei Trockenlegung der Insel leicht wieder zerstört werden.

West-Curaçao verhielt sich in seinem südöstlichen Theile genau so wie Ost-Curaçao, in seinem nordwestlichen Theile dagegen ragten die Gipfel der Christoffelgruppe hoch über die Riffe hervor, so dass diese die Form von Damm- und Saumriffen annahmen. Ein beträchtlicher Theil derselben ist durch die Erosion wieder zerstört worden, wie namentlich am Ufer von Savonet zu beobachten ist. Einschartungen treten daselbst, in Verband mit der veränderten Form der Riffe, sehr zurück. Im Innern befindet sich aber noch auf dem Gipfel des St. Hieronimo eine Schicht quartären Kalkes, und ein anderer Fetzen dieser Formation soll in etwa gleicher Höhe auf den östlichen Gehängen des Christoffels gelegen sein. Die lichtgefärbte Schicht, welche von Savonet aus deutlich zu erkennen ist, war mir unzugänglich, doch habe ich keinen Grund an der Mittheilung zu zweifeln [1]), wonach sie in petrographischer Hinsicht mit dem Kalke des Hieronimo übereinstimmt.

Interessant ist die Thatsache, dass die letzterwähnte Ablagerung weder eine Koralle noch irgend einen anderen Thierrest makroskopisch wahrnehmen lässt; offenbar deswegen, weil die Nahrungszufuhr für die Polypen an diesem Orte eine ungenügende war und mit ihnen auch die sie begleitende Thierwelt dem Innern der Insel fern blieb. Der petrographische Charakter gestattet indessen ohnehin die Bestimmung der Kalke als Bildungen, welche den altquartären aequivalent sind. In Dünnschliffen sieht man zahlreiche Bruchstücke von Foraminiferen und Kalkalgen (*Lithothamnium*), alle von winzigen Dimensionen, eckig und durch feinkörniges Kalkcement verbunden. Selten bemerkt man eine unversehrte Foraminifere, und ich halte deswegen die ganze Ablagerung für einen durch den Wind im Innern des quartären Atolls zusammengebrachten und nachträglich verkitteten Korallensand.

Der schmalste Theil der Insel verband die Korallenbauten von West- und Ost-Curaçao; er wird noch heute im Groote und Kleine Berg von den jungen Kalken vollständig überbrückt.

Auf Aruba war die Verbreitung der altquartären Korallenkalke zur Zeit ihres Wachsthums ohne Zweifel eine weit bedeutendere als wie sie uns jetzt entgegentritt. Wie an der Küste des nordwestlichen Curaçao nach dem Emportauchen Vieles

1) Die Neger, welche mich auf meinen Excursionen begleiteten, zeigten für Gesteinsunterschiede, auf die ihre Aufmerksamkeit durch den Abbau der Phosphate gelenkt worden war, ein ganz überraschend gutes Auge. Ich hatte oft Gelegenheit mich davon zu überzeugen. Ihnen danke ich auch obige Mittheilung.

zerstört wurde, so auch an der Nordküste von Aruba, in beiden Fällen als Folge der nahe ans Meer hinantretenden Gehänge des Grundgebirges, wie die Betrachtung der Uferterrassen lehren wird.

Einzelne Spuren der Kalkbedeckung sind auch in weitem Abstande von dem Nordstrande noch erhalten geblieben, denn ich fand einen Brocken Kalk mit dem Reste von *Strombus gigas* am Fusse des Pan Blanco, und in der Rooi Cachunti wird, wie bereits mitgetheilt, der Grünschiefer von einer durch jungen Kalk verkitteten Breccie überlagert. Das Cement dieses Trümmergesteins entbehrt jedes organischen Restes und ist ungemein feinkörnig, auch bei mikroskopischer Betrachtung fast dicht. Sein Ursprung dürfte derselbe sein wie derjenige des Kalkes vom Hieronimo auf Curaçao, und die gleiche Entstehung aus Korallensand halte ich auch betreffs des Kalkes für wahrscheinlich, welcher den Gipfel des S. Plāt auf Aruba bildet. Derselbe unterscheidet sich vom Kalke des Hieronimo mikroskopisch durch Beimengung eines feinen Sandes, welcher zahlreich Quarzbrocken mit Flüssigkeits-Einschlüssen, einzeln Hornblende und Magneteisen enthält und offenbar vom Grundgebirge der Insel abkünftig ist. Die allgemein verbreiteten Brocken der genannten Kalkalgen finden sich aber auch hier wieder, nur etwas spärlicher, und Foraminiferen vermochte ich überhaupt nicht mit Sicherheit zu erkennen. Dagegen kommen einzelne Conchylien vor.

Längs der Nordküste bildeten die Bauten ein langgestrecktes Saumriff, längs der früheren, jetzt landeinwärts gerückten Südküste ein vielfach unterbrochenes Barrièreriff, dem unter andern auch der Hooiberg sich anreihte und welches im Nordwesten und Südosten sich mit dem Riffe der Nordküste verband. Das Riff der Südküste umschloss eine weite Lagune, deren Boden von dem Plateau im Innern der Insel gebildet wurde und welche sich bis zu der alten, in der Karte bezeichneten Meeresbucht ausdehnte.

Ein flacher, von Quarzdiorit gebildeter Boden ragte in der älteren quartären Zeit vermuthlich zungenförmig südöstlich vom Jamanota ins Meer hinein und bot den Korallen Gelegenheit zur Entwicklung breiter Bauten, von denen das Kalkplateau dieses Inseltheiles bis heute erhalten blieb.

Auch West-Bonaire war von Damm- und Saumriffen umgürtet, ähnlich West-Curaçao; doch herrschte, nach der grossen Zahl von Binnenmeeren zu schliessen, welche heute die Küste besetzen, die Dammriffbildung auf Bonaire vor. Ansehnliche Mengen von altquartären Kalken sind auch hier zerstört worden, so dass diese Formation augenblicklich an der Südküste weit geschlossener auftritt als an der Nordküste; der Serro Grandi und S. Largo, sowie die Kalke von Fontein sind nur noch Ruinen der einst so mächtig entwickelten Riffe. Der Zerstörung der Korallenkalke in der Ebene von Rincon und auf der alten Brandungsterrasse, östlich vom Langeberg, sowie dessen Verbindung mit den Kalken am Nordstrande wurde bereits oben gedacht [1]). Zur Erläuterung der Karte ist nur noch hinzuzufügen, dass die ältere [2]) Quartärformation im Norden der Brandungsterrasse ein niedrigeres Niveau einnimt als die durch die alte Meeresbucht begrenzte Partie, welche Letztere im Westen abschliesst.

Phosphorite.

Der Inselkranz, welcher das Caribische Meer im Norden und Osten einschliesst und sich im Süden dem Festlande vorlagert, ist durch einen grossen Reichthum an Phosphorit-Ablagerungen ausgezeichnet. Am bekanntesten ist unter ihnen der Sombrero-Phosphat, dessen Beschreibung wir Sandberger [3]) verdanken; doch kommt das Gestein auch auf Mona vor und auf St. Martin [4]), und zahlreich sind besonders die Phosphatlager auf den kleinen Inseln, welche längs der Küste von Venezuela gelegen sind.

Hier ist zunächst das unbedeutende Eiland Toas zu erwähnen, welches dem See von Maracaybo vorgelagert ist; dann folgt im Meere als westlichster Punkt der Inseln unter dem Winde die kleine Insel Los Monges, auf der die Phosphatablagerungen zuerst, bereits vor reichlich 30 Jahren, entdeckt wurden; dann Aruba, Curaçao mit Klein-Curaçao und Bonaire; weiter östlich die Vogel-Inseln, Los Roques und endlich Orchilla. [5]) Alle diese Inseln enthalten mehr oder minder ausgedehnte Ablagerungen von Phosphat. [6])

Unter den Phosphoriten der Niederländischen Inseln kommen vor allen Dingen zwei Lager in Betracht, welche durch einen ungeheuren Reichthum des Minerals ausgezeichnet sind. Das wichtigste liegt im Tafelberge an der Fuik-Bai auf Cu-

---

1) Pag. 72 und pag. 74.

2) Siehe Anmerkung 1 auf pag. 79, oben.

3) F. Sandberger. Das Sombrero-Phosphat, ein metamorphosirtes Gestein der neuesten Zeit. (Würzburger Naturw. Zeitschr. IV Bd. 1863, pag. 152; abgedruckt im Neuen Jahrbuche f. Min. 1864, pag. 631) — Vgl. ferner Cleve l. c. pag. 21.

4) Dr. J. Dornseiffen. Het eiland St. Martin, met eene kaart. (Tijdschrift v. h. Aardrijkskdg. Genootschap te Amsterdam. Deel VII, N°. 3, pag. 126—142, 1883). — Vgl. auch meine Anmerkung unten.

5) West-India Pilot. Vol. I, pag. 159.

6) Ueber alle diese Vorkommnisse sind mir zahlreiche, mündliche Mittheilungen gemacht und von fast allen habe ich Proben gesehen oder auch erhalten.

Vgl über die Phosphate auch Ernst in „La exposicion nacional de Venezuela en 1883. Tomo I, Caracas 1886", speciell pag. 123 ff. (Die Arbeit ist mir erst während des Druckes zugegangen.)

raçao und gehört zu St. Barbara; es wurde 1874 entdeckt. Das zweite liegt an der äussersten Ostecke von Aruba und bildet einen Theil des Serro Colorado und des S. Culebra; es wurde fast gleichzeitig mit dem erstgenannten Lager aufgefunden. Dasjenige von Klein-Curaçao, welches bereits 1871 bekannt war, ist gänzlich abgebaut und bestand nach Meyn aus einem fast ganz stickstoffreien, pulverigen Guano. Derselbe sagt: „Dieser graue, staubige Guano, unterteuft von Kalkstein und nur im Innern einzelne, verhärtete Knollen enthaltend, bedeckte in etwa 5 bis 8 Fuss Mächtigkeit einen Theil der kleinen, niedrigen Insel Klein-Curaçao..... Das Lager hat ungefähr 100000 Tons im Ganzen geliefert." [1]) Der Guano dieses kleinen Eilands ergab durchschnittlich etwa 69% dreibasisches Phosphat.

Ausser diesen Phosphaten finden sich kleinere Mengen in sogenannten Pockets über die Inseln Curaçao und Bonaire in grosser Zahl zerstreut. Es wird sich nachher ergeben, dass denselben eine wesentlich andere Bildungsweise zukommt als den ausgedehnten Ablagerungen des Tafelberges, sowie des Serro Colorado und des S. Culebra von Aruba. [2])

Die Phosphorite von Aruba stellen ein lichtgraues oder gelbliches bis rost- und leberbraunes Gestein dar, welches allerorts zahlreiche Ueberreste von Organismen einschliesst, sowohl in der Form von Steinkernen als in derjenigen von Umwandlungspseudomorphosen. Vor allem sind es Korallen, welche darin angetroffen werden, aber am S. Colorado kommen auch Mollusken in ungemein grosser Zahl als Steinkerne vor; hin und wieder sind ferner Reste von *Manatus* gefunden. [3])

Die Steinkerne von Mollusken liessen eine sichere Bestimmung der Species nur in den seltensten Fällen zu; aber diejenigen Namen, welche hierunten als „vermuthlich" richtig angegeben worden sind, dürfen doch fast ohne Bedenken angenommen werden. Nach M. M. Schepman sind folgende Genera und Arten unter den Mollusken des Serro Colorado vertreten:

Spondylus (c).
Pecten (c).
Lithodomus (m.)
Arca (c).
Lucina, vermuthlich L. jamaicensis Lam. (h).
Cardium, darunter C. muricatum L.? (c).
Venus (m).
Cytherea (Caryatis)? (c).
Tellina, vermuthlich T. fausta Donov. (hh.)
Tellina, vermuthlich T. interrupta Wood. (c).

1) Das Phosphorit-Lager von Curaçao. (Zeitschr. d. deutsch. geolog. Gesellsch. XXXI. 1879) pag. 698.

2) Auf die Phosphorite wird in West-Indien allgemein die Benennung „Guano" angewandt. Auch Dana bedient sich der Bezeichnung von „hartem Guano."

3) Ueber die Vertebraten vgl. unten.

Pholadomya, vermuthlich P. candida Sow. (e).
Trochus (Livona) pica L. (hh).
Hipponyx (e).
Strombus, darunter St. gigas L. (h).
Cypraea (hh).
Turbinella (e).
Pyrula melongena L. (e).
Oliva (e).
Conus (hh).

Die grosse Anzahl von Petrefakten, welche obiger Liste zu Grunde liegt, gestattet auch ein Urtheil über die relative Häufigkeit. Dieselbe ist durch die beigefügten Buchstaben ausgedrückt, und zwar bedeutet hh: sehr häufig, h: häufig, m: mehrfach vorkommend, e: nur in einzelnen Exemplaren vertreten. Man erkennt die grosse Einförmigkeit der hauptsächlich durch *Tellina*, *Trochus*, *Cypraea* und *Conus* charakterisirten Fauna. Die bestimmbaren Arten leben noch sämmtlich in den benachbarten Meeren, entsprechend dem Charakter der quartären Kalkbänke, denen auch die Phosphorite angehören.

Die Steinkerne verleihen dem Phosphorite eine feinporöse bis cavernöse Struktur; aber daneben fehlt es nicht an dichten Varietäten, welche als Concretionsmassen die Hohlräume im Korallenriffe angefüllt haben, ganz in derselben Weise wie Kalksinter die Zwischenräume zwischen den Stöcken jüngst gehobener Korallenbauten allmählig auskleiden. Auf den muschligen Bruchflächen dieses dichten, porcellanartigen Phosporits, welcher Fettglanz besitzt, nimmt man zierliche, gestreifte und wellenförmige Farbenzeichnungen wahr. Auch kommen breccienartige Phosphate vor, welche zahlreiche kleinere Organismen, vor allem auch Korallenbruchstücke, enthalten, die völlig in Phosphorit umgewandelt und durch dasselbe Mineral verkittet worden sind.

Nach einer von R. Fresenius ausgeführten Analyse enthielten 100 Gewichtstheile des Aruba-Phosphats im lufttrockenen Zustande:

Wasser, bei 100° C weggehend	3.54
Bei 100° C getrocknete Substanz . .	96.46
	100.00

In bei 100° C getrocknetem Zustande enthielt der Phosphorit:

Phosphorsäure	35.77
Schwefelsäure	1.74
Kohlensäure.	1.89
Fluor	2.86
Kalk	47.62
	89.88

	89.88
Magnesia	0.30
Thonerde	1.64
Eisenoxyd	2.00
In Säuren unlöslicher Silicatrückstand	1.33
Chemisch gebundenes Wasser	5.27
Alkalien, organische Bestandtheile und Verlust .	0.78
	101.20
ab Sauerstoff für Fluor.	1.20
	100.00

Mit dieser Angabe stimmt eine von G. Hughes publicirte Analyse [1]) im Wesentlichen überein, und eine grosse Zahl von Proben des Phosphats, welche nach Europa ausgeführten Ladungen entnommen sind, zeigte sich ziemlich gleichförmig in der Composition, wie aus den nachfolgenden Analysen von G. H. Ogston zu ersehen ist. Dieselben sind aus einer Reihe von Untersuchungen [2]) so ausgewählt, dass unter ihnen möglichst abweichende Varietäten sich befinden:

	I.	II.	III.	IV.
Phosphorsäure .	37.28	36.52	36.13	35.18
Kohlensäure.	2.00	2.20	2.40	2.50
Kalk	49.20	50.40	47.48	46.36
Eisenoxyd u. Thonerde .	3.72	3.05	3.35	4.80
In Säuren unlöslicher Silicatrückstand .	2.50	1.15	2.20	3.15
Unbestimmt.	3.24	3.38	4.79	5.01
Chemisch gebundenes Wasser	2.06	3.30	3.65	3.00
Wasser bei 100° C	0.00	0.00	0.00	0.00.
	100.00	100.00	100.00	100.00.
Entsprechend dreibas. phosphors. Kalke.	81.40	79.73	78.89	76.80
Kalkcarbonat	4.51	5.00	5.45	5.68.

1) On some West Indian Phosphates - Quart. Journ. Geolog. Soc. London. Vol. XLI, Part. 1, N°. 161. Febr. 1885. pag. 80.

2) Copies of Analyses of Cargoes of Aruba Phosphate, from end of 1881 to beginning of 1885 imported trough. Messrs. Isaac u. Samuel. London.

Hienach könnte man zu der Annahme gelangen, dass die Aruba-Phosphate ziemlich constant in der Zusammensetzung seien; aber diese Gleichförmigkeit erstreckt sich nur auf die ausgeführten Massen und entspricht keineswegs dem geognostischen Vorkommen. Schon die reicheren Varietäten des S. Culebra besitzen nur noch 74—75 % dreibasisch phosphorsauren Kalkes und bleiben oft hinter diesen Gehalt zurück; andere Gesteine sind so reich an Kalk, dass sie nicht mehr den Namen von Phosphoriten verdienen, und es lässt sich dann überhaupt keine scharfe Grenze zwischen Phosphoriten und Kalksteinen mehr ziehen. Ebenso wechselnd ist der Eisengehalt [1]), der am Culebra grösser ist als am westlichen Colorado; eine von dort stammende Probe enthielt bei 69.39 % Calciumphosphat nicht minder als 9.74% Eisenoxyd und Thonerde, und am Ostabhange des Colorado nimmt der Eisengehalt so sehr zu, dass die zerrissene Oberfläche der dunkelbraun gefärbten, phosphathaltigen Kalke den Eindruck macht, als wäre sie mit vulkanischen Schlacken dicht bedeckt. Dieser Färbung hat auch der Serro Colorado (rother Berg) seinen Namen zu danken.

Brauneisenstein wird daselbst viel angetroffen und stellenweise ist die Ablagerung durch Manganerz schwarz gefärbt. Auch Grüneisenerz ist nicht selten, und ein grünes, erdiges Eisenphosphat ist als Anflug und in kleineren Partieen in den Phosphoriten weit verbreitet, so dass die Oberfläche des Colorado stellenweise eine buntscheckige Färbung durch diese verschiedenen Mineralien erhält. Stifft fand auch Sphaerosiderit daselbst.

Wegen des sehr wechselnden Verhältnisses von Calciumphosphat zu Calciumcarbonat, welches an allen Orten der Inseln, an denen Phosphorite vorkommen, zu beobachten ist, wird es schwierig zu entscheiden, wie weit man den Namen Phosphorit ausdehnen soll. Mir scheint es geboten, die Gesteine mit überwiegendem Gehalte an kohlensaurem Kalk bei den Kalksteinen zu belassen, und schon früher habe ich bei einer Mittheilung über Phosphorite von Bonaire [2]) für solche Gesteine die Bezeichnung „phosphoritische Kalke" benutzt, deren ich mich auch im Folgenden bedienen werde. Denn sowie Dolomite und Kalksteine durch dolomitische Kalksteine verknüpft werden, so sind hier die Phosphorite und Kalksteine durch die phosphoritischen Kalke mit einander aufs engste verbunden. Die Analogie ist

1) Eisenfreie Phosphate kommen auf Aruba überhaupt nicht vor. Diejenigen Varietäten, welche zu viel Eisenoxyd und Thonerde enthalten, können augenblicklich nicht auf den Markt gebracht werden, da die Preise den aufzuwendenden Kosten nicht entsprechen.

2) K. Martin. Phosphoritische Kalke von der westindischen Insel Bonaire. (Zeitschr. d. deutsch. geologischen Gesellschaft. Bd. XXXI, 1879, pag. 473.) — Ich habe hier die Bezeichnung in noch weiterem Sinne angewandt, als wie ich dieselbe jetzt beibehalten möchte.

um so grösser, als die Phosphorite West-Indiens gleich den meisten Dolomiten einer Metamorphose ihren Ursprung zu danken haben und diese Metamorphose in beiden Fällen das Verhalten sowohl der Phosphorite als der Dolomite zum Kalksteine bedingt.

Dass die phosphathaltigen Gesteine von Aruba theilweise metamorphosirte Riffkalke darstellen, bedarf nach Obigem keiner weiteren Erörterung; die erwähnten Organismen beweisen dies zur Genüge. Auch hat bereits Sandberger l. c. dargelegt, dass das von Phipson [1]) als Sombrerit bezeichnete, von der westindischen Insel Sombrero abkünftige Gestein, welches in allen wesentlichen Punkten mit den metamorphosirten Korallenkalken der niederländischen Inseln übereinzustimmen scheint [2]), durch Lösungen von Guanosalzen umgewandelt ist. Cleve nimmt l. c. dasselbe an. Eine Metamorphose von Korallen in mehr oder minder reinen Phosphorit und unter der Einwirkung von Guano wurde auch durch Dana beobachtet [3]). Stelzner giebt dieselbe Erklärung für Phosphate von Curaçao und Aruba [4]), Meyn l. c. für diejenigen der erstgenannten Insel.

Auf Sombrero bildet Guano noch heute das Hangende des Phosphorits, und Sandberger nimmt an, dass die Lösungen der Guanosalze, phosphorsaures Ammoniak, Kali und Natron, sehr allmählig in die Tiefe gedrungen seien und so die Metamorphose bewirkt haben. Der gleiche Process darf auch bei der Bildung der Aruba-Phosphate angenommen werden, wenngleich hier von den Guano-Ablagerungen nichts mehr erhalten geblieben ist [5]), denn die Fortführung der Letzteren kann um

1) Journ. of the chem. soc. of London. XV. 1862, pag. 277.

2) Das Gestein von Sombrero enthält durchschnittlich 75 % phosphorsauren Kalk. Es befinden sich darin Zwischenlagen, welche Palagonit führen. Dieselben dürften nach Sandberger von dem angeschwemmten Materiale vulkanischer Ausbrüche abkünftig sein. In Aruba fehlen diese palagonitführenden Schichten aus leicht ersichtlichen Gründen, aber statt ihrer finden sich einzelne Rollstücke des Grundgebirges, vor allem Quarzit, dem Phosphorite beigemengt.

3) Auf Howland's Island: „Coral fragments of various species were found that had long been covered up under the deposit (guano), and in some of wich the corbonic acid had been almost entirely replaced by phosphoric acid. In such I have found seventy per cent of phosphate of lime" (Dana, Corals and Coral Islands. London 1872, pag. 293).

4) A. Stelzner. Ueber Kalksteine und Kalkphosphate von Curaçao. (Neues Jahrb. f. Mineralogie etc. 1877. pag. 415.)

5) Dass Guanobildungen in dieser Gegend überhaupt stattgefunden haben, beweist unter anderen das Vorkommen von Klein-Curaçao. An seiner Zusammensetzung haben sich auch die verfaulenden Ueberreste von Seevögeln, Säugern und Fischen betheiligt, denn ich erhielt durch den ehemaligen Gouverneur von Nied. W. Indien, Herrn Wagner, sowohl von Klein-Curaçao als auch von St. Martin eine grosse Zahl freier Skelettheile solcher Thiere, welche noch der Bearbeitung harren.

Es ist möglich, dass die Fischwanderungen, von denen Ernst berichtet auch zur Bildung von Guano Veranlassung gegeben haben, da bei solchen Wanderungen ungeheure Mengen von Fischen auf den Strand der Küste von Venezuela geworfen werden, so dass „their remains form a true so minder befremden, als sie durch den Vorgang der Metamorphose selbst erläutert wird.

Daneben hat indessen auch ein direkter Absatz des Phosphorits aus Lösung [1]) stattgefunden, wie nebenstehendes Profil vom S. Culebra beweist. Ueber den Quarzdiorit und sein Verwitterungsprodukt, den Kaolin, folgt dort eine Schicht von 3—5 m mächtigen, oben an Manganerz reichen Phosphoriten; darauf eine Breccie, in der Fragmente von Kalk durch Phosphorit cementirt sind; das Hangende der Breccie endlich stellt eine dünne Kalkschicht dar, mit welcher oberflächlich Rollstücke von Phosphorit verwachsen sind. Es ist offenbar, dass die Breccie, welche im Hangenden des metamorphosirten Korallenriffes vorkommt, nicht auch einer Metamorphose ihre Entstehung zu danken haben kann, da der Phosphorit in ihr nur das Bindemittel für die unreinen Kalkbrocken bildet. Er zeigt demgemäss auch keine an Organismen erinnernde Struktur. Die Lösung, aus der das Mineral sich absetzte, mag von Guano abkünftig gewesen sein; aber es ist auch denkbar, dass bereits metamorphosirte Korallenkalke später das Material für die Neubildung lieferten, gleichwie die Brocken von Phosphorit auf der oberflächlichen Kalkschicht den Beweis für die mechanische Zerstörung von Phosphatlagen in jüngst verflossener Zeit abgeben.

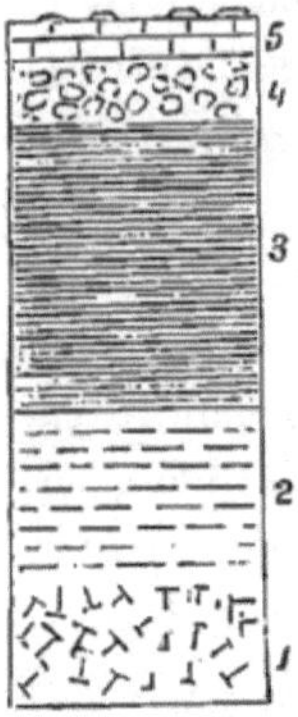

Fig. 19. Profil am Serro Culebra.
1. Quarzdiorit. — 2. Kaolin. — 3. Phosphorit. — 4. Durch Phosphorit cementirte Kalkbreccie. — 5. Kalkstein.

Auch für manche der oben erwähnten Concretionsmassen, welche in dem metamorphosirten Korallenriffe als Ausfüllungen von Hohlräumen vorkommen, halte ich wegen ihrer Armuth an Calciumcarbonat und ihrer gleichmässigen, dichten Struktur den direkten Absatz aus Lösung für wahrscheinlich, während andere metamorphosirte Sinterbildungen darstellen mögen, die bereits im Riffe vorhanden waren, bevor noch dessen Umwandlung einen Anfang nahm.

Ueber die Mächtigkeit des Phosphatlagers von Aruba lässt sich ohne zahlreiche Bohrungen kein genügendes Urtheil gewinnen, denn der Diorit hatte bereits ein complicirtes Relief, bevor die Korallenkalke sich bildeten. Das ist an manchen

---

cordon littoral, several feet in width and hight, wich soon fills the air with a most offensive smell." (Nature Vol. XXXIII. 1886. pag. 321).

Auf Aruba kommen die erwähnten Sirenenreste in einer Muschelbreccie vor, wie solche innerhalb des Raumes von Korallenriffen nicht selten sind. Jedenfalls sind sie hier nicht aus Guano abkünftig, und ihre Zahl ist gegenüber dem ausgedehnten Phosphatlager des Colorado zu unbedeutend, als dass sie einen wesentlichen Antheil an der Bildung der Phosphorite könnten genommen haben. — Auch auf Sombrero scheinen Reste von Säugethieren in den Phosphaten vorzukommen (Phipson l. c.)

1) Vgl. hierüber besonders auch Stelzner l. c.

Punkten der Insel sicher zu beobachten, und im Einklange damit steht die Thatsache, dass man im Colorado bisweilen kaum 1 m unter der Oberfläche schon wieder den Kaolin anstehend findet, während an anderen Punkten das Liegende der Phosphate in der Tiefe von vielen Metern noch nicht erreicht wurde. Die Angabe von Hughes l. c., dass das Lager aut 500,000 tons geschätzt werde, ist ebenso unsicher, wie die Höhenangabe des Serro Colorado unrichtig ist, da diese nicht 300 englische Fuss, sondern 38 m beträgt.

Das Phosphoritlager von St. Barbara im Tafelberge von Curaçao kenne ich nicht aus eigener Anschauung;[1]) aber nach Gesteinsproben, welche von dem Chemiker, Herrn R. Ludwig daselbst gesammelt und analysirt worden sind, darf ich mit grosser Wahrscheinlichkeit schliessen, dass es gleich dem Lager von Aruba durch Metamorphose von Korallenkalken gebildet ist. Sicherlich ist dies der Fall bei einem grauen, porösen, im Aeussern an gewisse Dolomite erinnernden Gesteine, welches 10 m Mächtigkeit besitzen soll und 83 % Calciumphosphat enthält. Es zeigt undeutliche Reste meeresbewohnender Thiere, darunter auch den Abdruck eines Echinidenstachels. Auch metamorphosirte Korallen, welche vom Tafelberge abkünftig waren, sind mir wiederholt gezeigt worden.

Ausserdem kommen am gleichen Orte prächtige, nierenförmige Concretionen von Phosphorit vor, welche bis zu 84,6 % Calciumphosphat enthalten;[2]) sie sind lichtgrau oder hellbraun, bisweilen auch schneeweiss gefärbt und zeigen auf Bruchflächen ungemein zierliche, wellige Farbenlinien. Diese Varietäten sind dicht gleich den entsprechenden von Aruba.[3]) Daneben kommen ganz ähnliche Bildungen vor, in denen nur 79,2 % dreibasischen phosphorsauren Kalkes enthalten ist. In einem hellgelben, dichten Gesteine, welches keine Concretionen wahrnehmen lässt und einem Kalksteine äusserlich gleicht, sinkt der Gehalt an Calciumphosphat bis aut 45 % herab.[4])

---

1) Der Eigenthümer Godden untersagt den Zutritt.

2) Nach Meyn zeigten einzelne Varietäten 87 bis 90 %. Das Gestein dieses Lagers ist von demselben Forscher sehr ausführlich beschrieben.

3) Es fehlt ihnen aber, gleich allen Phosphoriten vom Tafelberge, der hohe Eisengehalt, welcher die Phosphate von Aruba auszeichnet. Auf Aruba kommen weisse und sehr lichte Varietäten von Phosphorit überhaupt nicht vor.

4) Es ist ein Irrthum, wenn Meyn annimmt, dass der Phosphorit im Allgemeinen sehr gleichmässig in seiner Zusammensetzung sei; dies ist, wie auf Aruba, nur bei den ausgeführten Massen der Fall. Auch ist die Vorstellung sicherlich unrichtig, nach der das Ausgehende ärmer an dreibasischem Phosphate sein soll als das Innere des Lagers; alle Mittheilungen, die ich habe einziehen können, weisen auf die gleiche Art des Vorkommens hin wie auf Aruba, was ohnehin von vornherein zu erwarten war. Meyn ist auch falsch berichtet betreffs der Lagerung des Gesteins, denn der Phosphorit bildet keineswegs einen „ungeheuren Wall" am Fusse des aus Korallenkalk bestehenden Berges; er liegt vielmehr im Korallenkalke selbst und wurde bei meiner Anwesenheit auf einer

Gypskrystalle, von denen bekannt ist, dass sie auf Curaçao nicht selten an der Oberfläche der quartären Kalke angetroffen werden, sind am Tafelberge ebenfalls in ein Phosphat umgewandelt worden, welches von Kloos mit dem Namen Martinit [1]) belegt wurde. Dies Mineral, welches in nur mikroskopisch erkennbaren Rhomboëdern als Pseudommorphose nach Gyps auftritt, hat die Constitution $Ca_{10} H_4 (PO_4)_8 + H_2O$, die als $\left.\begin{matrix} 2\,Ca_3 (PO_4)_2 \\ 4\,Ca\,H\,PO_4 \end{matrix}\right\} + H_2O$ aufgefasst werden kann. Es ist unter der Guanodecke entstanden; nicht aber durch vollständigen Austausch von Schwefelsäure gegen Phosphorsäure, wie Kloos hervorhebt, „sondern das Calciumsulphat ist erst vollständig ausgelaugt und darauf z. Th. durch Phosphat ersetzt worden." Deswegen sind die Pseudomorphosen im Innern hohl, während ihre äussere Form derjenigen von Gypslinsen durchaus entspricht. Umhüllungspseudomorphosen von Phosphorit nach Gyps kommen auf Klein-Curaçao vor. [2])

Die Höhlenphosphate stellen eine zweite Gruppe von Phosphoriten und phosphoritischen Kalken dar, welche von den metamorphosirten Korallenkalken sehr wesentlich verschieden sind. Ihr Vorkommen lässt sich am zweckmässigsten an der Hand der folgenden Profile erläutern.

Das Erste derselben zeigt den Boden einer alten, im Korallenkalke befindlichen Höhle mit dem Bruchstücke eines Stalagmiten, welcher in eine 2 m mächtige Knochenbreccie von eigenthümlich ziegelrother Farbe hineinragt. Das Gestein ist fast dicht, nur hie und da mit feinen Höhlungen versehen, an deren Innenseite man Concretionsmassen wahrnimmt; es enthält im Mittel 35 °/₀ Calciumphosphat, ein Gehalt, welcher zum grössten Theile von den eingeschlossenen Knochenresten herrührt, während das Gestein selbst weit ärmer an Posphorsäure ist. Die Knochen gehören sämmtlich kleinen Säugethieren an, und da die Höhlen der Inseln noch heutigen Tages von zahlreichen Fledermäusen und Ratten sowie (auf Curaçao) von Kaninchen bewohnt werden, so liegt die Annahme nahe, dass auch die Knochenreste von solchen Thieren abkünftig sind. Zahlreich findet man zudem die Schneidezähne, in einzelnen Fällen auch die Hälfte des Unter-

Fig. 20. An der Teufelsklippe bei Fuik.
1. Korallenkalk. — 2. Knochenbreccie.

der oberen Strandterrassen in bedeutender Höhe über dem Meeresspiegel gebrochen. Dies konnte ich constatiren, als ich von der Seeseite den Berg betrachtete, wenngleich ich ihn nicht betrat.

1) Kloos. Gesteine und Mineralien aus West-Indien. Sammlg. d. Geolog. Reichs-Museums in Leiden. Ser. II, Bd. I, pag. 1.

2) Vom Rath. Sitzungsber. d. niederrh. Ges. in Bonn am 3 Aug. 1878. — Vgl. Ferner Meyn l. c. pag. 701.

kiefers eines Nagers in unvollkommenem Zustande überliefert. Leider eignet sich das Gestein durchaus nicht zur Praeparation, doch möchte ich nach der Grösse der Nagezähne annehmen, dass dieselben eher einem kleinen Kaninchen als einer Ratte angehört haben. Ausser den Säugethierresten kommt vereinzelt auch *Cyclostoma megachile Pot. et Mich.* in der Breccie vor.

Das zweite Profil zeigt unter einer Decke von Korallenkalk, an der kleine Stalaktiten hängen, eine Anzahl von dunkelgrauen bis braunen und grünlichen Phosphoritlagen von wenigen Centimetern Mächtigkeit und mit einem durchschnittlichen Gehalte von etwa 80 % Calciumphosphat. Dünne Lagen von sehr dunkler Färbung enthalten das Mineral in fast reinem Zustande. Scharf begrenzte Schichtungsflächen fehlen; es sind vielmehr alle Lagen innig mit einander verwachsen und nur ihre verschiedene physikalische und chemische Beschaffenheit verleiht ihnen einen gewissen Grad von Selbständigkeit. Alle werden durch ein schmales Kalkband von einem lichtgrauen Gesteine geschieden, welches 40—60 % Phosphat enthält, keinerlei Schichtung wahrnehmen lässt und ohne scharfe Begrenzung sowohl oben in den Korallenkalk als seitlich in einen ziegelrothen, phosphoritischen Kalkstein mit 25—30 % Calciumphosphat übergeht. Dieser Letztere ist ebenfalls ungeschichtet und enthält sehr zahlreiche Gehäuse von *Pupa uva L.* und *Cyclostoma megachile Pot. et. Mich.* Stellenweise kommen in diesem Gesteine auch traubige Concretionen vor, deren sphaeroidische Massen durch Kalkspath getrennt sind und auf Bruchflächen bisweilen durchaus den Eindruck oolithischer Bildungen machen.

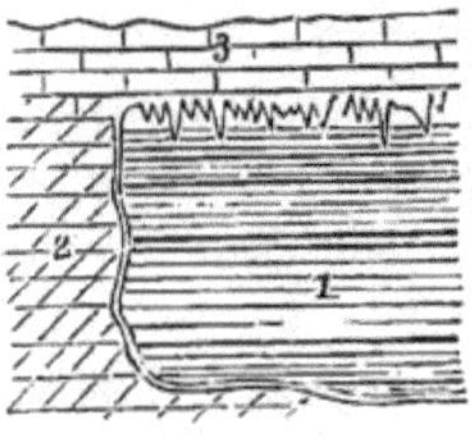

Fig. 21. An der Teufelsklippe bei Fuik.
1. Phosphorit. — 2. Phosphoritischer Kalk. — 3. Korallenkalk.

Das dritte Profil zeigt eine Höhle, deren Decke zerstört ist, während der untere Theil mit Phosphorit gefüllt wurde, in dem Bruchstücke von Korallenkalk in grosser Zahl vorkommen. Die Fragmente erreichen etwa $1/3$ m Durchmesser; nach oben zu werden sie kleiner, um hier ein durch Phosphorit verkittetes Conglomerat zu bilden.

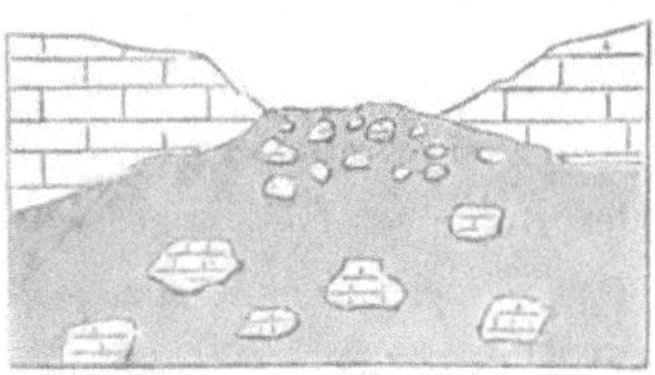

Fig. 22. An der Teufelsklippe bei Fuik.

Neben diesen drei Profilen, welche ich an der „Duivelsklip" bei Fuik beobachtete, kommen an gleichem Orte noch verschiedene andere vor, worunter auch solche, in denen Durchschnitte durch Tropfsteine, allseitig von Phosphorit umgeben, auftreten. An sie schliesst sich das vierte der hier

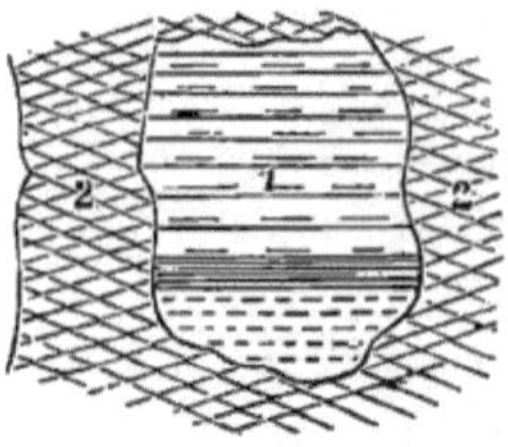

FIG. 23. BEI HERMANUS.
1. Phosphorit. — 2. Sinterbildungen.

abgebildeten Profile an, welches bei Hermanus aufgenommen ist. Es stellt den mit Phosphorit und phosphoritischen Kalken angefüllten Raum einer alten Höhle dar, welche allseitig von unveränderten Sinterbildungen umgeben wird. Solche Sinterbildungen hat man vielfach beim Sprengen der Phosphorite angetroffen, und die Thatsache, dass die reichsten Pockets plötzlich von reinem Kalksteine verdrängt werden, ist Eine der Ursachen, welche bis jetzt verhindert hat, diese Lager in Abbau zu nehmen. Sie ist selbstredend, weil die Phosphate innerhalb bereits bestehender Tropfsteinbildungen sich ablagerten, und darin liegt auch der Grund, weswegen sich über ihre Ausdehnung an solchen Orten kaum etwas voraussagen lässt. So unregelmässig wie die Form der Hohlräume, so unregelmässig muss auch die Masse der abgelagerten Phosphate sein.

Sowie für die Umwandlung der Korallenkalke Seevögel und meeresbewohnende Thiere das Material geliefert haben, so ist dies für die Bildung der Höhlenphosphate durch die kleinen Säugethiere geschehen, welche die Grotten in grosser Zahl noch heute bewohnen. Schwärme von Fledermäusen bevölkern jeden Hohlraum des Kalkgebirges, so dass man ihre Gegenwart schon an dem intensiven Geruche, der ihnen eigen ist, wahrnimmt, falls es nicht glückt, die Thiere selbst aus ihren Schlupfwinkeln aufzuscheuchen, um sie wie eine Wolke emporflattern zu sehen. Auch Ratten sind häufig, während die Kaninchen durch den Menschen fast ganz ausgerottet worden sind. Nur Ein Mal sah ich ein solches Thier auf Savonet; doch dürften dieselben früher viel zahlreicher gewesen sein, und ich halte die oolithischen Phosphorite für Koprolithe von Kaninchen.

Der Boden der Hohlräume ist bisweilen von einem an Phosphorsäure reichen, erdigen Guano bedeckt, in den man hie und da bis an die Knöchel einsinkt. Er ist hauptsächlich durch die Anhäufung der Excremente genannter Säugethiere gebildet, doch nehmen an seiner Zusammensetzung stellenweise auch die Skelette von grossen Schaben einen bedeutenden Antheil. So sah ich in der Höhle von Hato ungezählte Mengen dieser Insekten den Boden beleben, und dem entsprechend fanden sich Massen von Chitinskeletten daselbst den Excrementen beigemengt. Dass auch die Skelette der Säuger in den Guano gelangen, bedarf keines weiteren Hinweises.

Es möge nun angenommen werden, dass eine solche Guanodecke auf einer Kalksinterbildung am Boden der Höhle gelegen ist, so müssen die in ihr enthaltenen Salze bei den zu Zeiten fallenden, gewaltigen Regengüssen, welche das Wasser auch ins Innere der Hohlräume führen, ausgelaugt werden. Die Guanosalze dringen in die Sinterbildungen ein und wandeln dieselben in Phosphorit um, aber gleichzeitig wird eine Umwandlung der ursprünglichen Guanoschicht in Phosphorit angenommen werden müssen, da dasselbe Wasser, welches die Guanosalze auflöste, auch doppelt-kohlensauren Kalk enthält; während einerseits der Guano phosphorsaure Salze in die Tiefe abgiebt, wird ihm selber Kalk in Lösung zugeführt. Endlich ist ein direkter Absatz von Phosphorit aus dem Kalk und phosphorsaure Salze enthaltenden Wasser von vornherein wahrscheinlich; dass er wirklich stattgefunden, beweist der nebenstehend abgebildete, sphaeroidische Hohlraum, welcher durch weingelben Kalkspath und rothen Phosphorit nur zum Theile ausgefüllt ist. Er liegt in einem Phosphate mit deutlich geschiedenen Lagen und gleicht in jeder Hinsicht einer Mandel.

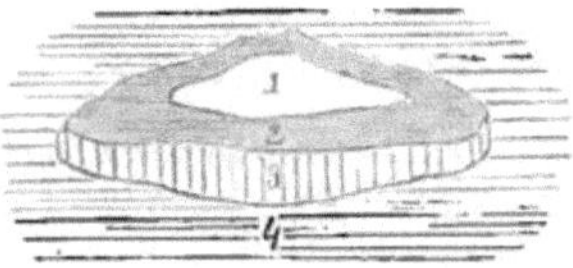

Fig. 24. Geode im Phosphorit von Hermanus.
1. Hohlraum. — 2. Phosphorit. — 3. Kalkspath. — 4. Phosphorit.

Die Concretionen, welche so zahlreich in den Phosphaten vorkommen, halte ich auch, ebenso wie die in dem metamorphosirten Korallenriffe von Aruba auftretenden, zum Theil für Bildungen, welche durch direkten Absatz entstanden sind; ferner ist das in Fig. 22 vorkommende Conglomerat mit der Breccie vom Culebra, deren Fragmente durch Phosphorit verkittet sind (Fig. 19), zu vergleichen. Dagegen halte ich die dunklen, dünnen Schichten des in Fig. 21 dargestellten Profils, welche die Apatitsubstanz fast ganz rein zeigen, für metamorphosirten Guano, die dazwischen eingeschalteten, mächtigeren und lichter gefärbten Lagen aber für umgewandelte Kalksinter. Selbstredend lässt sich die Entstehungsweise der phosphathaltigen Gesteine nicht in jedem einzelnen Falle erörtern.

Die behandelten Profile erklären sich nach Obigem selbst; nur das zweite bedarf noch einiger Erläuterung. Hier ist es klar, dass die etwa 80 °/₀ Calciumphosphat enthaltenden Lagen in einem Hohlraume gebildet wurden; dasselbe gilt für diejenige Partie, welche nur 25—30 °/₀ Phosphat besitzt, da sie zahlreiche Landschnecken aufweist, welche die Existenz einer Höhlung während der Bildung des phosphoritischen Kalkes voraussetzen. [Dabei kann gleichwohl die Metamorphose erst später eingetreten sein.] Die mittlere Partie mit etwa 40—60 °/₀ Calciumphosphat muss dagegen ein Tropfstein sein. Er mag vielleicht gleichzeitig umgewandelt sein mit der Bildung der reichen Phosphorite in seiner unmittelbaren Nähe; jetzt wird er von ihnen durch ein dünnes Kalkband geschieden, welches ich für die Ausfüllung einer Ablösungskluft ansehe; an der anderen Seite ist seine Grenze durch den Einfluss der Metamorphose gänzlich verwischt worden.

Diejenigen Höhlen, welche gänzlich mit Phosphorit und phosphoritischen Kalken gefüllt sind, müssen die oberen Ausfüllungsmassen von ihren höher gelegenen

Fortsetzungen im Korallenriffe erhalten haben, da in ihnen selbst eine nennenswerthe Guanobildung nach beträchtlicher Reduktion des den Thieren zum Aufenthalte dienenden Raumes nicht mehr angenommen werden kann.

Eine grosse Reihe von Höhlenphosphaten, die ich gesehen, war ohne Ausnahme durch das Vorkommen von Landschnecken ausgezeichnet, der oben genannten *Pupa uva* und *Cyclostoma megachile*, welche beide in ungeheuren Mengen noch heute die Oberfläche des Kalkgebirges bewohnen. Dasselbe ist in buchstäblichem Sinne mit diesen Thieren besät, vor allem mit der *Pupa*, die auch in den Höhlenbildungen am häufigsten ist. Die kräftige Wirkung der Regengüsse wird leicht eine grössere Menge solcher Schalen durch irgend eine Spalte der Korallenkalke in die Höhlungen hinabführen, und so gelangen Letztere in die Sinter und Phosphorite. Sie sind die ausgezeichnetsten Leitfossilien derselben, während Knochenreste bis jetzt nur aus den Höhlen von Fuik und vom S. Grandi bekannt sind.

Die Landschnecken einerseits, die Gehäuse von Meeresconchylien und namentlich von Korallen andererseits lassen nun zwar die Höhlenphosphate leicht von den umgewandelten, älteren quartären Korallenkalken unterscheiden; aber es ist auch der Fall denkbar, dass eine von Höhlungen ausgehende Phosphoritbildung einen Theil des umgebenden Korallenkalkes ergriffen hat, so dass metamorphosirte Korallen unter der Einwirkung des Guanos der Grotten entstehen. Eine grössere Ausdehnung von so entstandenen Phosphoriten mit Resten von Meeresorganismen ist aber nicht sehr wahrscheinlich, und deswegen muss man in jedem einzelnen Falle die Ursache der Umwandlung besonders feststellen, bevor man über die Abbauwürdigkeit irgend einer Ablagerung ein Urtheil fällen kann.

Die Verbreitung der Phosphate auf den Inseln Curaçao, Aruba und Bonaire ist eine sehr bedeutende. Höhlenphosphate kenne ich aus eigener Anschauung von Fuik und von Hermanus auf Curaçao in grosser Zahl; auch zweifle ich nach mir gemachten Mittheilungen nicht daran, dass reiche Phosphorite (75 %), welche auf St. Jan und Ascention in West-Curaçao vorkommen, derselben Gruppe von Gesteinen zuzurechnen sind. Auf Bonaire sind mir unzweifelhafte Höhlenphosphate nur im Serro Grandi bekannt[1]), bei Phosphoritnestern mit undeutlicher Begrenzung gegen den Korallenkalk, welche bei Fontein daselbst vorkommen, vermag ich

1) Herr Simons, welcher die Lager genau untersucht hat, theilte mir darüber Folgendes mit: „I made excavations in all the open caves (11) and generally found a layer of red limestone containing 15 % to 20 % phosphate, full of landshells and in some places bone fragments. In one cave this red deposit was 6 feet deep. Below, a few inches of dark brown phosphate (60 % to 70 %) usually followed, and under that, another thin layer of white phosphate (82 % to 86 %) when the hard compact coral limestone was met with. No two caves were exactly alike." — Hier scheint demnach die Metamorphose ziemlich gleichmässig von oben nach unten fortgeschritten zu

dagegen nicht zu entscheiden, ob ihre Bildung von Höhlen aus ihren Anfang genommen [1]). Da man in ihnen zahlreich die Reste von Haifischen, sowie von Sirenen und Rochen antrifft, so ist es möglich, dass die vergangenen Leiber dieser Thiere die einzige Ursache der Phosphoritbildung daselbst sind. Auf Aruba sind in Grotten gebildete Phosphate bis jetzt nicht bekannt, doch dürften sie auch dort schwerlich fehlen.

Die ausgedehnten Lager metamorphosirter Korallenkalke von der Ostküste Aruba's und vom Tafelberge auf Curaçao wurden oben bereits behandelt; daneben kommen kleinere Lager und phosphoritische Kalke dieser Art noch an vielen anderen Punkten vor, an denen vielleicht die Ablagerung der die Metamorphose bedingenden Excremente eine geringere Ausdehnung hatte (wie z. B. am Carachito auf Aruba) oder auch Verhältnisse obwalteten, welche mit den von Fontein auf Bonaire angeführten übereinstimmen. Endlich sind Kalksteine mit geringem Phosphorsäuregehalt weit über die Inseln verbreitet; oft sinkt der Gehalt an Calciumphosphat bis auf 6 °/₀ herab.

Wirbelthierreste aus marinen Phosphaten.

1. Reste von Sirenen. (Tab. I, Fig. 1 u. 2.)

In den Phosphaten des Serro Colorado auf Aruba findet man nicht selten Reste grosser Wirbelthiere, vor allen Dingen Rippen und Wirbel, welche indessen meistens in dem für eine Praeparation sehr ungünstigen Gesteine so eingebettet sind, dass sie nur in Durchschnitten studirt und deswegen nicht näher bestimmt werden können. Unter den wenigen freien Bruchstücken, die ich erhielt, war nur Eins einer eingehenderen Betrachtung werth.

sein. Die tiefsten Schichten waren ihr am längsten ausgesetzt und zeigen demnach den grössten Gehalt an Calciumphosphat, die oberflächlichen den geringsten. Es steht dies in völligem Einklange mit der oben gegebenen Erklärung für die Entstehung der Phosphorite. Die von Simons erwähnten Landschnecken sind die oben genannten Arten. Sie kommen unter dem von mir gesammelten Materiale vom S. Grandi theils mit noch erhaltener Schale, theils als Steinkerne vor.

1) Für diese Phosphate habe ich zuerst, vor meinem Aufenthalte in West-Indien, die Möglichkeit hingestellt, dass sie aus Korallenkalken durch einen von Fledermäusen abkünftigen Guano in Folge von Umwandlung entstanden sein könnten (l. c. pag. 476). Hughes, welcher meine Arbeit so wenig wie diejenige von Sandberger kennt, spricht l. c. ebenfalls die Ansicht aus, dass Fledermäuse den Anlass zur Bildung von Phosphoriten gegeben haben. Wenngleich sich somit meine früher aufgestellte Hypothese bestätigt hat, so findet dieselbe doch vorläufig keine Anwendung für die Erklärung derjenigen Phosphorite, für die ich sie zuerst annahm.

Es ist eine ziemlich vollständige, sehr plumpe Rippe, welche doppelt, abwärts und gleichzeitig nach hinten, gebogen ist. An dem zerbrochenen Distalende zeigen die glänzenden Bruchflächen eine massige Struktur; das Proximalende ist fast unversehrt, am Capitulum Eine Gelenkfläche erhalten; das Tuberculum, ziemlich hoch und spitz, hat seine Form unbeschädigt bewahrt. Capitulum und Tuberculum werden durch einen wohl entwickelten, hohen, vorne und hinten abgeflachten Hals geschieden; namentlich an der Vorderseite ist diese Abflachung bedeutend, und im Verbande mit ihr ist der Innenrand am Vertebralende der Rippe sehr scharfkantig. Im Uebrigen ist dieser Rand, und mehr noch der Aussenrand, zugerundet; an Letzterem fällt die gleichmässige Biegung vom Tuberculum bis zum Distalende auf, da dieselbe kaum durch den schwach entwickelten Angulus costae unterbrochen wird. Eine stumpfe, vom Tuberculum ausgehende, zugerundete Kante zieht sich der Länge nach zum Distalende über die Mitte der Vorderfläche der Rippe hin, deren Querschnitt anfangs elliptisch ist, nach unten zu aber mehr und mehr einen zugerundet-rhomboidischen Umriss annimmt (vgl. fig. 1^a u. 1^b). Die hintere Rippenfläche zeigt einen seichten Gefässcanal, welcher nahe dem Innenrande unter dem Tuberculum beginnt und sich unter schwach ∽förmiger Biegung zum Aussenrande hinzieht.

Die plumpe Form, der eigenthümliche Querschnitt und die massige Struktur der Rippe liessen sie als Rest einer Sirene erkennen, und die in demselben Gesteine befindlichen Wirbelbruchstücke zeigen Durchschnitte, welche ebenfalls mit dieser Deutung im völligen Einklange stehen. Keine andere Wirbelthiergruppe besitzt ähnlich gebaute Rippen, und speciell bei den anderen, meeresbewohnenden Säugethieren sind dieselben sehr abweichend geformt. Der bedeutende Abstand von Capitulum und Tuberculum sowie die dem Letzteren sehr genäherte Lage des Angulus costae weist ferner auf eine der ersten Rippen des Körpers hin, und es ist somit der in Figur 1 dargestellte Ueberrest als linke Vorderrippe einer Sirene zu bezeichnen.

Es musste sich nun zunächst die Frage aufdrängen, ob das Fossil vielleicht mit Einer der noch lebenden Sirenen identisch sei, und ich konnte zu diesem Zwecke folgende Skelette vergleichen: *Manatus australis* von Surinam, 2.20 m lang; *Manatus senegalensis* von Liberia, 2.53 m lang, *Halicore dugong* von Amboina, 1.86 m lang. Grössere Skelette standen mir nicht zu Gebote.

Beim *Manatus australis* stimmt die zweite, linke Rippe in ihrer allgemeinen Form ziemlich gut mit dem Fossile überein; alle anderen zeigen mehr oder minder bedeutende Abweichungen. Sämmtliche Rippen, mit Einschluss der zweiten, besitzen aber einen flachelliptischen Querschnitt und dem entsprechend ziemlich scharfkantige Innen- und Aussen- (resp. Vorder- und Hinter-) Ränder; auch ist der Hals bei weitem nicht so sehr abgeflacht wie bei dem Fossile, so dass eine Zuziehung des Letzteren zu der genannten, recenten Art ausgeschlossen ist.

Beim *Manatus senegalensis* besitzen auch alle Rippen einen elliptischen Durchschnitt, und vor allem sind auch die beiden ersten, mit denen der Ueberrest der starken Krümmung wegen wohl nur verglichen werden darf, im Querschnitte flachelliptisch. Dazu kommt, dass bei diesen Rippen der Angulus costae sehr stark ausgeprägt ist

Bei *Halicore dugong* ist der Querschnitt der vorderen Rippen wieder flachelliptisch und der Winkel so sehr entwickelt, dass jeder nähere Vergleich wegfallen darf. Die Rippen von *Rhytina* endlich sollen denen von *Halicore* gleichen [1]) und sind auch schon dadurch von dem Fossile zu unterscheiden, dass sie einfach nach abwärts gekrümmt sind.

Ebensowenig wie die lebenden zeigen auch die fossilen Sirenen Europa's Beziehungen zu dem Fossile von Aruba; diejenigen von *Halitherium* [2]) und *Felsinotherium* [3]) weisen ganz bedeutende Abweichungen auf, während mit *Metaxytherium* ein näherer Vergleich bis jetzt nicht möglich ist. Aus Amerika, und zwar von der Westküste von Maryland, erwähnt Harlan die Rippe eines fossilen *Manatus*, bildet sie aber nicht ab. [4]) Leidy beschrieb ferner ein Fossil als *M. antiquus* auf Grund von Rippenfragmenten und eines Molaren, von denen die Ersteren aus miocaenen Schichten von New Jersey in Virginien und aus den postpliocaenen Schichten des Ashley-Flusses in Süd-Carolina abkünftig waren, gab aber von den Rippen auch keine Abbildung. [5]) Von der fossilen Sirenengattung *Prorastomus* endlich, welche Owen aus Schichten von Jamaica beschrieb, [6]) sind die Rippen völlig unbekannt; ebenso von dem *Manatus inornatus Leidy* aus den postpliocaenen Phosphaten des

1) G. R. Lepsius. Halitherium Schinzi, die fossile Sirene des Mainzer Beckens pag. 140. (Abhandlg. des mittelrheinischen geologischen Vereins, I Band. 1882.)

2) l. c. pag. 136 ff., tab. VII, fig. 78.

3) Ach. de Zigno. Sopra un nuovo Sirenio fossile scoperto nelle colline di Brà in Piemonte pag. 947, tab. 6 (Atti della R. Accademia Dei Lincei 1877, 78, Ser. III, Mem. d. Class. di sc. fis., math. e natur. vol. II, Roma).

4) Richard Harlan. Notice of the Plesiosaurus and other fossil reliquiae from the State of New Jersey, pag. 236 (Journ. of the Acad. of Nat. Sciences of Philadelphia. Vol. IV). — Nach J. Leidy (The Ancient Fauna of Nebraska, 1852, pag. 10.) stammt das von Harlan erwähnte Fossil aus pliocaenen Schichten.

5) J. Leidy. Notice of some remains of extinct Vertebrated Animals, pag. 165. (Proceedings of the Acad. of Nat. Sc. Philadelph. Vol. III, 1856). Der Molar ist von Holmes abgebildet (Postpliocene fossils of South Carolina. Charleston 1860, pag. 117, tab. 24, fig. 5—7.)

6) Quart. Journ. of the Geological Society. London. Vol. XI. 1855. pag. 541. — Daselbst Vol. XXXI, 1875, pag. 559. — Es ist noch nicht festgestellt, welchem Zeitalter die betreffenden Schichten angehören.

Ashley-Flusses, einer Art, welche nur auf das Bruchstück eines Molaren gegründet ist.[1])

Nach Allem zeigt das Fossil von Aruba, so weit mir der Vergleich mit anderen Sirenen möglich war, die nächsten Beziehungen zu den Rippen des *Manatus australis;* freilich ist der Rest zur Feststellung irgend welcher verwandtschaftlicher Beziehungen ungenügend. Vergleicht man aber die Dimensionen desselben mit den entsprechenden Rippen der Sirene, welche an den Küsten des caribischen Meeres lebt, so erkennt man, dass der fossile Rest einem Thiere von ganz bedeutender Grösse angehört haben muss. Die grösste Breite desselben beträgt 38 mm, diejenige der zweiten Rippe von *M. australis*, mit der das Fossil am ehesten verglichen werden darf, bei dem mir vorliegenden Skelette dagegen nur 25 mm. Noch viel grössere Dimensionen zeigt das zweite der dargestellten Rippenfragmente (Fig. 2) an, welches von derselben Lokalität abkünftig ist und der Form seines Querschnittes nach ebenfalls mit grosser Wahrscheinlichkeit derselben Species zugerechnet werden darf. Seine Grösse ist eine so beträchtliche, dass sie weit diejenige aller bekannten Rippen von lebenden Sirenen übersteigt.

Zu derselben Art, welche in den Phosphaten von Aruba vorkommt, dürfen vielleicht auch noch einige Rippenfragmente gerechnet werden, die von Fontein auf Bonaire abkünftig sind; dagegen kommen im Serro Colorado ausserdem Bruchstücke von Rippen vor, welche durch einen sehr flachelliptischen Querschnitt ausgezeichnet sind und nicht wohl mit dem oben beschriebenen Fossile vereinigt werden können. Ihre Bruchflächen sind gleich glänzend und die Struktur ist gleich dicht wie bei den Rippen der Sirenen.

2. Carcharodon Smith. (Tab. I, Fig. 3—7.)

Von Bonaire liegt mir eine Reihe von Bruchstücken eines *Carcharodon* vor, welche durch nichts von *C. megalodon Ag.* zu unterscheiden sind und deswegen auch früher mit diesem Namen von mir belegt wurden. Andere Zahnspitzen unterscheiden sich von jenen nur durch eine sehr grobe Zähnelung, sind aber offenbar von dem gleichen Thiere abkünftig, wie denn auch bereits durch Agassiz erkannt wurde, dass derartige Abweichungen in der Zähnelung der Ränder keinen Art-Unterschied abgeben. Agassiz beobachtete dies unter anderen auch bei dem *C. megalodon*: „j'ai reconnu plutard que ce caractère n'avait pas assez de fixité pour justifier une distinction spécifique." [2]) Noch andere Zähne von Bonaire sind kleiner als dasjenige Fossil, welches man gewöhnlich als

1) Contributions to the extinct Vertebrate Fauna of the Western Territories by J. Leidy. — Un. St. Geolog. Surv. Hayden Vol. I, pag. 336, tab. 37, fig. 16, 17.

2) Recherches sur les poissons fossiles, T. III, pag. 249.

C. megalodon zu bezeichnen pflegt, ohne indessen im Uebrigen Abweichungen von ihm erkennen zu lassen; selbstredend können aber Grössenunterschiede keine Artcharaktere abgeben. Auch durch Quenstedt ist bereits darauf hingewiesen worden, dass mit *C. megalodon* zusammen in der Molasse von Schwaben kleinere Zähne vorkommen (*C. Escheri Ag.*), die vielleicht mit jener Art zu vereinigen wären. [1])

Nur zwei Zahnspitzen von Bonaire, die von dem gleichen Fundorte wie die oben erwähnten abkünftig sind, besitzen eine Form, welche mit derjenigen von *C. megalodon* nicht übereinstimmt, und da es einen hohen Grad von Wahrscheinlichkeit hat, dass diese gleichschenkligen, geraden und spitzen Zähne (Fig. 7.) derselben Art angehören wie die eingangs erwähnten Bruchstücke, so ziehe ich auch für Letztere die Benennung *C. megalodon* wieder ein.

Von der einzigen *Carcharodon*-Art, welche in den heutigen Meeren noch lebt, *C. Rondeletii Müll. Henle*, [2]) sind die Fossilien sicher verschieden, da unter ihnen die ersterwähnten Formen sich durch die beträchtliche Biegung der Zahnränder weit von den Zähnen der recenten Art entfernen.

Der Fundort sämmtlicher Zahnbruchstücke ist Fontein auf Bonaire.

3. Oxyrhina Ag. (Tab. I, Fig. 8.)

Eine Reihe von Zahnbruchstücken, welche in allen Merkmalen mit Zähnen der lebenden Art *O. gomphodon Müll. Henle* [3]) übereinstimmen, ebensowenig aber von *O. glauca Müll. Henle* [4]) zu unterscheiden sind. Die Kiefer der beiden recenten Arten können überhaupt nicht von einander getrennt werden, wenn sie allein zur Untersuchung vorliegen, und deswegen glaube ich auch von der Benennung der betreffenden Fossilien absehen zu müssen.

Es ist indessen nicht unmöglich, dass auch die in Figur 9 u. 10 dargestellten, glattrandigen, doppelt gekrümmten Zähne mit breiter, unvollständig erhaltener Basis, welche von dem gleichen Fundorte stammen, derselben Art angehören, und in diesem Falle würde sich Letztere sicher von den genannten Species der heutigen Fauna unterscheiden lassen.

Der Fundort aller Bruchstücke ist Fontein auf Bonaire.

4. Zahnbruchstücke eines Rochen aus der Familie der Myliobatiden (Tab. I, Fig. 11.) Abkünftig von Fontein auf Bonaire.

5. Zahnbruchstück eines Fisches aus der Gruppe der Gymnodonten (Tab. I, Fig. 12), bestehend aus 7 unvollständig erhaltenen Zahnplatten und vielleicht der Gattung *Diodon* angehörig. Ebenfalls von Fontein auf Bonaire stammend.

---

1) Handbuch der Petrefaktenkunde. 3te Auflage. 1885. pag. 267.

2) Müller und Henle. Systematische Beschreibung der Plagiostomen, pag. 70.

3) Müller u. Henle. l. c. pag. 68. 4) l. c. pag. 69.

Erosion durch das Meer.

Auf allen drei Inseln kommen gehobene UFERTERRASSEN vor, welche in grosser Vollkommenheit besonders an den Nordküsten sich ausbildeten, da dieselben offen und der herrschenden Wind- und Stromrichtung [1]) ohne Schutz ausgesetzt sind. Ihrer Form nach lassen die Terrassen sich in drei Hauptgruppen zerlegen.

Eine derselben (A) zeigt eine gleichmässig dem Meere zugeneigte Abdachung, welche die alte Brandungsterrasse unterhalb des Niveau's der halben Fluthöhe darstellt, landeinwärts begrenzt von einer steilen, annähernd oder auch völlig lothrecht abstürzenden Wand. Diese Stirnwand ist meist 5 bis 10, selten 15 m hoch und in ihren Fuss ist die Hohlkehle eingeschnitten, welche sich nicht selten tief einwärts als Grotte im Kalkgebirge verfolgen lässt. Die Neigung der Plattformen beträgt auf Curaçao, wo sie in dieser Ausbildung am vollkommensten auftreten, nur 2—3°, so weit ich im Stande war, unterstützt durch Photographieen und aus weitem Abstande, Messungen anzustellen; denn letztere sind auf den Uferterrassen selbst wegen der sie bedeckenden Vegetation kaum auszuführen. Die Höhe der Höhlen beträgt vielfach nur 2 m, an anderen Orten etwa das Doppelte, aber nach den mir vorliegenden Beobachtungen nicht mehr; ihre Wände zeigen an regelmässige Gewölbe erinnernde Bogenlinien, und unter dem den Boden bedeckenden Kalksinter liegen bisweilen zahlreiche Rollsteine des Grundgebirges, welche die Wellen bei der Erosion durch ihre ausschleifende Thätigkeit unterstützt haben.

FIG. 25. LOSE BLÖCKE VON QUARTÄREM KALKE.

Derartige Höhlen lassen bei aufmerksamer Betrachtung keinen Zweifel über die Art ihrer Entstehung zu und sind leicht von den ursprünglichen Hohlräumen des Riffes, die ihren Grund in Wachsthumsverhältnissen der Korallenbauten haben, zu unterscheiden. Die Oberfläche der Plattformen ist mit zahlreichen Blöcken bedeckt, deren Grösse in der Richtung vom Meere nach der Stirnwand hin zunimmt und welche Haushöhe erreichen, während ihre Oberfläche zerfressen ist und überall die Einwirkung des Meereswassers erkennen lässt. Bisweilen begegnet man auf den Plattformen auch den Fusstücken von Stalagmiten, so z. B. besonders schön bei Hermanus, wo

1) Die Geschwindigkeit des ONO-Passates wird auf etwa 7 m im Mittel angegeben. Der Wind ist ziemlich gleichmässig das ganze Jahr hindurch, und es dürften kaum 30 ruhige Tage in diesem Zeitraume eintreten, welche sich auf die Monate November, October und September vertheilen. Im Allgemeinen ist der October der windärmste Monat.

sich der Umriss einer alten Grotte auf der gehobenen Brandungsterrasse reconstruiren lässt. Dass jene vor der Herausbildung der Plattform bereits im quartären Riffe bestanden haben muss, bedarf kaum des Hinweises.

Die zweite Form der Terrassen (C) ist eine Modifikation der soeben beschriebenen. Die überhängende Decke des von vielen, senkrechten Kluftflächen durchsetzten Korallenkalkes ist eingestürzt und die Brandung hat sich ihrer Bruchtheile bemächtigt, um am Fusse der Stirnwand einen Uferwall mit 8—10° Neigung zu formen, welcher mehr oder minder rasch und gleichmässig in den weniger geneigten, see-

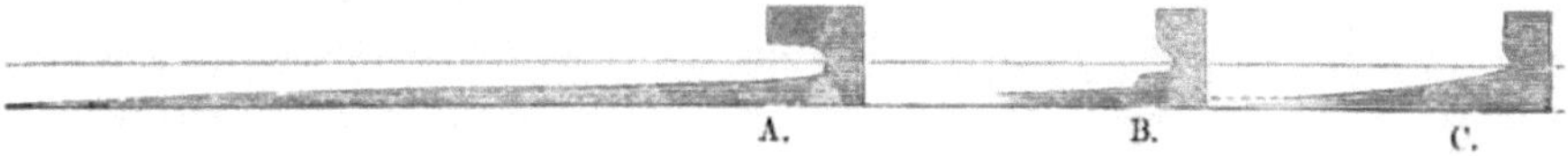

FIG. 26. VERSCHIEDENE AUSBILDUNG DER BRANDUNGSTERRASSEN.
a—b. Hochwasserlinie; *c—d.* Niedrigwasserlinie.

wärts gekehrten Abschnitt der Brandungsterrasse übergeht. Eine nach innen einfallende Dachfläche ist als Rest der am Fusse durch Schotter verhüllten Hohlkehle bestehen geblieben, entsprechend demjenigen Abschnitte der Höhlung, welcher über der Hochwasserlinie gelegen war. Statt der concaven Fläche ist also ein stumpfwinkliger Einschnitt entstanden, der eine Zeit lang erhalten bleiben musste, weil die am Uferwalle auflaufende Welle einen grossen Theil ihrer Kraft einbüsste und kaum noch über die Hochwasserlinie hinaus wirken konnte. Der Einschnitt kann indessen auch gänzlich fehlen, so dass sich der Schuttwall an eine einfach lothrecht oder etwas geneigt abstürzende Wand anlehnt. Dies erklärt sich durch die Möglichkeit eines sehr verschiedenen Abbrechens der Deckentheile von selbst, und beide Arten von Uferwällen kommen deswegen unmittelbar neben einander vor, wie es Figur 30 zeigt.

Die dritte Form der Terrassen (B) weist wesentlich abweichende Oberflächenverhältnisse auf, denn unterhalb der Hohlkehle folgt entweder unmittelbar (nebenstehende Figur) oder in geringem Abstande seewärts ein treppenförmiger Absatz, und dies kann sich mehrfach wiederholen, so dass die Plattform einen stufenartigen Bau zeigt, statt eine einfach geneigte Ebene zu bilden. Während die beiden ersterwähnten Formen dort vorkommen, wo die Kalkschichten nach der Seeseite mit starker Neigung einfallen [1]), tritt diese letztere bei schwebender Lage der Bänke auf, ist aber im Einzelnen, wie es scheint, sehr grossen Unregelmässigkeiten unterworfen.

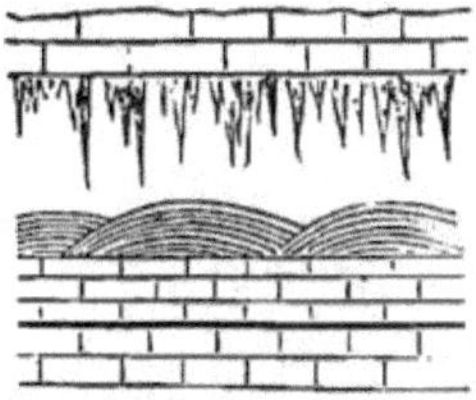

FIG. 27. GROTTE BEI FONTEIN, mit Sinterbildungen ausgekleidet. Kalkbänke in schwebender Lage bilden ihr Liegendes und sind seewärts steil abgebrochen.

1) Strenger ausgedrückt: eine mantelförmige Lagerungsform aufweisen. (Vgl. oben pag. 83.)

Man beobachtet derartige Terrassen in der Umgebung von Fontein, und auch in den Höhlen des Serro Grandi auf Bonaire sind dieselben entwickelt. Simons, welcher die in der mittleren Strandlinie des S. Grandi gelegene Grotte bis etwa 90 m ins Innere des Berges hinein verfolgt hat, theilte mir mit: „The floor was not level, but in terraces, some very abrupt and with as much as 4 feet rise." Die Brandungsterrasse hat hier im Innern des Berges also noch eine ansehnliche Breite und dasselbe ist bei Fontein der Fall, wo die mittlere Neigung aus diesem Grunde eine geringe bleibt. An anderen Orten dagegen sieht man die Stufen der Plattform in rascher Folge von innen nach aussen auftreten, so dass die Brandungsterrasse schmal wird, während ihr Neigungswinkel eine dem entsprechende, bedeutende Zunahme aufweist. Dies ist unter anderen auch an der Boca van Welvaart der Fall. [1])

Eine Gesetzmässigkeit vermochte ich betreffs der Ausbildung der Stufen nicht aufzufinden, und es scheint mir, als ob dieselbe auch nicht bestehe, dass vielmehr zufälliger Wechsel in der Widerstandsfähigkeit der Gesteinsschichten und das Auftreten oder Fehlen von Kluftflächen hier die mannigfaltigsten Modifikationen herauszubilden im Stande seien. So sieht man denn auch verschiedene Ausbildungen in den gehobenen Terrassen unmittelbar neben einander auftreten und an der Küste von Fontein augenblicklich entstehen.

Dort wird vor dem Hause am Nordstrande beim Sinken der Flut eine Hohlkehle entblösst, welche dem Hochwasser ihre Bildung verdankt und nach unten hin an Einer Stelle durch eine senkrecht abstürzende Wand begrenzt wird, während in unmittelbarer Nähe die Letztere fehlt und die Wellen weit unter die gehobene Uferterrasse fortrollen. Es will mir hienach und auf Grund anderer, ähnlicher Beobachtungen scheinen, als ob bei schwebender Lage der Bänke die Form der Brandungsterrasse allerdings vielfach eine treppenartige werden könne, dass indessen diese Ausbildung nicht immer einträte. So vermochte ich auch an der Küste von Antikurie, wo die Erosionsthätigkeit am besten zu beobachten ist, nur eine gleichförmige Abdachung der Plattform wahrzunehmen.

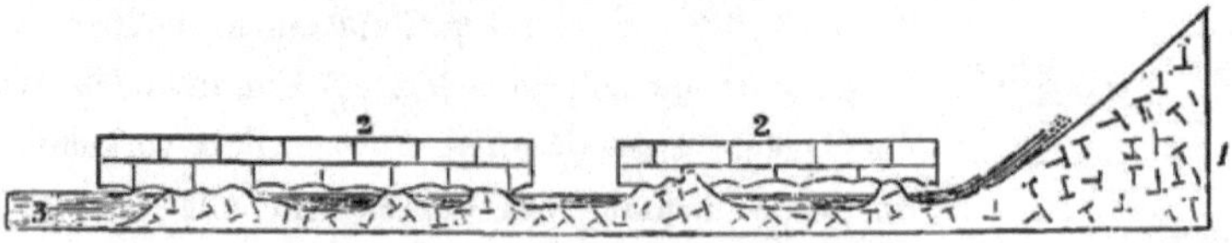

FIG. 28. EROSIONSERSCHEINUNGEN BEI ANTIKURIE. — 1. Diabas. — 2. Korallenkalk. — 3. Meer.

Die gehobene Terrasse ist hier an einigen Punkten der ganzen Breite nach

1) Vgl. oben pag. 52.

unterwaschen, so dass die Brandungswogen des Hochwassers an ihrer landeinwärts gekehrten Grenze wieder aus Licht treten, um an den Gehängen des Diabasgebirges, welches hier das Liegende der quartären Kalke darstellt, emporzulecken. Die ganze, niedrige Plattform von Antikurie ist somit ein einziges, ausgedehntes Gewölbe, welches nur noch auf einzelnen Pfeilern des Grundgebirges ruht und des Einsturzes harrt. Vielfach hat aber dieser schon stattgefunden, und eine Reihe von pittoresken Brücken ist entstanden, welche dem Ufer vorgelagert sind, gekrönt von den Fetzen der Kalkbank, mit der sie sich früher zur Bildung einer zusammenhängenden Terrasse vereinigten. Auch landeinwärts sind hie und da schon beträchtliche Einstürze erfolgt, und hier sieht man an den Seitenwänden der früheren Höhlungen geschwungene Bogenlinien von auffallend regelmässiger, an Nischen erinnernder Form, welche den gewölbeähnlichen Bildungen in den gehobenen Strandlinien gleichkommen, aber dieselben an Regelmässigkeit übertreffen, da sie noch nicht mit Kalksinter bekleidet sind. An ihrem Boden liegt die mit Sand und Geröllen bedeckte Terrasse, über welche die Brandung des Hochwassers hinwegstiebt.

Fig. 29. Uferterrassen bei Hato.
Im Hintergrunde das Niveau des Meeres. Gesehen von dem Hause bei Hato, nach NO zu.

Brocken einer älteren Uferterrasse befinden sich noch weiter aufwärts an den Gehängen des Diabasgebirges, welches der zerstörenden Wirkung einen weit bedeutenderen Widerstand entgegensetzen konnte und so das Vordringen der Strandlinie weiter landeinwärts verhinderte. Mit desto grösserer Kraft konnten aber die Wogen das Zerstörungswerk an den quartären Kalken vollführen, welche hier an der Nordküste von Aruba auf diese Weise fast völlig vernichtet wurden.

Am vollständigsten sind die Strandlinien auf Curaçao entwickelt, woselbst sie, von geringen Unterbrechungen abgesehen, das ganze Eiland ringförmig umgeben. An der Nordküste vor allem, wo der Kalkgürtel sehr breit ist und die vordringende Brandungswelle keine Aenderung des Gesteins antraf, konnten sie sich am regelmässigsten ausbilden.

Bei Hato liegen über der niedrigen Uferterrasse, welche den heutigen Strand begrenzt und mit einer Höhe von 3—5 m fast ununterbrochen alle drei Inseln umsäumt, landeinwärts noch zwei andere Plattformen, welche, nirgends eine nennenswerthe Lücke aufweisend, sich von Hato aus einerseits bis nach Ascention, andererseits bis nach Brievengat verfolgen lassen und überall nahezu den gleichen Abstand von der Küste innehalten. Im schmalsten Theile reicht die höchste der Terrassen ohne Unterbrechung von den quartären Kalken in die Kreideformation hinüber, da die cretaceïschen Schichten hier aus leicht zerstörbaren Mergeln bestanden, und westlich vom Kleine Berg hat diese Plattform eine so bedeutende Ausdehnung erlangt, dass ihre Stirnwand der Südküste mehr genähert ist als der Nordküste. Hier hängt die Strandlinie mit den inneren Steilabstürzen des Küstengebirges von Nord- und Südstrand, welche das Thal im Osten von Hermanus einschliessen, zusammen.

Fig. 30. Fortsetzung der in Fig. 29 dargestellten Strandlinien nach Westen zu.

Die Ansicht ist von der Höhe der Stirnwand genommen, in der auch die Grotte von Hato liegt (in der Zeichnung vorne links). Im Vordergrunde die bewachsene Brandungsterrasse; rechts die Küste von Hato, stark verkürzt und daher als Bucht erscheinend.

Auch an der Südküste von Curaçao sieht man in der Regel drei Uferterrassen, die zwar minder weit als diejenigen der Nordküste nach innen sich ausdehnen, aber an Schärfe nicht gegen sie zurückstehen. Eine Ausnahme macht in Bezug auf Letzteres nur die Umgebung der Stadt, woselbst die Höhen mit geringer Neigung seewärts einfallen und die Ausprägung der Strandlinien demzufolge undeutlicher ist. An der Südostecke nimmt die Zahl der Uferterrassen vom Tafelberge nach Ostpunt zu allmählig ab: der Tafelberg besitzt drei, der nach Osten folgende, niedrige Berg, welcher „Duivelsklip" genannt wird, nur noch zwei gehobene Strandlinien, von welchen die obere nur unvollständig nach innen begrenzt ist, da die Erosion die zur Plattform gehörige Stirnwand bereits theilweise zerstört hat. Weiter nach Osten fehlt die Stirnwand ganz und sinkt die Zahl der Strandlinien auf Eine herab; ebenso an einem Theile der gegenüberliegenden Nordküste, nahe bei Ostpunt.

Wie hier die frühere Anwesenheit einer grösseren Anzahl von gehobenen Brandungsterrassen durch den Vergleich mit den Verhältnissen am Tafelberge wahrscheinlich wird, so sind auch an einigen anderen Orten der Insel die höheren Terrassen vernichtet worden. Deutlich ist dies durch die noch theilweise erhaltenen

Reste solcher Bildungen an der Küste von Savonet zu erkennen. Mir ist es ferner wahrscheinlich, dass auch die Kalkbrücken des Groote- und Kleine Berg als gehobene Plattformen aufzufassen sind, die aber einer inneren Begrenzung durch eine Stirnwand entbehren, weil die von Norden und Süden vordringenden Brandungswellen sich nach völliger Zerstörung einer solchen im Innern des Eilands die Hand reichten. Die Kalkbrücken entsprächen dann einer vierten Brandungsterrasse; indessen bedarf es genauerer Messungen und Vergleiche, um die Verhältnisse deutlich übersehen zu können.

Dem gegenüber fehlt in der Caracasbai, welche sehr geschützt liegt und auch in jüngst verflossener, quartärer Zeit der Brandung wenig ausgesetzt gewesen ist [1]), eine Strandlinie ganz. Hier hat eine ruhige Erosion durch das Meer stattgefunden, wie sie auch jetzt noch langsam bei den fast unmerklich auflaufenden Wellen ihren Fortgang nimmt.

Der durch seine eigenthümliche Form als „Grenadiersmütze" bekannte Fels daselbst besitzt einen verschmälerten Fuss, welcher durch eine ebene, dem höchsten Wasserstande entsprechende Fläche von der breiteren Hauptmasse geschieden ist. Eine derartige, ebene, wie abgeschnitten sich darstellende, horizontale Erosionsfläche zeigt auch der Fuss der Klippe, auf welcher die Beekenburg gelegen ist, und die Grenadiersmütze ist nichts Anderes als die noch in situ befindliche Fortsetzung der letztgenannten Klippe. Das Meereswasser hat den eigenthümlichen Felsen isolirt, indem es ohne Mithilfe der Brandung durch langsame Lösung des Gesteins ein Gebilde erzeugte, welches an die Nadelformen grosser Flüsse mit stark einschneidender Thätigkeit erinnert.

Fig. 31. Die Grenadiersmütze in der Caracasbai.

1) Vgl. oben pag. 17.

Vielleicht hat die Caracasbai ebenfalls einer solchen ruhigen Erosion des Meeres, welche sich im Wesentlichen auf eine lösende Thätigkeit beschränkte, zum Theil ihre Existenz zu danken; denn die zahlreichen isolirten Kalkblöcke, welche an ihrem Ufer auf dem Diabase lagern, zeigen auch sämmtlich noch eine ungestörte, gesetzmässige Anordnung. Während sie auf den ersten Blick den Eindruck eines wirren Durcheinander hervorrufen, reihen sie sich, vom Thurme der Beekenburg betrachtet, zu regelmässigen Schichten an einander und erscheinen sie nur durch erweiterte Kluftflächen und senkrecht zu diesen gerichtete Spalten geschieden. An die abgestürzten Blöcke der Brandungsterrassen erinnert hier nichts Anderes als die zerfressene Oberfläche des Gesteins.

Nächst Curaçao besitzt West-Bonaire den vollständigsten Gürtel von Strandlinien; sie sind an der Süd- und Südwestküste dieses Inseltheiles besser erhalten als an den meisten Punkten der Nordküste, woselbst die Zerstörung der Korallenkalke vielerorts so weit vorgeschritten ist, dass selbst ihr Liegendes, die cretaceïsche Schieferformation, durch die Brandung abgehobelt wurde. Bereits oben ist der grossen Ausdehnung der Brandungsterrassen gedacht;[1]) die ursprüngliche Verbreitung der Riffkalke lässt sich unter solchen Verhältnissen nicht mehr reconstruiren. Bei Fontein sind sie am besten erhalten, und hier sieht man wiederum drei scharf ausgeprägte Terrassen Eine über der Anderen sich erheben.

Ob sie ihrer Lage nach den Terrassen von Curaçao entsprechen, vermag ich nicht anzugeben[2]), da sich dies, ohne genaue Messungen in grösserer Zahl auszuführen, nicht beurtheilen lässt. Aus der gleichen Anzahl von gehobenen Strandlinien auf beiden Inseln lässt sich hiefür nichts ableiten, da jede jüngere Terrasse, welche weiter als die ältere ins Land eindringt, die Spuren der Letzteren völlig verwischen muss, sobald die Decke nachgestürzt ist. Etwas Aehnliches hat auch am S. Grandi stattgefunden, in dessen steilen, dem Meere zugekehrten Absturz zwei Hohlkehlen über einander eingeschnitten sind, während an seinem Fusse nur Eine der zugehörigen Brandungsterrassen überliefert ist. Der Boden jeder Hohlkehle ist freilich als eine innerhalb des Berges sich fortsetzende Brandungsterrasse zu bezeichnen, aber im Relief der Landschaft kommt die ältere Plattform nicht zum Ausdrucke. Solche Verhältnisse erschweren aber den Ueberblick sehr und lassen die Beurtheilung der Zusammengehörigkeit verschiedener Terrassen an einander entfernten Orten bei flüchtiger Durchreise gar nicht zu.

---

1) Vgl. oben pag. 71 u. 76.

2) Nach meinen Schätzungen ist dies nicht der Fall.

Auf ARUBA, wo die quartären Kalke eine noch weitere Reduktion erfahren haben als auf Bonaire, sieht man fast überall nur eine einzige gehobene Plattform, während Spuren einer älteren noch nördlich von Fontein auf den Gehängen des Grundgebirges liegen. Die alte Strandlinie der Südwestküste ist jetzt weit landeinwärts gerückt; zu ihr gehören die Grotten des Carachito, welche den gleichen Charakter tragen wie die Höhlen in der gehobenen Uferlinie der Nordostküste des Eilands. [1])

Grundwasser und Quellen.

Auf den Inseln sind atmosphärische Niederschläge selten. Selbst sehr feuchte, über die Eilande hinziehende Luftströme bringen nur ausnahmsweise Regen, da die erforderliche Abkühlung nicht nur fehlt, sondern sogar eine bedeutende Hitze von den kahlen Felsen ausstrahlt, welche die relative Feuchtigkeit der Luft verringert und den bereits zu Wolken verdichteten Wasserdampf am Niederfallen verhindert. Der Mangel einer dichten Vegetationsdecke als Folge der Regenarmuth ist gleichzeitig Eine der Ursachen der Letzteren.

Man sieht die Wolken herantreiben, um in der Regel scheinbar emporzusteigen, sobald sie die felsige, stark erhitzte Küste erreichen; aber auf Curaçao erfolgt dann im Westen nicht selten noch ein Niederschlag, nachdem der östliche Theil der Insel vom feuchten Luftstrome passirt ist, ohne dass hier der Regen eingetreten wäre. Ich schreibe dies dem Umstande zu, dass West-Curaçao nicht nur dichter bewachsen, sondern auch höher ist als Ost-Curaçao, so dass die Temperaturabnahme für den Gipfel des Christoffels fast 2° C beträgt. [2])

Zu Zeiten fallen indessen auf den Inseln ganz ungeheure Regenmengen. Es kommt vor, dass dieselben $\frac{1}{2}$ m an Einem Tage betragen, so dass sogar wiederholt

---

1) Andere Erosionswirkungen des Meeres wurden bereits oben bei Beschreibung der verschiedenen Formationen Aruba's behandelt. Vgl. pag. 48 und pag 52.

2) Es ist hiebei, wie gewöhnlich, ½° C für je 100 m in Rechnung gebracht. Dem entspricht auch meine Beobachtung, denn am 21ten Januar fand ich um 5½ Uhr Morgens auf Savonet, 20 m über dem Meere, die Temperatur der Luft = 24,6 C; auf dem Gipfel des Christoffels, 376 m über dem Meere, um 7½ Uhr Morgens, nur 22,8 C. Die beobachtete Abkühlung für 356 m beträgt demnach 1,8° C, während sie nach der gewöhnlich angewandten Rechnung = 1,78° C sein sollte. Die Uebereinstimmung ist demnach eine sehr befriedigende; die Beobachtungen in den frühen Morgenstunden dürften aber fast den Werth gleichzeitiger Ablesungen, zu denen ich keine Gelegenheit hatte, beanspruchen.

Leute vor den abströmenden Wasserfluten sich auf Bäume retteten und unter anderen einstmals ein Junge sammt Esel bei Zuikertuin ins Schottegat geschwemmt wurde.

Von diesem Regenwasser muss eine bedeutende Menge im Boden versinken, da nicht nur das Kalkgebirge, sondern auch die cretaceïschen Sedimente und die Eruptivgesteine, besonders die Diabasformation, in hohem Grade zerklüftet sind.

In die aufgelockerten Diabasmassen eindringend erreicht das Wasser bereits in einigen Metern Tiefe unzersetztes Gestein, welches durch seine geringere Permeabilität den weiteren Durchgang zur Tiefe verhindert und auf geneigter Begrenzungsfläche den aufgesogenen Regen allseitig von den Kuppen thalwärts abfliessen lässt. Stellt das Thal eine kesselförmig geschlossene Mulde dar, wie sie so häufig im Diabasgebiete vorkommen, so sammelt sich in ihr ein Grundwassertümpel an. Dieser wird aber nicht nur von dem unter der Oberfläche der Gehänge absickernden Wasser gespeist, sondern selbstredend auch von dem Regen, welcher unmittelbar auf den das Kesselthal im Grunde ausfüllenden Aufschüttungsboden fällt und ausserdem oberflächlich von den Gehängen dorthin abströmt.

Die Pflanzer stauen nun das Regenwasser durch Anlage breiter, niedriger Steinmauern, welche weit ausgedehnt und bisweilen zu mehreren hinter einander gelegen sind, auf und verhindern dadurch nicht nur das direkte, oberflächliche Abfliessen des Regens und die Fortführung des lockeren Erdreichs, sondern verschaffen vor allen Dingen dem Wasser Zeit zum Einsickern in den Boden. Der Reichthum an Grundwasser wird auf diese Weise erheblich vermehrt, und bei günstiger Lage kann es jetzt unter dem Aufschüttungsboden durch das Relief des unzersetzten Gesteins am weiteren Abfliessen gehindert werden, auch dort wo an der Oberfläche eine natürliche Stauung nicht vorhanden ist.

Brunnen, welche in derartige Grundwassertümpel hinabreichen, werden naturgemäss am besten und am längsten gespeist werden; das Wasser, welches aus den oberflächlich abströmenden Regenmengen in den künstlichen Behältern von gewaltigen Dimensionen gesammelt werden kann, wird sich in ihnen nicht nur am längsten halten, sondern auch durch neue Zufuhr ersetzt werden. Es ist ferner deutlich, dass bei gleichen Regenmengen der Reichthum an Grundwasser von der Grösse des Einsickerungsgebietes und von dem Grade der Verdunstung abhängig ist, dem auch das in den Boden eingedrungene Wasser noch ausgesetzt bleibt. Deswegen sollte man darauf bedacht sein, bei Anlage von Brunnen weite Kesselthäler mit sanft

FIG. 32. BRUNNEN IM DIABASGEBIETE.
1. Diabas. — 2. Zersetzter Diabas. — 3 Aufschüttungsboden.

ansteigenden Gehängen zu wählen, in deren Grunde sich ein mächtiger Aufschüttungsboden befindet und deren Oberfläche von Pflanzenwuchs bedeckt ist. Denn sowie das überlagernde Erdreich den bereits gebildeten Grundwassertümpel schützt, so wird das Sickerwasser, welches diesen noch nicht erreicht hat, nahe der Oberfläche durch die Vegetation vor rascher Verdunstung bewahrt bleiben. Die vielfach geäusserten Klagen über Zunahme der Dürre bei der gedankenlosen Vernichtung der Vegetation sind sicherlich nicht grundlos.

Wie von der Diabasformation, so müssen auch von den tief zerklüfteten cretaceïschen Sedimenten erhebliche Regenmengen aufgesogen werden, und wo die betreffenden Ablagerungen so mächtig sind wie im Gebiete des Christoffels, da hält sich in ihnen auch bis in die trockensten Zeiten hinein fast stets noch ein geringer Vorrath an Wasser. An den meisten Orten dürfte es aber bald bis auf das unterlagernde Diabasgestein wegsinken; so dass sich daselbst das Grundwasser in einer der eben beschriebenen analogen Weise ansammelt, überlagert von den Sedimenten der Kreideformation.

Diese Verhältnisse lassen aber die Anlage von Brunnen im Sandstein- und Schiefergebiete nicht räthlich erscheinen, da das Wasser erst in grösserer Tiefe als im Diabasgebiete erreicht werden kann. Welche Rolle den Mergeln als wasserdichte Schicht zukommen mag, ist bis jetzt gar nicht zu beurtheilen, da das Ausstreichen an der Oberfläche des zerfallenen Gesteins nur ungenügend festgestellt werden kann. [1])

Zur Anlage von artesischen Brunnen, welche auf den Inseln so sehr gewünscht wird, liefert die Kreideformation — die einzige, welche überhaupt in Betracht kommen könnte — jedenfalls keine Handhabe; ihre zusammengestauchten und verworfenen Schichten, welche mit complicirter Lagerung tiefe Zerklüftung verbinden, müssen jeden Gedanken daran sofort zurückdrängen.

Die bedeutendsten Regenmengen werden unstreitig von den quartären Kalken eingesogen, da sie nicht nur am reichsten an grösseren Spalten und Höhlungen sind, sondern ihre zerrissene Oberfläche auch das direkte Abfliessen des Wassers

---

1) Die Betrachtungen über das Grundwasser beziehen sich fast ausschliesslich auf Curaçao, da mir für die beiden anderen Inseln nur ein unzureichendes Beobachtungsmaterial vorliegt. Westlich von Goto auf Bonaire scheinen indessen im Diabasgebiete die gleichen Verhältnisse wie auf Curaçao obzuwalten, während das gleiche Eruptivgestein auf Aruba ungünstig für die Ansammlung von Grundwasser sein dürfte, da seine Oberfläche wenig gelockert ist, der Aufschüttungsboden fast ganz fehlt und das Relief ein rasches Abströmen befördern muss. Die Grundwassertümpel, welche längs der Südküste von Aruba im Korallenkalke gelegen sind, verdanken offenbar den Verwitterungsprodukten des im Liegenden auftretenden Quarzdiorits ihre Existenz.

verhindert. Von diesem Sickerwasser kommt den Inseln indessen nur sehr wenig zu Gute, indem es von den Kalken bis zur Grenze der älteren Formationen durchgelassen wird und nun an den Begrenzungsflächen des unterlagernden Gebirges abströmt. Denn nur in den wenigen Fällen, wo die Kalke mantelförmige Umlagerungen bilden, kann ein Theil des von ihnen aufgenommenen Wassers landeinwärts seinen Weg nehmen, und es spielt dann die Kalkschicht eine ähnliche Rolle wie die vergruste Oberfläche der Diabase. Wenn aber, wie fast stets, die quartären Kalke seewärts einfallen, so strömt unter ihnen das Sickerwasser zum Meere ab — es sei denn, dass die wasserführende Schicht angezapft wird und das Wasser als Quelle zu Tage austritt.

Dies Anzapfen ist in einigen Fällen durch die Herausbildung der gehobenen Brandungsterrassen geschehen, indem deren Stirnwand bis zur wasserführenden Schicht an der Grenze der älteren Formationen vordrang, eine höchst interessante Art der Quellenbildung, welche sich auf allen drei Inseln in je Einem Falle beobachten lässt. Die Quelle von Hato, von Fontein auf Aruba und von dem gleichnamigen Orte auf Bonaire sind alle drei auf diese Art entstanden.

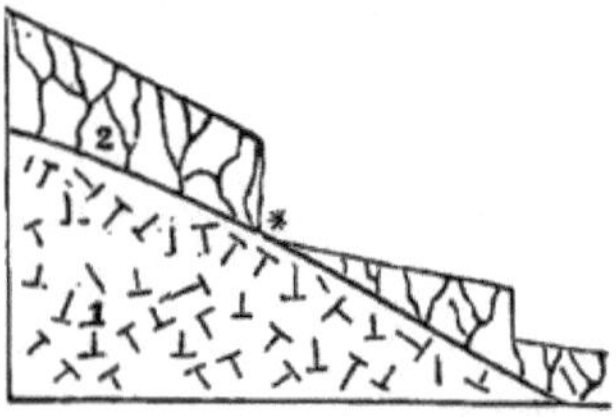

FIG. 33. QUELLENBILDUNG.
1. Diabas. — 2. Zerklüfteter Kalkstein. — * Ursprungstelle der Quelle.

Am deutlichsten ist die Quellenbildung bei Fontein auf Bonaire. Hier trat das Wasser früher aus einer einige Fuss weiten, zum Theil mit Erde gefüllten Spalte im Riffstein hervor,[1]) jetzt entspringt sie im Grunde eines künstlich angelegten Stollens, an dessen Eingange von unten nach oben Thon, lockere Conglomerate und Sinterbildungen auf einander folgen, während wenige Schritte aufwärts die Diabase in sehr zersetztem Zustande als Liegendes der quartären Kalke anstehen. Der Thon ist zweifellos das Verwitterungsprodukt des Eruptivgesteins, sowie auch die Rollsteine in den sein Hangendes bildenden Conglomeraten von derselben Formation abkünftig sind. Letztere entsprechen den allgemein an der Basis der Riffkalke auftretenden Trümmergesteinen, und die wasserführende Schicht liegt ebenfalls an der Basis der Kalke, im Hangenden der thonreichen Conglomerate, woselbst die Sinterbildungen durch die abströmende Quelle geformt wurden. Die Kalkbedeckung oberhalb Fontein, welche als das Wurzelgebiet der Quelle anzusehen ist, hat eine bedeutende Ausdehnung; trotzdem war aber der Wasservorrath zur Zeit meiner Anwesenheit, nach einer lang anhaltenden Dürre,

1) Rapport von Stifft. Die Anlage des Stollens wird von Stifft daselbst angerathen und hat offenbar in Folge dessen später stattgefunden.

so weit zusammengeschmolzen, dass nur ein kaum fingerdicker, träge strömender Strahl ausfloss.

Auf Curaçao und Aruba sind die Ursprungsstellen der Quellen vermauert, so dass sich nichts weiter als der Austritt aus der Kalkformation erkennen lässt; aber die Analogie mit Fontein auf Bonaire ist bezüglich der Lage dieser Ursprungsstellen zu den übrigen Formationen eine sehr grosse und augenfällige. Sowohl bei Fontein auf Aruba als bei Hato treten die Quellen im Innern der Brandungsterrassen zu Tage, während aufwärts die ältere Quartärformation eine mächtige Entwicklung zeigt.

Als Liegendes dieser Formation erkennt man auf Aruba den Diabas, auf dessen seewärts geneigtem Gehänge der in der Rooi Cachuntie aufgeschlossene Kalkkeil lagert.[1]) Das Eruptivgestein setzt also auch hier dem Durchdringen des Sickerwassers in grössere Tiefen ein Ziel, während es ihm gleichzeitig Gelegenheit giebt, in der Richtung zum Meere nach Fontein abzufliessen, wo dann die wasserführende Schicht am Fusse der alten Stirnwand, gerade in der gehobenen Strandlinie, angezapft ist. Auf Curaçao ist mir das Liegende der quartären Kalke bei Hato unbekannt; es kann wiederum Diabas, vielleicht aber auch ein Mergelschiefer der Kreideformation sein.

Die Quellen auf Aruba und Curaçao sind ebenfalls wasserarm und würden in einem minder dürren Lande, als die Inseln es sind, kaum grosser Beachtung werth sein. Auf Aruba bildete die Quelle während meiner Anwesenheit einen kleinen Bach von kaum $^1/_2$ m Breite und wenigen cm Tiefe; bedeutender dagegen ist der Wasservorrath von Hato, so dass man daran sogar die, allerdings nicht erfüllte, Hoffnung knüpfen konnte, Willemstadt mit seiner Hilfe mit Trinkwasser zu versorgen.

Indessen bin ich überzeugt, dass an der Nordküste von Curaçao keineswegs der Vorrath der an der Grenze des Kalkes und der älteren Formationen gelegenen wasserführenden Schicht vollkommen oder auch nur annähernd vollständig gesammelt wird. Seitwärts von der Ursprungsstelle der Quelle werden ansehnliche Mengen von Wasser unter der Bedeckung von Riffkalk zum Meere abfliessen, und es wäre vielleicht wohl möglich, dieselben im Boden künstlich zu stauen oder auch durch Nebenrinnen, welche bis zur wasserführenden Schicht auf der gehobenen Plattform niedergehen, den Vorrath der Hauptquelle zu steigern. Schutz des Pflanzenwuchses auf der Brandungsterrasse ist dabei sicherlich ebenfalls anzuempfehlen.

Prüft man die Bedingungen, welche für die Bildung von Quellen der in Rede

1) Vgl. oben, pag. 55.

stehenden Art auf den Eilanden erfüllt werden müssen, so sind dies: 1tens die Anwesenheit einer für die Verhältnisse der Inseln ausgedehnten und mächtigen Schicht von Korallenkalk, welcher in seinen Rissen und Klüften das Wasser wie in einem Schwamme zurückhalten und langsam an die Quellen abgeben kann, 2tens das Vorkommen der Diabasformation [1]) oder der cretaceïschen Mergel als Liegendes der Kalke, und zwar mit seewärts geneigten Begrenzungsflächen, 3tens die Anwesenheit tief landeinwärts vordringender Brandungsterrassen, welche die wasserführende Schicht anzapfen und das Abströmen zum Meere unter der Oberfläche ganz oder theilweise verhindern.

Der Gedanke liegt nahe, dort wo die beiden ersten Bedingungen erfüllt sind, die dritte aber nicht, die wasserführende Schicht künstlich anzustechen: vielleicht bedürfte es auf den Brandungsterrassen der Nordküsten, an denen alle drei Quellen sich befinden, nur geringer Nachhilfe bei der bereits durch die Meereserosion verrichteten Arbeit, um zur wasserführenden Schicht zu gelangen. Es wird aber mit grossen Schwierigkeiten verbunden sein, die geeigneten Punkte für derartige Versuche anzugeben, da beim Mangel an Profilen das Liegende der quartären Kalke im Einzelnen kaum zu beurtheilen ist. Am ehesten könnte dies noch in Ost-Curaçao geschehen, denn hier liegen meines Erachtens die Verhältnisse am günstigsten, da sich das Ausstreichen der cretaceïschen Sedimente vielleicht am Innenrande des Küstengebirges verfolgen lässt.

Versuche auf Aruba und Bonaire zur Auffindung weiterer Quellen halte ich dagegen für ziemlich nutzlos; denn hier können sie kaum an anderen Orten vorkommen als dort, wo sie bereits austretend bekannt sind. Die Orte „Fontein" auf beiden Eilanden sind die einzigen Punkte der betreffenden Nordküsten, welche durch bedeutende Entwicklung der Kalke ein Wurzelgebiet von grösserer Ausdehnung voraussetzen lassen und gleichzeitig durch die vermuthliche Beschaffenheit des Untergrundes ein Abfliessen in gedachtem Sinne möglich machen. Das ist in Bezug auf Bonaire bei einem Blick auf die Karte bereits deutlich; für Aruba möge noch hervorgehoben werden, dass das östliche Kalkplateau für die Wasserfrage bedeutungslos ist, da die Schichten sich hier in schwebender Lage als Hangendes der Felsenmeere von Diorit und nur in geringer Höhe über dem Meeresspiegel befinden.

---

1) An und für sich könnten zwar auch die anderen Eruptivgesteine der Eilande die gleiche Rolle spielen, den geognostischen Verhältnissen nach ist dies indessen nicht wahrscheinlich.

Strandverschiebung, Bildung der Seen und Ausräumung des Innern.

STRANDVERSCHIEBUNG. Es ist oben dargelegt worden, dass in quartärer Zeit die Eilande zum grössten Theile vom Meere bedeckt waren, dass sie Atolle und isolirte, von Damm- und Saumriffen umgebene Inselchen formten, deren Ausdehnung weit hinter derjenigen der jetzigen Inseln zurückstand. Sie tauchten allmählig in Folge einer positiven Strandverschiebung unter den Ocean, und ich vermuthe, dass während dieses Vorganges durch den Tafelberg St. Hieronimo eine Abrasionsfläche gelegt wurde, welche jetzt in 207 m Meereshöhe die Basis der dort entwickelten, quartären Kalke formt. Auch die 177 m hohe Plattform des Brandaris, welche sich unter dem Gipfel des Berges nach der Seeseite ausdehnt, halte ich für eine Abrasionsfläche, deren weitere Ausbildung durch später erfolgte Niveauveränderungen verhindert wurde, so dass der Gipfel nicht völlig abgetragen werden konnte. [1])

Der positiven folgte eine negative Strandverschiebung, welche mindestens 218 m betragen haben muss, da bis zu dieser Höhe die quartären Kalke im Hieronimo anstehen. Auch diese Strandverschiebung hat allmählig stattgefunden, wie das Auftreten mehrerer über einander gelegener Uferterrassen beweist; sie muss zudem lediglich in dem Zurückzuge des Meeres, nicht aber in einer Niveauschwankung des Landes ihren Grund gehabt haben. Denn die Strandlinien verlaufen nicht nur unter sich und dem jetzigen Meeresspiegel parallel, wie sich dies namentlich an der Küste von Curaçao auf weite Strecken hin verfolgen lässt, sondern es befinden sich auch die Korallenkalke, wie oben dargelegt, noch durchaus in derjenigen Lage, welche dem Wachsthume der Polypen entspricht. Ein solches Verbleiben in situ, ohne irgend welche Störung des Gebirgsbaus, liesse sich aber bei einer Niveauschwankung des Landes schwerlich verstehen.

SEEN. Während der negativen Strandverschiebung zog sich das Meer allmählig aus dem Innern der Eilande zurück; lange Zeit noch bedeckte es das niedrige Binnenland von Ost-Curaçao und einen Theil von West-Curaçao, während es sich auf Aruba bis zu der in der Karte verzeichneten, alten Meeresbucht ausdehnte, die Ebene von Rincon auf Bonaire ein fast abgeschlossenes, durch die Bucht von Onima mit dem Meere verbundenes Becken formte und weite Küstenstriche auf dieser Insel und auf Aruba ebenfalls noch von Wasser bedeckt waren.

---

1) Dass eine Abrasionsfläche am St. Christoffel fehlt, ist nicht auffällig, da derselbe aus sehr widerstandsfähigen, mächtigen Bänken von Kieselschiefer besteht.

Fig. 34. Binnenwasser bei Hermanus in West-Curaçao.

Im Hintergrunde das Küstengebirge mit einer Einschartung, durch welche man das Niveau des Meeres erblickt. Am Innenrande dieses Gebirges das Binnenwasser. Vorder- und Mittelgrund werden von dem niedrigen Hügellande der cretaceischen Ablagerungen eingenommen, welche sich allmählich zum Wasser absenken. Links liegt Hermanus.

Die abgeschnittenen Meeresreste, welche bei der fortschreitenden Trockenlegung der Inseln anfänglich in den Depressionen noch erhalten blieben, mussten bei dem Mangel an Wasserzufuhr der Austrocknung durch Verdampfung bald unterliegen. [1]) Anders gestalteten sich aber die Verhältnisse dort, wo solche Reste auch fernerhin mit dem Meere in Verbindung bleiben konnten. Die zahlreichen Einschartungen der quartären Riffe boten hiezu Gelegenheit; denn in ihnen wurde die Ansiedlung von Korallenbauten nach wie vor durch die periodisch zugeführten Regen- und Schlammassen verhindert, und so blieben sie als Verbindungscanäle zwischen dem Meere und denjenigen Meeresresten bestehen, die nahe dem Strande innerhalb des Küstengebirges die Depressionen der Inseln füllten: es entstanden die sogenannten Binnenwässer („binnenwater").

In seiner typischen Ausbildung besitzt ein solches „Binnenwasser" eine sehr charakteristische Form, die ich blattartig nennen möchte, da sich der Verbindungscanal zwischen dem abgegliederten Becken und dem Meere einem kurzen Stiele gleich an die Wasserfläche mit unregelmässig gelapptem Umrisse im Innern des Eilands anschliesst. Curaçao zeigt diese Ausbildungsweise am besten in seinem östlichen Theile. Bei anderen Becken dieser Insel und bei denen von Bonaire ist die Form insofern modificirt, als sich am Strande aus groben Korallenbruchstücken und aus Sand gebildete Uferwälle aufbauten, so dass die Lostrennung vom Oceane eine vollständige wurde.

Aruba besitzt kein Binnenwasser, da ein das Binnenland überragendes, mit Einschartungen versehenes quartäres Riff nicht vorhanden ist und die

1) Die Gypskrystalle, welche auf Curaçao nicht selten an der Oberfläche gefunden werden sollen, dürften als Ausscheidungen bei diesem Processe entstanden sein.

Reliefverhältnisse überhaupt für die Erhaltung abgetrennter Meeresreste nicht günstig sind. Nur ein ausgetrocknetes Becken befindet sich an der Nordwestecke der Insel zwischen Adikurarie und Tikibanaï, welches vermuthlich durch die jüngste Verschiebung der Strandlinie trockengelegt ist. Das Meereswasser strömt hier nicht mehr durch den alten Verbindungscanal ein, während etwaige Regenmengen durch diesen sofort wieder abfliessen müssen.

Auch bei Savonet auf Curaçao befindet sich ein ausgetrocknetes Seebecken, welches früher durch die Boca an der Nordküste mit dem Meere communicirte; es wird in seinem ausgedehnten, inneren Theile nie mehr von Salzwasser überströmt, wohl aber bisweilen in seinem äusseren Abschnitte, welcher nur durch einen niedrigen Uferwall gegen die Wellen geschützt ist. Auf dem trockengelegten Boden findet man daselbst Korallen und Meeresconchylien, und zwischen ihnen zahlreiche Landschnecken, die mit den hergeführten Schlammassen zur Regenzeit eingeschwemmt wurden.

Allen diesen Seen, die als abgetrennte Meeresreste auf den Inseln sich erhalten haben (*binnenwater*), kann nur ein ephemeres Bestehen beschieden sein, da die langsame Erhöhung ihres Bodens durch Hinzuführung von Alluvionen, ferner die Bildung von Uferwällen und besonders die noch fortschreitende Hebung der Eilande ihre Verbindung mit dem Meere aufhebt und so bei dem Mangel genügender Zufuhr von Süsswasser ihre Existenz unmöglich macht.

Lagunen. Zu einer ganz anderen Art von Becken gehören diejenigen, welche ausserhalb der älteren quartären Kalke in den jüngsten Riffbildungen gelegen sind und lediglich durch die Entstehung von an die Küste sich anlehnenden Wallriffen vom Meere abgetrennt wurden. Sie verrathen ihren Ursprung und ihre Verschiedenheit von den „Binnenwässern," abgesehen von der verschiedenen Lage, bereits durch ihre Form, die einfach oval oder länglich ist, während ihre Längsachse der Küste parallel verläuft. Diese Becken sind Küstenlagunen.

Die Küstenlagunen befinden sich vor allem in grösserer Anzahl an der Südküste von Ost-Curaçao; denn zu ihnen gehört die Fuikbai, die sog. Lagune, Ava blanco und das Water van Oostpunt. Auch das Rifwater und Waaigat bei Willemstadt tragen den gleichen Charakter. Auf Bonaire sind ferner mehrere Küstenlagunen an dem Weststrande des östlichen Inseltheiles vorhanden, auf Aruba dagegen fehlen sie gänzlich und treten ausgedehnte Wallriffe an ihre Stelle, die bis jetzt keinen Anschluss an die Küste erreicht haben. Die sog. spanische Lagune auf dieser Insel ist die Fortsetzung der in sie einmündenden Rooi und wird offenbar mit Hilfe der periodisch durch sie abströmenden Regen- und Schlammassen offen gehalten. Deswegen trifft ihre Längsachse auch senkrecht auf die Küste, statt wie bei den eigentlichen Randlagunen derselben parallel zu verlaufen.

Unter den völlig abgegliederten Becken, Binnenmeeren sowie Küstenlagunen, befinden sich solche, welche noch fortwährend mit Meereswasser gespeist werden, indem dasselbe entweder durch die Uferwälle hindurchsickert oder auch in grösseren Zwischenräumen bei Hochfluten über sie hinweg in die Seen eintritt. Sie ersetzen also den durch Verdunstung an ihrer Oberfläche erlittenen Wasserverlust und erfüllen somit auf den tropischen, an Niederschlägen armen, einer starken Luftströmung ausgesetzten Inseln alle diejenigen Vorbedingungen, welche nach Ochsenius [1]) bei Seichtheit der abgetrennten Meerestheile zur Bildung von schwachen Salzflötzen, bei grösserer Tiefe zu derjenigen von mächtigen Salzlagern führen müssen. Einige Seen befinden sich im Zustande einer Mutterlauge, so das bekannte Pekelmeer auf Bonaire, und seit undenklichen Zeiten sind die natürlichen, nie austrocknenden Salzpfannen, welche namentlich letztgenanntes Eiland im Süden besitzt, bekannt. [2])

Im Einzelnen muss die Salzbildung je nach der Höhe der Uferwälle und ihrer Durchlässigkeit mancherlei Modifikationen unterliegen. So wird z. B. im westlichen Bonaire der durch Verdampfung erlittene Wasserverlust nicht genügend wieder ersetzt; ich fand die Becken daselbst sehr zusammengeschmolzen und den früher vom Wasser bedeckten Boden im Umkreise des derzeitigen Ufers mit Salzkrystallen bekleidet, die in parallelen Wellenlinien abgesetzt den allmähligen Fortgang der Eindampfung erkennen liessen. [3]) Auch die Menge des periodisch zufliessenden Regens und mit ihm des Schlammes muss in den einzelnen Becken je nach dem Relief der Umgebung sehr verschieden, bedeutender im Allgemeinen in gebirgiger Gegend, sehr gering in flachen Küstenstrichen sein, ebenso aber wechselnd in den aufeinander folgenden Jahren, und dies Alles wird den Niederschlagsprocess in den einzelnen Becken sowohl wie in den verschiedenen Zeiten modificiren. [4])

---

1) C. Ochsenius. Die Bildung der Steinsalzlager. Halle 1877. — Ferner: Beiträge zur Erklärung der Bildung von Steinsalzlagern u. ihrer Mutterlaugensalze (Nova Acta d. Ksl. Leop-Carol.-Deutsch. Akad. d. Naturf. Bd. XL, N°. 4.

2) Bosch. l. c. II, pag. 300.

3) Vgl. auch Tab. XVI im 1ten Theile dieses Werkes.

4) Bosch sagt l. c., dass in sehr trockenen Jahren das abgeschiedene Salz in den natürlichen Pfannen etwas bitter ist. Es findet hier offenbar eine Abscheidung von Magnesiumsulfat statt, welche in regenreicheren Jahren nicht bemerkbar wird, durchaus entsprechend den theoretischen Entwicklungen von Ochsenius. (Nova Acta l. c. pag. 140).

Bisweilen ist die Regenmenge auf den Inseln so bedeutend, dass die Ernte in den künstlich angelegten Salzpfannen, an denen die Binnenmeere reich sind, misslingt. Indessen gehören solche Jahre zu den grössten Seltenheiten. Nach v. Lennep Coster fand dies 1838, nach von Dissel 1855, nach Zeitungsberichten 1886 statt. (G. van Lennep Coster, Aanteekeningen gehouden in West-Indië 1837—1840; Amsterdam 1842, pag. 57. — S. van Dissel. Curaçao; Leyden 1857, pag. 102).

Es wäre mit Rücksicht auf die Erklärung der Bildung von Steinsalzlagern von höchstem Interesse, die in den Binnenmeeren und Lagunen der Eilande sich abspielenden Processe näher zu prüfen, wozu sich mir bei der Kürze meiner Reisen keine Gelegenheit bot, und von nicht geringerem Interesse wäre es, die Becken auf ihre Fauna und Flora zu untersuchen, soweit sie eine solche überhaupt noch besitzen. Der Reichthum an Binnenmeeren, welche bald ganz abgeschlossen sind, bald mehr oder minder vollkommen mit dem Oceane communiciren, lässt vermuthen, dass hier manche bemerkenswerthe Uebergänge von Faunen sich finden werden. Mehrere der Seen beherbergen wegen ihres Salzreichthums keine Organismen mehr. Das ist z. B. bekannt für die erwähnten Binnenwässer des südlichen Bonaire [1]; aber auch am Rande des Wassers und auf dem trockengelegten Boden der Seen des westlichen Inseltheiles habe ich vergebens nach einer Spur von meeresbewohnenden Thieren mich umgesehen.

Ausräumung des Innern. In engem Zusammenhange mit der erwähnten Trockenlegung der Binnenseen steht die Ausräumung des Innern der Eilande durch den abfliessenden Regen. Wasserfluten, welche im Stande sind, Steindämme von mehr als Meter Breite zu zerreissen, müssen gewaltige Mengen des aufgelockerten Erdreichs mit sich fortführen, und bedeutend muss die Menge der mitgerissenen Schutt- und Erdmassen vor allem dort sein, wo der Boden eine tiefgehende Zersetzung erfahren hat.

Dies Letztere ist, wie oben bereits hervorgehoben, ganz besonders in Ost-Curaçao der Fall, dessen Inneres durch die lang andauernde Meeresbedeckung bis in beträchtliche Tiefen aufgelockert wurde, und so bildete sich hier in den Kummen des Diabasgebirges und hinter den künstlichen Schutzwällen der Pflanzer ein mächtiger Aufschüttungsboden, während die Hügel jeder Humusdecke beraubt wurden. Das abströmende Wasser fliesst indessen durch seine natürlichen Abzugscanäle, die Einschartungen im quartären Riffe, schliesslich ins Meer und setzt auf diesem Wege auch einen Theil seiner feinen Sedimente in den Seebecken ab, deren Trockenlegung befördernd.

Die Folge der Regengüsse ist demnach nicht nur eine fortschreitende Nivellirung des Innern, sondern vor allem auch eine Ausräumung desselben, da die feinsten, erdigen Theile jedesmal mehr und mehr dem Küstengebirge zugeschwemmt werden, um schliesslich ins Meer zu gelangen. So erklärt sich auch die Bildung des Kesselthales, wie man das Innere von Ost-Curaçao, als Ganzes betrachtet, bezeichnen muss, und die anfänglich höchst auffallend erscheinende Thatsache, dass die Diabase

1) Bosch l.c. II, pag. 300.

dort am höchsten sind, wo sie als Liegendes der Kalke auftreten, also längs des Strandes.

Die quartären Kalke schützen das unterlagernde Gebirge vor den Wirkungen der Erosion und müssen dies bereits in einer früheren Periode gethan haben, als Meeresströmungen im Atoll eine ähnliche Abtragung bewirkten, wie sie heute noch durch das Regenwasser ausgeübt wird. Dies konnte besonders in einem Zeitabschnitte geschehen, in dem die Trockenlegung des Küstengebirges schon so weit vorgeschritten war, dass der Korallensand im Innern keine neue Zufuhr mehr erhielt und auch die Polypen daselbst abgestorben waren.

Es liegt nicht der mindeste Grund vor, um für die geringe Erhebung des Innern der Insel über den Meeresspiegel mit Gabb anzunehmen: „that it can only be accounted for by the existence of a fault" (l. c.)

Auf gleiche Weise erklärt sich auch die Existenz des Randgebirges von Diorit, welches das aus derselben Formation gebildete Plateau im Innern von Aruba so weit überragt. Auch diese Höhen wurden durch Korallenkalke, welche jetzt bereits theilweise den Einwirkungen der Atmosphaerilien erlegen sind, geschützt, während im Innern der Insel die Brandung stand und bei weiterer Trockenlegung die lockeren Materialen mehr und mehr durch den abfliessenden Regen der Südwestküste zugeführt wurden. Die Ausräumung ist hier, wie auf Curaçao, noch stets in gleichem Sinne im Fortgange begriffen.

Bei der Erhaltung des Hooibergs in seiner jetzigen, alle anderen Partieen des Dioritmassivs überragenden Höhe hat neben dem Schutze von Korallenkalk (nach der Abtragung des Letzteren) wohl auch die Zusammensetzung seines Gesteines, in dem Hornblende und Augit so sehr vorherrschen, eine bedeutende Rolle gespielt, während die Erosion dem Berge seine eigenthümliche, an einen Vulkan erinnernde Form verlieh. Sie ist leicht verständlich, wenn man erwägt, dass sich seitlich von dem Gipfel Einschartungen im Korallenriffe befunden haben mögen, während sowohl an der Seeseite als im Innern des Eilands die Brandung ihn bestürmte.

Ausräumungen werden selbstredend auf allen drei Eilanden durch Abtragung des Inneren und Transport des Materiales in die See stattfinden, aber nur in Ost-Curaçao, einem Theile von West-Curaçao und auf Aruba kann der Effekt in Folge der starken Auflockerung der Formationen und ihrer weit vorgeschrittenen Zersetzung ein so grossartiger sein, dass das Binnenland kesselartig ausgetieft wird.

Jungquartäre Bildungen.

Durch die Fortdauer der negativen Strandverschiebung sind in einer kaum verflossenen Zeit Muschelbänke und junge Riffkalke trockengelegt worden, welche von den oben behandelten, älteren quartären Bildungen getrennt werden müssen.

Die Muschelbänke bilden lockere, erdige und sandige Ablagerungen, welche durch einen grossen Reichthum an Conchylien und Resten von anderen Meeresorganismen ausgezeichnet sind, unter die sich stellenweise eingeschwemmte Landschnecken gemengt haben, vor allem *Pupa uva.* Am Fusse des Forts Nassau, wo am Wege zum Gipfel eine derartige Muschelbank als Hangendes der älteren Riffkalke wenige Meter über dem Niveau des Meeres ansteht, finden sich die Gehäuse der genannten Landschnecke besonders zahlreich vertreten.

Eine zweite Muschelbank lagert bei Beckenburg, etwa 2 m über dem Meeresspiegel, theils vor theils unter den überhängenden Kalkfelsen der Quartärformation, und da sie den Raum zwischen Letzteren und dem das Liegende bildenden Diabase ausfüllt, so erweckt dies anfangs die irrthümliche Vorstellung, als wäre die Muschelbank bei Beckenburg älter als der Korallenkalk, dessen Blöcke auf sie herabgestürzt scheinen. Es ist eine alte Strandbildung, welche ausser zahlreichen Schalenbruchstücken von Muscheln und Steingeröllen einen grossen Reichthum gut erhaltener Conchylien birgt, vor allem *Ostrea frons* und *Chama macrophylla.*

Eine dritte Muschelbank befindet sich bei Veeris, östlich von der Piscaderosbai, auf Curaçao, [1]) und aequivalente Schichten stehen auch am Innenrande der spanischen Lagune auf Aruba an, an beiden Orten wiederum in einem nur wenige Meter über dem Meeresspiegel gelegenen Niveau.

In allen diesen Ablagerungen kommen, wie von vornherein zu erwarten war und aus der hier folgenden Tabelle ersichtlich ist, nur Reste von Organismen vor, welche noch heute das westindische Meer bewohnen.

Petrefakte aus quartären Ablagerungen, bestimmt von M. M. Schepman.

Bemerkung: In der folgenden Tabelle bedeuten die Buchstaben die verschiedenen Fundorte. Es befinden sich darunter von *Curaçao:* B = Beckenburg, B' = Brievengat, F = Fuik, H = Hato, J = Klein St. Joris, S' = Spanischer Hafen, S'' = Savonet, N = Fort Nassau, P = Priesterberg, V = Veeris, W = Willemstadt, W' = West-

1) Diesen Ort habe ich nicht selbst besucht. Ich empfing die darauf bezüglichen Mittheilungen und die unten angeführten, organischen Reste von meinem Reisebegleiter Herrn Molengraaff.

punt; von *Aruba*: S = Spanische Lagune, P' = Serro Plät, B'' = Pan Blanco, D = Daimarie; von *Bonaire*: G = Serro Grandi, F' = Fontein.

	In gehobenen Muschelbänken.	*In den jüngsten Kalkbänken.*	*In älteren quartären Schichten.*
Ostrea frons Lin.	B.		
Ostrea folium Lin. . . .	B.		
Spondylus Americanus Lam. . .	V.		
Spondylus spec. (?) . . .	.		W.
Lima tenera Chemn. (?) .	. V.		
Lima scabra Born. . .	B. .	B'.	
Pecten nodosus Lin. (?)			F.
Pecten spec. .		. .	G. H.
Modiola spec. . . .	. . .	S (?).	
Arca Deshayesii Hanley . . .	B. N. V.		
Arca (Barbatia) candida Chemn. (?).	B. N. V.		
Arca umbonata Lam. .	B. N. V. S.	J.	
Chama macrophylla Chemn. .	B. N. V. S.	J. .	W.
Lucina Antillarum Rve. . .	B. . V. S.		
Lucina chrysostoma Phil. . .	N. V. .		
Lucina tigerina Lin. . .	N. .	B'. F. S'.	D.
Lucina pensylvanica Lin. . .		B'. F. S.	
Lucina serrata d' Orb. (?) . .	.	F.	
Cardium serratum Lin. .	. S.	S.	
Cardium muricatum Lin. .	V.		
Cardium medium Lin. .		S. S'.	
Cardium spec. .	. . .	. . F. .	S''.
Venus cancellata Lam. .	B. N. V. .	. . S.	W.
Venus Listeri Gray (?).	N. .	S.	
Cytherea (Caryatis) albida Gmel. .	N. .	S.	
Tellina fausta Donov. . .	V.		
Tellina interrupta Wood .	.	B'. . .	D.
Tellina spec. . . .	V. .	S.	
Amphidesma reticulata Sow. .	V.		
Mactra spec. (?) . .	V.		
Corbula spec.	V. .	S (?).	
Fissurella larva Rve. (?) . .	. V.		
Trochus (Livona) pica Lin.	B.	. . S'.	D. P'. S''.
Natica (Pollinices) caribaea Phil. (?) .	.	S'.	
Modulus modulus Lin. . .	B.		

Cyclostoma (Tudora) megachile Pot. et Mich.[1]	V.		
Cerithium spec.	. . V.		
Strombus gigas Lin.	B. N. . .	B'. S.	B''. H. W. W'. F'.
Strombus pugilis Lin.	. S.		
Triton Antillarum d'Orb.	B.		
Latirus spec.	.	. S' (?).	F (?).
Pyrula melongena L.[2]	S.	S.	
Pyrula spec.	.	S' (?).	
Murex calcitrapa Lam.	B. .	. . .	P.
Murex aff. bellus Rve.	.	F.	
Voluta musica Lin.	. S.		
Oliva reticularis Lam.	.	. . . .	P'.
Bulla media Phil.	B. .	F. S.	
Pupa uva Lin.	. N. .	. . .	S'.
Echinometra subangularis Leske[3]		. .	S''.

Jüngste Riffkalke. Gleichzeitig mit den erwähnten Muschelbänken wurden Riffkalke trockengelegt, welche noch heute fortwachsenden Korallenbauten an der Südwestküste der drei Inseln unmittelbar die Hand reichen und schon hiedurch genügend als Bildungen einer kaum verflossenen Zeit charakterisirt sind. Die aufgefundenen, organischen Reste — sieh die 2te Spalte der obigen Tabelle — stehen mit dieser Annahme ebenfalls in vollem Einklange.

Auf Curaçao stehen solche Riffkalke im Untergrunde der Stadt an, in der Fortsetzung des die Küste begleitenden Wallriffs, ferner am Innenrande des Schottegats, woselbst auch die kleinen Inseln hauptsächlich aus diesen Bildungen bestehen. Am spanischen Wasser stellen die jüngst gehobenen Riffe eine niedrige, das Ufer umsäumende Bank dar, welche den auf geneigtem Untergrunde angesiedelten, älteren quartären Kalken und Conglomeraten vorgegelagert ist. Gleiche

1) Beide in der Liste angeführten Landschnecken finden sich auch in einer bis 6 m mächtigen, recenten Süsswasserablagerung, welche bei St. Jan auf Curaçao im Hangenden von Diabas auftritt. Ueber ihr Vorkommen in anderen, jungen Bildungen der Inseln vgl. oben pag. 17, 21, u. 100. Eine dritte, auf Curaçao lebende Landschnecke, *Bulimulus elongatus Bolten*, habe ich fossil nicht angetroffen. Sie ist in der heutigen Zeit weit seltener als die beiden anderen Arten, und dürfte sich daraus auch ihr Fehlen unter den Petrefakten erklären.

2) Diese Art ist auch in den älteren quartären Kalken überall häufig, fehlt aber in der letzten Spalte der Tabelle, weil sie in meiner Sammlung aus diesen Ablagerungen nicht vertreten ist.

3) Dies Fossil ist nach der Bestimmung von Dr. J. Lorié hier angeführt, während seine übrigen Bestimmungen von quartären Petrefakten der Eilande (Sammlgn. des Geolog. R. Mus. in Leiden, Ser. II, Bd. 1) durch diejenigen von Schepman ersetzt wurden.

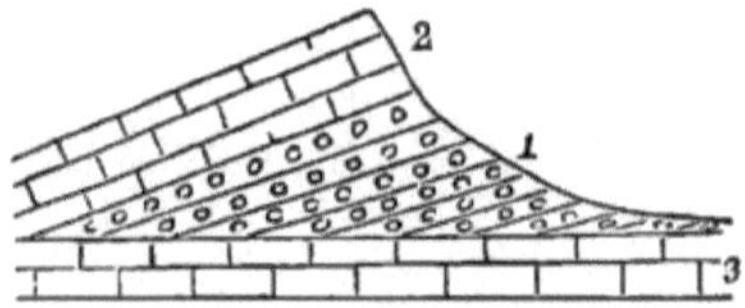

Fig. 35. Am spanischen Wasser.
1. Quartäre Conglomerate. — 2. Aeltere quartäre Kalke. — 3. Jüngste Riffkalke.

Schichten schliessen sich auch seewärts an den Fuss des Tafelbergs an und dehnen sich von hier längs des Strandes bis zum Water van Ostpunt aus; denn alle ausserhalb der älteren Quartärformation gelegenen Bildungen dieses Küstentheiles sind jugendliche Riffkalke. Innerhalb der genannten Formation fehlen sie, und an ihre Stelle tritt südlich vom Ost-Seinpost ein aus den Verwitterungsprodukten des Diabases gebildetes Alluvium, ein alter, gleichzeitig mit den in Rede stehenden Korallenbauten trockengelegter Meeresboden.

Auf Aruba und Bonaire ist der Verband der jüngst gehobenen Riffkalke mit den noch lebenden Korallen ein gleich enger, ihre Ausdehnung eine bedeutendere als auf Curaçao, und dies wiederum in Uebereinstimmung mit der grossen Verbreitung von Flachbauten im heutigen Meere längs den Südwestküsten dieser Eilande. Klein Bonaire und die langen Wallriffe bei Aruba legen Zeugniss hiefür ab, und an der Küste der letzterwähnten Insel lässt sich eine scharfe Grenze zwischen den kaum vom Wasser bedeckten, fortwachsenden Bauten und dem Ufer überhaupt nicht ziehen.

Für das allmählige Anwachsen des Landes liefert der Strand östlich von der spanischen Lagune auf Aruba ein hübsches Beispiel, denn hier bilden die jungen Riffkalke an einer Stelle einen dem Ufer parallelen und durch sumpfiges Terrain von anderen Kalken geschiedenen, niedrigen Wall, während an der Küste Mangrove und weiter auswärts, durch einen schmalen Wasserstreifen getrennt, das Wallriff folgen. Die Vegetation leistet der Versumpfung Vorschub [1]), so dass bei weiterer Trockenlegung der Insel vermuthlich abermals ein Streifen von sumpfigem Boden und von Riffkalk sich dem jetzigen Strande anfügen würde.

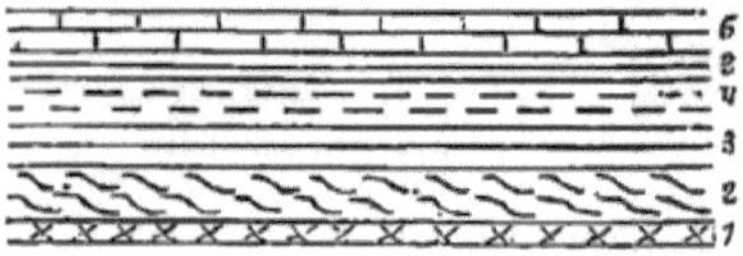

Fig. 36. Am Strande von Aruba.
1. Wallriff. — 2. Meer. — 3. Jüngste Riffkalke. — 4. Sumpfiger Boden. — 5. Aeltere quartäre Kalke.

Meist sind die Riffkalke horizontal gelagert, hie und da bilden sie aber auch kleine Bodenschwellen, so vor allem auf Aruba bei der spanischen Lagune und bei Ponton, ferner auf Bonaire in der Umgegend von Kralendijk. Diese Lagerungsform ist, wie die entsprechende der altquartären Kalke, als eine ursprüngliche zu betrachten und die Hügelbildung als eine Folge der Abformung desjenigen Reliefs

1) Durch Kalk incrustirte Wurzeln und Blätter der Mangrove geben bisweilen auch zur Bildung schöner Kalktuffe Veranlassung, wie ich solche von Curaçao erhalten habe.

welches dem unterlagernden Gebirge vor Ansiedlung der Korallen eigen war, zu erklären.

Die Scheidung der jüngsten Riffkalke von den als ältere Quartärformation zusammengefassten Bildungen ist mit grosser Schwierigkeit verbunden und lässt sich genau genommen überhaupt nicht scharf durchführen, denn so eng wie die Verknüpfung der bei positiver und bei negativer Strandverschiebung entstandenen älteren Korallenbauten ist[1]), so eng sind wiederum die jüngsten Kalke mit den bereits weiter landeinwärts gerückten und länger trockengelegten Riffen verbunden, die ich zum älteren Quartär gezogen habe, weil sie mit ihm ein organisches, durch keinerlei Unterbrechung im Wachsthum gestörtes Ganzes formen.

Trotz dieser engen Verknüpfung sämmtlicher Korallenbauten der Inseln scheint es aber doch von vornherein unzweckmässig, sie alle in Eine Gruppe zusammenzufassen, da man in diesem Falle zu keiner Scheidung der noch fortbauenden Riffe von den älteren Kalken gelangen würde und sonach die Quartärbildungen, welche landeinwärts in mehr als 200 m Höhe über dem Meeresspiegel lagern, mit den lebenden Polypen vereinigen müsste. Wir haben es mit zwei relativ sehr verschiedenen Extremen zu thun, welche durch allmählige Uebergänge verbunden sind, so dass eine Scheidung erforderlich wird, die indessen der Natur der Sache nach eine einigermaassen künstliche sein muss.

Mir schien es am zweckmässigsten, bei der vorzunehmenden Trennung von den noch bestehenden recenten Riffen und den kaum gehobenen Fortsetzungen derselben längs der Küsten auszugehen und, von diesen Bildungen aus landeinwärts fortschreitend, mit ihnen alle Kalke zu vereinigen, welche annähernd in dem gleichen Niveau gelegen sind und noch keine bedeutende Metamorphose aufweisen. Ich gelangte auf diese Weise zur Abtrennung niedriger Uferstreifen von dem älteren Quartär, und die angenommene Formationsgrenze erhielt an manchen Orten auch durch das Lagerungsverhältniss der als jüngste Riffkalke bezeichneten Bildungen eine gewisse Deutlichkeit. So sind diese auf Curaçao nicht selten in ähnlicher Weise von dem die Hügel bedeckenden älteren Quartär geschieden, wie dies bereits für das Spanische Wasser beschrieben wurde, während sie auf Aruba vielerorts landeinwärts unter die Verwitterungsprodukte des Quarzdiorits, auf Bonaire unter diejenigen der Kreideformation wegsinken und schon dadurch von den die Höhen bedeckenden älteren Kalken geschieden sind.

An manchen Orten ist aber die Trennung überhaupt nicht ohne Willkürlichkeit vorzunehmen, da der Uebergang von Riffkalken mit deutlicher Korallenstruktur

---

1) Vgl. pag. 83.

in Kalkstein so allmählig erfolgt, dass beim Fehlen anderer Handhaben jede Sicherheit schwindet. Palaeontologische Merkmale sind nicht zu verwerthen, da ausgestorbene Formen weder der Einen noch der Anderen Ablagerung zukommen und die etwaige Verschiedenheit der aufgefundenen, lebenden Arten beider Kalkbildungen — sieh die Tabelle — bedeutungslos ist. Denn schon die gleichzeitigen Riffkalke zeigen grosse Faciesunterschiede in Bezug auf die Fauna, die sie an von einander entfernten Orten beherbergen und deren Grund in Lebensverhältnissen der Thiergruppen und Arten gelegen ist, die zu deuten einem flüchtigen Reisenden schwerlich möglich sein wird. Auch sind diejenigen Petrefakte der altquartären Kalke, welche allgemein in ihnen angetroffen werden, gleichzeitig in den jüngeren Riffkalken und in den gehobenen Muschelbänken zahlreich vertreten: *Chama macrophylla*, *Lucina tigerina*, *Venus cancellata*, *Tellina interrupta*, *Trochus pica*, *Strombus gigas*, *Pyrula melongena*.

Dazu kommt noch, dass auf gehobenen Brandungsterrassen die älteren Kalke nicht selten durch cementirten Korallensand der jüngsten Zeit verhüllt sind, während frische, von den Wellen hergeführte Gehäuse von Mollusken und anderen Thieren in grosser Zahl umherliegen und die Richtigkeit des Urtheils erschweren, endlich die nicht zu unterschätzende Thatsache, dass zahlreiche Conchylien durch die früheren Bewohner der Inseln verschleppt sind und in ungemein grosser Menge noch stets durch Seevögel und vor allem durch Einsiedlerkrebse vom Strande auf die Höhe hinauf transportirt werden. So fand ich z. B. sogar auf der Höhe des Hieronimo auf Curaçao, also im Innern und mehr als 200 m über dem Meeresspiegel, einen lebenden *Pagurus*, welcher eine *Nerita* mit sich herumtrug. Oberflächlich aufgelesene Conchylien müssen aus allen diesen Gründen mit grosser Vorsicht beurtheilt werden.

Die angenommene Formationsgrenze zwischen älterem Quartär und den jüngsten Bildungen beansprucht somit keineswegs einen hohen Grad von Genauigkeit; sie ist vielmehr wesentlich aus dem Bedürfnisse entstanden, die noch fortwachsenden Riffe von den älteren Kalken zu scheiden. Ein solches Fortwachsen dürfte rings um den Inseln noch heute stattfinden, aber dort, wo ich die ältere Quartärformation bis an den Strand hinanreichend darstellte, scheinen die jüngeren Bildungen bei der Entwicklung der Brandungsterrassen völlig zerstört zu sein, so dass die relativ älteren Kalke wieder zu Tage traten und dadurch ein vollständiger Ring von gleichwerthigen, jüngsten Bauten längs den Küsten der Eilande fehlt. Indessen sind bezüglich dieses Punktes weitere Untersuchungen, zu deren Anstellung es mir an Zeit gebrach, sehr erwünscht.

Dünen. Die quarzreichen Gesteine von Aruba haben an der Nordküste dieser Insel dem auf sie gerichteten Passate Material zur Bildung von Dünen geliefert. Namentlich an der Ostecke des Eilands haben diese Letzteren eine bedeutende Entwicklung erlangt; sie lehnen sich hier an das lothrecht zur Küste abfallende Kalkplateau, welches 15—20 m Höhe besitzt, indem sie fast bis zu dessen Gipfel emporreichen, während tiefer Sand auf der jüngst gehobenen Uferterrasse lagert, durch eine spärliche Vegetation von *Coccoloba urifera* zurückgehalten.

Auch am Ausgange der Schluchten, welche vom Diabasgebirge zum Nordstrande hinabreichen, treten Dünen auf, zu denen vermuthlich zerstörte und durch den Regen seewärts geführte Gangmassen das Material geliefert haben. Sie schliessen mehrfach das Innere der kleinen Buchten daselbst ab und erreichen bei Fontein Haushöhe; ferner kommen sie an der Boca bei Daimarie, [1]) bei der Boca dos Playos und an anderen Orten vor, in unbedeutender Höhe auch am nördlichen Ufer der äussersten Nordwestecke von Aruba.

Am Strande von Bonaire scheinen sich ebenfalls Dünen von geringer Höhe zu befinden, vielleicht entstanden aus den Zerstörungsprodukten der cretaceïschen Sandsteine; ich sah sie indessen nur an der Nordküste aus der Ferne. Auf Curaçao dagegen ist mir von diesen Bildungen nichts bekannt.

Schlussbetrachtungen über die Inseln.

Der östliche, von den Anden sich abzweigende Gebirgszug, welcher sich über Bogota, Pamplona und Merida nach Valencia hinzieht, nimmt bekanntlich von hieraus einen west-östlichen Verlauf und bildet die Küstencordillere von Venezuela. Sie erstreckt sich an der Südgrenze des caribischen Meeres bis zur nordöstlichen Ecke von Trinidad, nur unterbrochen bei Barcelona und durch die Strassen, welche den Golf von Paria mit genanntem Meere verbinden, die sogenannten Bocas. [2]) Diese Küstencordillere ist vorherrschend aus archaeischen und cretaceïschen Sedimenten aufgebaut, welche beide complicirte Lagerungsverhältnisse und ein herrschendes Streichen von W nach O zeigen. [3])

Suess hat ausserdem vor kurzem in seiner classischen Arbeit „das Antlitz der Erde" dargelegt, dass überhaupt in Mittel-Amerika das Streichen des Grundgebirges nicht dem Verlaufe der langgestreckten Verbindung des nördlichen und des südlichen

1) Vgl. Theil I dieses Werkes, pag. 139.

2) Vgl. Theil I, pag. 104, Tab. VII, Fig. 2.

3) Humboldt. Reise in die Aequinoctial-Gegenden. V, pag. 567 ff. — G. P. Wall. On the Geology of a part of Venezuela and of Trinidad (Quart. Journ. Geolog. Soc. Vol. XVI, London 1860, pag. 460 ff.) — Karsten ll. cc.

Continentes folgt, sondern quer auf dieselbe verläuft. [1]) Er zeigte ferner, dass die Cordillere der grossen Antillen nach demselben Typus gebaut sei wie die Küstencordillere von Venezuela; die ältesten versteinerungsführenden Schichten gehören auch in ihr der Kreideperiode an.

Die Inseln, deren Untersuchung uns im Obigen beschäftigt hat, weisen abermals in ihrem geologischen Bau eine sehr augenfällige Analogie zu der Cordillere des Festlandes auf. Sie sind Glieder einer Kette von Eilanden, die sich von West nach Ost erstreckt und deren ältestes, auf Aruba aufgeschlossenes Grundgebirge das gleiche Streichen zeigt. Diese älteste Formation wird von Grünschiefern und schiefrigen Amphiboliten gebildet, während auf Orchilla Gneissablagerungen bekannt sind, und es dürfte deswegen kaum einem Zweifel unterworfen sein, dass wir in jenen Gesteinen ebenfalls Glieder einer archaeischen Schichtenreihe zu sehen haben, um so mehr als Hornblendeschiefer in der archaeischen Formation des südamerikanischen Continentes eine weite Verbreitung besitzen [2]) und solche Gesteine auch in der Küstencordillere von Venezuela mit Gneiss und Glimmerschiefer lagern [3]). Ob auch die Grünschiefer daselbst vorkommen, lässt sich an der Hand der bestehenden Literatur nicht beurtheilen; doch ist es sehr wohl möglich, dass sie unter den als Thonschiefer beschriebenen Gesteinen von Venezuela stecken, [4]) da auch die Schiefer von Aruba solchen äusserlich bisweilen zum Verwechseln ähnlich sehen.

Die Schiefer wurden von Diabasen durchbrochen, welche sich deckenförmig über die Schichtenköpfe der Sedimente ausbreiteten, so dass die Letzteren nur dort der Beobachtung zugänglich sind, wo tiefe Thaleinschnitte bis ins Liegende des Eruptivgesteins hinabreichen. Da solche Einschnitte in den Diabasen von Bonaire und Curaçao fast ganz vermisst werden, so erklärt sich aus diesem Umstande auch das Fehlen der Grünschiefer und Amphibolite unter den zu Tage ausgehenden Formationen auf den genannten beiden Inseln. Schichten, denen die Diabase eingelagert wären, sind unbekannt und ebenso — von dem beschränkten Vorkommen eines Diabasconglomerates auf Aruba abgesehen — Diabastuffe, die vielleicht ursprünglich im Hangenden der Decken entwickelt waren, aber bei der bedeutenden Abtragung, welche die Eilande später erfahren haben, leicht wieder zerstört werden konnten.

Auch im westlichen Abschnitte der Küstencordillere, im Süden des Sees von Valencia und der Villa de Cura treten Grünsteine, und unter ihnen Diabase, in

---

1) E. Suess. Das Antlitz der Erde. I, pag. 698 ff.

2) A. Stelzner. Beiträge zur Geologie u. Palaeontologie d. Argentinischen Republik. I, Geolog. Theil, pag. 21.

3) Humboldt l. c. pag. 570. 4) Humboldt l. c. pag. 573.

mächtiger Entwicklung auf, nach Humboldt[1]) sowohl wie nach Wall[2]) den Sedimenten eingelagert. Es ist aber über diese Gesteine bis jetzt nur äusserst wenig bekannt, und Wall, welcher die grosse Schwierigkeit der Beurtheilung des Lagerungsverhältnisses hervorhebt, vermochte nicht einmal mit Sicherheit zu erkennen, wo in diesem Gebiete die Grenze zwischen der archaeischen und der Kreideformation gelegen sei. Ein Theil der Grünsteine, und zwar gerade „varieties of the diabasic type" ist indessen nach der Darstellung von Wall cretaceïschen Sedimenten eingelagert und kann somit, wie ich auch für die Inseln annahm, die archaeischen Ablagerungen durchbrochen haben.

Vielleicht lagerte auf den Eilanden das Eruptivgestein anfänglich in ähnlicher Weise wie in Britisch Guiana, wo nach Brown und Sawkins[3]) Lager von Grünstein („chiefly diorite and diabase") vorkommen, welche Sandsteinen in schwebender Lage eingeschaltet sind, sich über mehrere Längen- und Breitengrade ausdehnen und eine sehr ansehnliche Mächtigkeit besitzen. In wie weit die Diabase der Inseln von der Störung, welche die Kreideschichten daselbst später erlitten haben, mit betroffen sein mögen, lässt sich nicht beurtheilen.

Die Diabase der drei Inseln zeichnen sich durch gleiche petrographische Eigenschaften aus, umfassen aber im Uebrigen verschiedene Varietäten, von denen die körnige auf Bonaire, die dichte auf Aruba und Curaçao vorherrscht. Es liegen in den Lagerungsverhältnissen einzelne Andeutungen vor, welche auf verschiedene Diabaseruptionen schliessen lassen. Die nur auf Aruba vorkommenden Diabasconglomerate sind hier auf die Nachbarschaft der archaeischen Sedimente beschränkt; sie enthalten unter ihren Fragmenten Variolite, welche eine endogene Contakterscheinung des Eruptivgesteins andeuten.

Die Diabase vermochten bei dem später erfolgten Untertauchen der Eilande der Zerstörung einen grösseren Widerstand entgegenzusetzen als die Schiefer, und die Trennung von Curaçao in eine östliche und eine westliche Hälfte, welche bereits vor der Ablagerung der Kreideformation stattgefunden haben muss, hat augenscheinlich ihren Grund in dem Fehlen des Eruptivgesteins im mittleren Inseltheile.

Nach den Diabasen erumpirten die Quarzdiorite Aruba's, ohne dass bei dem Mangel alles palaeontologischen Beweismateriales genau das Zeitalter anzugeben wäre, in das die Entstehung beider Eruptivgesteine fällt; nur die deckenförmige

1) Humboldt, briefliche Mittheilg. an Ewald (Zeitschr. d. deutsch. geolog. Gesellsch. V. 1853, pag. 18).

2) l. c. pag. 465.

3) Ch. B. Brown and J. G. Sawkins. Reports on the phys. descript. and econom. geology of British Guiana. London 1875.

Ueberlagerung der Diabase durch die Diorite liess sich feststellen. Da indessen die Letzteren auch im Hangenden der Amphibolite auftreten und ihnen gegenüber eine ähnliche, schützende Rolle gespielt haben, wie die Diabase gegenüber den Grünschiefern, während Kreideablagerungen zwischen beiden Formationen gänzlich fehlen, so möchte ich daraus schliessen, dass auch die Quarzdiorite in einer vorcretaceïschen Zeit erumpirten, was bekanntlich ohnehin am meisten Wahrscheinlichkeit für sich hat.

Die Quarzdiorite enthalten als lokale Ausscheidungen Mineralcombinationen, welche petrographisch als Augitdiorit und Gabbro zu bezeichnen sind, eine geognostische Selbständigkeit aber nicht besitzen. Vielleicht sind die Diorite die Ursache einer Uralitisirung der Diabase und Diabasconglomerate, welche nur auf Aruba und auch hier wiederum bisher nur in der Nähe des Contaktes beider Eruptivgesteine beobachtet wurde.

Diabase sowohl wie Diorite sind auf Aruba von einem dichten Gangspaltennetze durchzogen, welches von goldführenden Quarziten angefüllt wurde, und da das Hauptstreichen der Gänge W—O ist, sonach mit demjenigen der Grünschiefer zusammenfällt, so liegt die Annahme nahe, dass das Aufreissen hauptsächlich in der Richtung der Schichtungsflächen des Grundgebirges erfolgte. Nun sind aber längs den Schichtungsflächen der Grünschiefer auch Dioritporphyre emporgedrungen, und es gewinnt deswegen einen gewissen Grad von Wahrscheinlichkeit, dass die letztgenannten Eruptivgesteine die Ursache der Entstehung des Gangnetzes waren, dass die Aufbruchspalten zum Theil durch den injicirten Dioritporphyr, zum Theil später durch Quarz gefüllt wurden. Mit dieser Annahme steht im Einklange, dass Quarzgänge und Dioritporphyre eine deutliche Abhängigkeit von einander zeigen, indem beide auf das Diabas- und Dioritgebiet von Aruba in gleichem Sinne vertheilt sind, auf Curaçao eine höchst untergeordnete Rolle spielen und auf Bonaire fehlen.

Zur Kreidezeit waren die Eilande weit untergetaucht, wahrscheinlich ganz vom Meere bedeckt. Es bildeten sich cretaceïsche Ablagerungen, welche vorherrschend aus Kieselschiefer und Sandstein, untergeordnet aus Mergeln, Conglomeraten und Kalksteinen, darunter Rudistenkalk, bestehen. Diese Kreideschichten sind den oberen cretaceïschen Ablagerungen des Festlandes von Südamerika und denen der grossen Antillen aequivalent; sie sind gleich Letzteren sehr gestört, scharf gefaltet und verworfen, und bedecken einen grossen Theil von Curaçao und Bonaire, während sie auf Aruba nicht mit völliger Sicherheit nachgewiesen werden konnten. Vermuthlich haben sie aber auch hier früher eine bedeutende Entwicklung gehabt und sind sie im quartären Zeitalter zum grössten Theile vom Meere abgetragen worden. Auf den beiden anderen Inseln sind ebenfalls bedeutende Partieen der Kreideschichten zerstört und wurde in Folge dessen das Liegende, die Diabasformation, vielerorts wieder aufgeschlossen.

Im westlichen Bonaire bauen Glimmerporphyrite den höchsten Theil des Eilands auf, während sein Fuss von Tuffen gedeckt ist. Letztere sind mit gleichen petrographischen Eigenschaften auch auf Curaçao in sehr beschränkter Entwicklung bekannt; es fehlen aber Porphyrite auf dieser Insel, ebenso wie auf Aruba, gänzlich. Ihre Stellung ist eine sehr unsichere.

Tertiäre Sedimente fehlen durchaus. In quartärer Zeit erfolgte eine oscillatorische und zwar zunächst eine positive Strandverschiebung, welche mehr als 200 m, darauf wiederum eine negative, welche mindestens 218 m betragen haben muss. Während dieser Niveauveränderungen siedelten sich Korallen auf den von Geröllen der älteren Formationen gebildeten Trümmergesteinen an und überwucherten die Küstengebirge ganz und gar. Sie erwecken dadurch den Eindruck, als ob ihre Mächtigkeit gleich derjenigen der Gesammthöhe des genannten Gebirges wäre und täuschten in diesem Sinne sogar erfahrene Geologen, während in Wirklichkeit ihre Dicke eine relativ sehr geringe ist. Diese Korallenbauten liefern somit ein lehrreiches Beispiel für die Schwierigkeit, welche die Beurtheilung der Mächtigkeit von Riffen überhaupt bietet, denn wenn dieselbe schon bei trockengelegten Bauten zu Täuschungen Anlass giebt, um wie viel mehr muss dies bei noch stattfindender Meeresbedeckung der Fall sein! So lange ein Atoll im Innern noch mit Korallensand gefüllt ist, lässt sich die Mächtigkeit eines Riffes überhaupt nicht beurtheilen. [1])

Die Korallenkalke sind zum Theil unter dem Einflusse von Guanosalzen, für die namentlich Vogelexcremente das Material geliefert haben dürften, in Phosphorite umgewandelt worden. Ausserdem finden sich Phosphorite in Höhlen der quartären Kalke als metamorphosirte Sinterbildungen, hier durch einen von Landsäugethieren (Fledermäusen, Ratten und Kaninchen) producirten Guano entstanden. In beiden Fällen sind die Phosphate durch phosphoritische Kalke eng mit den reinen Kalksteinen verknüpft.

---

1) Ich theile in dieser Beziehung durchaus die Ansichten von Supan (Petermann's Mittheilungen, 32 Band. 1886. IV, pag. 39), wonach Tiefbohrungen allein Aufschluss über die Mächtigkeit der jetzigen Riffe geben können; aus dem Vertikalabstande, innerhalb dessen Grenzen an irgend einem Orte Korallenbauten vorkommen, lässt sich bezüglich ihrer Mächtigkeit gar keine Folgerung ableiten. Im Uebrigen habe ich von einer Vergleichung der auf den Inseln beobachteten Verhältnisse mit den Theorien, welche sich an die Mächtigkeit der Korallenbauten u. s. w. anknüpfen, abgesehen, da ich es aus nahe liegenden Gründen nicht für angezeigt hielt, meine Beobachtungen auf die oceanischen Inseln zu übertragen.

Bei Trockenlegung der quartären Riffe zog sich das Meer allmählig aus dem Innern der Inseln zurück; doch ist der Rückzug nicht vollständig erfolgt, denn die sogenannten Binnenwässer stellen abgeschnittene Meeresreste dar, welche sich bis in die Jetztzeit im Innern der quartären Riffe erhalten haben. Strandlinien von grosser Schärfe und Regelmässigkeit der Ausbildung deuten die allmählige Trockenlegung der Inseln an.

Noch heute ist dieselbe im Fortgange begriffen, wie die in jüngster Zeit trockengelegten Riffe und Muschelbänke beweisen, welche ausserhalb der älteren Quartärformation sich befinden. In ihnen bildete sich eine Anzahl von Küstenlagunen, die durch Lage und Form leicht von den ersterwähnten Becken unterschieden werden können.

Die Erosion des Meeres hat ausser den gehobenen Uferlinien und Brandungsterrassen, welche Letztere zum Theil eine ganz bedeutende Ausdehnung erreichten, an der Nordküste von Aruba zahlreiche Kreisbuchten mit kleinem Radius und innerhalb des Gebietes der Quarzdiorite abenteuerliche Felsformen gebildet. Die Meeresbedeckung lockerte zugleich die Gesteine bis in grosse Tiefen auf und ermöglichte dadurch, dass nach der Trockenlegung der Inseln eine bedeutende Abtragung statt hatte, die sich auf Aruba und namentlich im östlichen Curaçao zu einer Ausräumung des Innern dieser Inseln gestaltete. Dieser Process dauert noch heute beständig fort. Auch an der Bildung des Goldseifengebirges auf Aruba nahm in einer kaum verflossenen Zeit das Meer einen bedeutenden Antheil.

Der jüngsten Zeit gehören endlich auch die Dünen von Aruba und Bonaire an.

Liste von Gesteinen,

welche von Herrn PROF. DR. J. H. KLOOS *in Braunschweig untersucht und in den „Sammlungen des Geolog. Reichs-Museums in Leiden, Ser. II, Band I" beschrieben worden sind.*

Ich habe im Folgenden alle von Kloos untersuchten Gesteine meiner Sammlung zusammengestellt, unter genauer Angabe des Fundorts. Die beigefügten Nummern beziehen sich auf die in Leiden bewahrten Objekte, während die Seitenzahl auf die betreffende Beschreibung l. c. hinweist.

I. CURAÇAO.

Diabase.

Dichter Diabas. Am Wege zwischen Savonet und Westpunt anstehend, Liegendes der Kieselschieferformation (64ᵇ. pag. 72). — Am westlichen Fusse des St. Antonieborgs anstehend, am Wege, nordwestlich von Barber, südöstlich von St. Hieronimo (58). — Die Wände eines tiefen Brunnenlochs beim Wohnhause von St. Jan bildend (86. pag. 74). — In einem anderen Brunnen, etwa ¼ Wegstunde landeinwärts, nach NO zu, anstehend (55. pag. 74). — Bei Fontein, am Innenrande des Kalkgürtels der Nordküste anstehend (150). — Bei Plantersrust, westlich von der Stadt, am Wege nach Hato, anstehend. Liegendes der quartären Sande und Conglomerate (18, 19, 24. pag. 70). Hiezu gehören auch lose Bruchstücke von der Oberfläche aus den Pflanzungen daselbst (22 pag. 70). — In der Rooi Kibrahacha, am Fusse von Oost-Seinpost anstehend (165. pag. 72).

Kleinkörnige und dichte Diabase. Gerölle aus einem Wasserrisse in unmittelbarer Nähe des erwähnten, landeinwärts gelegenen Brunnens von St. Jan. (54ᵃ, 54ᵇ. pag. 74).

Kleinkörniger Diabas. Aus einem Brunnenloche bei Australia, am inneren Fusse des Priesterbergs, in 10 Meter Tiefe entnommen (23. pag. 73).

Körniger Diabas. Südöstlich von Klein Mal Pays, am Wege zur Stadt anstehend (43. pag. 75). — Niedrige Kuppe, nur wenig weiter westlich als das letztgenannte Gestein, südlich vom Wege. An dem Fusse der Kuppe steht Sandstein an (44ᵇ. pag. 75).

Quarzdiabas, körnig. Am Wege von Savonet nach Westpunt anstehend; nahe bei dem Hause des Gutes. Lagert mit Rudistenkalken (66. pag. 75). — Südöstlich vom Christoffel unweit Paradera anstehend. Gestein der alten, zur Gewinnung von Kupfererzen angelegten Gruben (70, 71. pag. 76).

Diabasporphyrit. Niedrige Klippe, nördlich vom Hause von Savonet, zwischen Letzterem und der Küste. Lagert mit Rudistenkalken (81. pag. 76).

Porphyrartiger Diorit.

Steht ein wenig nordöstlich von Westpunt, an der Nordwestecke der Insel, an (65. pag. 77).

Kieselschiefer.

Vom höchsten Gipfel des St. Christoffels (74*. pag. 84). — Vom oberen, südöstlichen Abhange des St. Christoffels (73**. pag. 84) — Am Fusse des St. Christoffels anstehend (73. pag. 84). — Bei Savonet, unweit des dargestellten Profils (pag. 28 oben) anstehend (75, 75*. pag. 84). — Am Wege zwischen Savonet und Westpunt anstehend. Hangendes von Diabas (64^a. pag. 84). — Bei Brievengat, in unmittelbarer Nähe des Hauses anstehend (156^b. pag. 84).

Sandsteine.

Sandstein mit thonigem Bindemittel. Dünnplattiges Gestein vom oberen Abhange des St. Christoffels (73^b. pag. 83). — Anstehend am östlichen Ufer der Salzpfanne von Hermanus (47. pag. 83). — In unmittelbarer Nähe des Hauses von Brievengat anstehend. (156^a. pag. 83). — — Sandstein mit kalkigem Bindemittel. Am südöstlichen Abhange des Groote Berg, in der Mitte der Insel, anstehend. (44*, 44**. pag. 81). — Am Fusse der Kuppe von körnigem Diabas, unweit Klein Mal Pays (vgl. oben) anstehend. (44^a. pag. 81). — Am Innenrande des Küstengebirges von Hato anstehend (31 . pag. 81).

Mergel.

Schiefriger Mergel. Etwas östlich vom Hause von Hermanus, am Innenrande des Gebirges der Südküste anstehend (49. pag. 84).

Tutenmergel. Lagern mit den oben erwähnten Sandsteinen von Hato (30* u. 32. pag. 83).

Conglomerate.

Conglomerat, bestehend aus Bruchstücken von Kieselschiefer, Milchquarz und Diabas. Anstehend bei Engelenberg (52. pag. 83).

Dichter Diabas aus einem Conglomerate, anstehend am Innenrande des Gebirges der Nordküste, halbwegs Fontein—Sebastian (56. pag. 71).

Kalksteine.

Kalkstein mit abgerundeten Kieselschiefer-Bruchstücken. Gehört zu den Rudistenkalken von Savonet. Lose an der Oberfläche daselbst. (72. pag. 83).

Sandiger Kalkstein. Oestlich von St. Jan, nahe bei Engelenberg (52*. pag. 83).

Thoniger Kalkstein. Am Innenrande des Kalkgebirges von Hato anstehend. (31^a. pag. 83). — Anstehend bei Brievengat. Westlich vom Wege zum Strande (158. pag. 83).

Tuffe.

In dem oben erwähnten Wasserrisse (vgl. Diabase) bei St. Jan anstehend. (53, 57. pag. 87). — Aus einem Brunnen, südlich vom Hause von Brievengat, etwa 12 m tief entnommen (155. pag. 87).

Augitandesit? und Hypersthenandesit.

(*Diese beiden Gesteine sind nicht von mir selbst gesammelt*).

Augitandesit? Angeblich von Klein St. Joris, welches am Innenrande der St. Joris Bai im nordöstlichen Curaçao gelegen ist (pag 78).

Hypersthenandesit. Angeblich als Rollstein im Hafen von Curaçao gefunden (pag. 80).

II. ARUBA.

Gesteine aus dem Dioritmassiv.

Quarzdiorit, mittel- bis grobkörnig. Anstehend an der äussersten Nordwestecke der Insel (142) und südlich davon, etwas nördlich von Westpunt (111); ferner im Krystallberge (132), sowie südwestlich von Daimarie, auf dem Wege nach Oranjestadt zu, östlich von Ayo (124 u. 124*); ferner vom Abhange des Hooibergs (122*) und von losen Haufwerken bei St. Cruz (92), daselbst aber auch anstehend; anstehend ausserdem westlich vom Ariekok (121) und westlich vom S. Colorado (97), sowie an der Nordküste zwischen Colorado und Fontein (106). Als Geschiebe in der Schlucht hinter der Spanischen Lagune (96). — (pag. 16, 17 u. 28).

Quarzdiorit, kleinkörnig. Anstehend im Hügel Wys, nördlich von Westpunt (144. pag. 16) und im Serro Colorado (104. pag. 23).

Quarzdiorit, porphyrartig. Geschiebe am Fusse des Matevidirie, am Nordstrande (130. pag. 39).

Quarzaugitdiorit. Am Wege nach St. Cruz, am Fusse des Hooibergs anstehend (147), ferner vom Gipfel des genannten Berges (122) und von seinem südöstlichen Abhange (122*) — (pag. 26 u. 27).

Quarzaugitdiorit, kleinkörnig bis dicht. Südlich von Araschie (140) und ein wenig weiter nördlich von diesem Punkte, ebenfalls noch südlich von genannter Lokalität, nahe dem Strande (141) — (pag 27).

Gabbro Klippe östlich von Buschiribana (130*), ferner bei dem Wohnhause von Buschiribana anstehend (133*) und in geringem Abstande nordwestlich davon, am Strande (135 u. 135*); endlich im Krystallberge (133). — (pag. 30 ff.)

Dioritporphyre.

Anstehend im Gebiete des Dioritmassivs, östlich von Alta Vista, nahe der Nordküste (146. pag. 40) und südöstlich vom Kalabass (136. pag. 41).

Gang im kleinkörnigen Quarzdiorite (104) des Serro Colorado (105. pag. 42).

Anstehend im Diabasgebiete, bei Parabusté (115*) und an der Boca van Welvaart (119) — (pag. 62 u. 63).

Losen Blöcken an der Oberfläche des Diabasgebietes entnommen, bei Fontein (117^b) und bei Chetta (120^a) — (pag. 64 u. 63).

Mikroklingranit.

Losen Platten an der Oberfläche des Dioritmassivs entnommen, halbwegs zwischen St. Cruz und Belaschie (93*. pag. 43).

Diabase.

Diabas, anstehend südöstlich von Fontein, nahe dem Hause, am Strande (116 u. 107. pag. 48); ferner nordwestlich von diesem Orte, nördlich von der Schlucht, ebenfalls nahe dem Strande (117^a. pag. 52).

Uralitdiabas, den Gipfel des Jamanota bildend (110), anstehend ferner bei Miralamar (113) sowie bei Chetta (120^b u. 120); als Gerölle in einem Wasserrisse bei Miralamar (111) — (pag. 55).

Grünschiefer.

Anstehend in der Rooi Cachuntie (108) und am Fusse des Parabustó (115), ferner als Schotter in der Rooi, welche in die Spanische Lagune mündet. (96) — (pag. 45—47).

Schiefrige Amphibolgesteine.

Anstehend südöstlich von St. Lucio (125), als Liegendes des Quarzdiorits, und an der Nordküste, halbwegs zwischen Colorado und Fontein, ebenfalls als Liegendes des genannten Eruptivgesteins (106*). — (pag. 67 u. 68).

Mergelschiefer.

An der Boca dos Playos anstehend (118. pag. 48).

III. BONAIRE.

Diabase.

Feinkörniger Diabas, anstehend auf der Uferterrasse bei Fontein (176. pag. 90). — Kleinkörniger Diabas (Proterobas), anstehend daselbst, etwas weiter östlich (177. pag. 91). — Kleinkörniger Diabas, anstehend südwestlich von Rincon (180. pag. 93). — Diabas (Mandelstein), anstehend westlich von Goto (183. pag. 93). — Körniger Diabas, anstehend nordwestlich von Rincon (196. pag. 94).

Porphyrische Gesteine.

Diabasporphyrit (?). Zwischen Brandaris und Serro Grandi anstehend (195a. pag. 98).

Glimmerporphyrit, südwestlich von Rincon anstehend (181. pag. 94), ferner vom Gipfel des Brandaris (185. pag. 94) und anstehend am Wege zwischen Brandaris und S. Grandi (195b. pag. 96); als Gerölle am Fusse des S. Grandi (191. pag. 96).

Orthoklasporphyr, südwestlich von Rincon in der Nähe von Goto anstehend (182a, pag. 97).

Tuffe.

Obsidiantuff, anstehend südwestlich von Rincon, in der Nähe von Goto (182b. pag. 103 u. 107).

Tuffgestein, palagonitartig. Liegendes der quartären Kalke bei Slachtbai (197. pag. 102).

Tuffgestein. Zwischen Brandaris und S. Grandi anstehend (194. pag. 101.)

Kieselschiefer, Conglomerate, Sand- und Kalksteine.

Thoniger Sandstein, dünnplattig, anstehend nördlich von Kralendijk (168. pag. 100).

Kieselschiefer aus der Ebene von Rincon und anstehend am Wege zwischen Brandaris und S. Grandi (179 u. 193. pag. 104).

Zerreiblicher Kalkstein. Zwischen Kralendijk und Fontein anstehend. (186. pag. 101).

Conglomerat aus Porphyrbruchstücken, anstehend bei Rincon (178. pag. 100).

Conglomerat aus Diabasgeröllen, aus einer Höhle des S. Grandi (189. pag. 100).

HOLLAENDISCH GUIANA.

Schriften und Karten.

Die Berichte über die geognostischen Verhältnisse Surinams sind noch weit dürftiger als diejenigen, welche wir über die Geologie der oben beschriebenen Eilande seither besassen. Der Erste, welcher einige kurze Notizen über die Gebirgsformationen von der Grenze von Niederländisch-Guiana brachte, war Schomburgk. [1])

Derselbe bereiste im Jahre 1836 den Grenzfluss zwischen der englischen und holländischen Colonie, den Corantijn, und fuhr bei dieser Gelegenheit auch den Cabalaba bis zum Falle Avanavero aufwärts. [2]) Seine spärlichen, die Geologie des Grenzgebietes betreffenden Mittheilungen sind von Bedeutung geworden, weil sich auf die Angaben des berühmten Naturforschers der noch heute in Surinam verbreitete Glaube an das Vorkommen von Steinkohlen daselbst stützt. Schomburgk hat sich auch so bestimmt darüber ausgelassen, dass der Glaube der Laienwelt in Bezug auf diesen Punkt jedenfalls sehr verständlich ist.

Bei Orcála und eine kurze Strecke aufwärts stehen in niedrigen Hügeln Schichten an, über welche der Reisende folgenden Bericht gab: „Nach ihrer (der Hügel) Formation, denn bei meiner Rückkehr von den Wasserfällen unterwarf ich sie einer genaueren Untersuchung, müssen sie Kohlenlager enthalten. Andere Anzeichen bestärkten mich in meiner Annahme, und da ich nicht zweifle, dass sich dieselben geologischen Merkmale bis nach Berbice erstrecken, so kann ihre Bildung dort leichter untersucht werden und zu einer Entdeckung führen, die für die Colonie von unberechenbarem Nutzen sein müsste. Die Erdschichten sind abwechselnd aus Thon, Schiefer und Sand, wie ich schon früher angab [3]), zusam-

---

1) Robert Hermann Schomburgk's Reisen in Guiana und am Orinoko während der Jahre 1835-1839. Herausgegeben von O. A. Schomburgk. Mit einem Vorworte von A. von Humboldt, Leipzig 1841.

2) Vgl. l. c. pag. 175 ff.

3) Vgl. l. c. pag. 168.

mengesetzt und stimmen der Analogie nach ganz mit den Kohlenlagern in Polen überein; zerstreute Stücke einer bituminösen Substanz, die ich auf den Sandbänken des Flusses fand, zogen zuerst meine Aufmerksamkeit auf diesen Gegenstand." [1])

Es bedarf für den Geologen keines weiteren Hinweises, dass die Annahme des Vorkommens von Kohlen auf Grund obiger Beobachtungen nicht gerechtfertigt ist, wenngleich Schomburgk seiner Zeit sich veranlasst fühlen durfte, petrographische Charaktere in gedachtem Sinne zu verwerthen. F. Voltz, welcher später dieselben Bildungen untersuchte, sah in ihnen nichts anderes als in starker Verwitterung begriffenen Granit oder fortgeflössten Granitgruss," [2]) Brown und Sawkins führen sie als quartär an. [3])

Als Mitglied einer Commission von Deutschen, welche den Auftrag hatte zu erforschen, ob Surinam für deutsche Colonisten zur Niederlassung geeignet sei, hat Dr. F. Voltz in den Jahren 1853—1855 einen grossen Theil der holländischen Colonie geologisch untersucht. Leider wurden Voltz in unbegreiflicher Weise bei seinen Arbeiten an Ort und Stelle die grössten Schwierigkeiten in den Weg gelegt, die nur in der Unbekanntheit mit dem Nutzen geognostischer Untersuchungen eine annähernd gültige Entschuldigung finden mögen. Aber trotzdem legte der energische Mann, welcher als Opfer seiner Pflichttreue kurz vor der beabsichtigten Rückkehr nach Europa in Paramaribo starb, eine ausgedehnte, geognostische Sammlung an, welche sich noch heutigen Tages im Leidener Museum befindet, ohne dass jemals ein Stück davon publicirt worden wäre. Die Tagebücher und Karten des Reisenden, welche den Objekten einen höheren Werth verleihen würden, da den Handstücken selbst nur dürftige Etiquetten beigefügt sind, vermochte ich bis jetzt nicht zu erhalten. Das Einzige, was ich über den schriftlichen Nachlass von Voltz habe in Erfahrung bringen können, ist, dass derselbe einem anderen Mitgliede der Commission, Schunk, zur Publikation übergeben wurde. Schunk ist aber bereits vor einer Reihe von Jahren in der Moldau gestorben und die Papiere sind mit ihm verschollen. [4])

Wir würden deswegen ohne alle Nachrichten von Voltz's Untersuchungsresultaten sein, wenn nicht eine Reihe von Briefen vorläge, die der Forscher an Sandberger [5]) und in grösserer Zahl an den niederländischen Geologen W. C. H. Staring

---

1) l. c. pag. 170. 2) Brief vom 12ten Septbr. 1854. (sieh unten). 3) British Guiana pag. 218.

4) Ich richte an Jeden, welcher durch zufällige Umstände über den Verbleib der Schriften und Karten von Voltz noch etwas mitzutheilen im Stande ist, hiemit die Bitte, mir über den Gegenstand Auskunft ertheilen zu wollen, da der Nachlass von Voltz auch heute noch unstreitig von grosser Wichtigkeit für die geognostische Kenntniss von Surinam, namentlich im Verbande mit den Sammlungen des Verstorbenen, sein wird.

5) F. Sandberger. Mittheilung eines Briefes von Voltz in einem an Bronn gerichteten Schreiben.

gerichtet hatte. Letzterer publicirte [1]) schon zu Lebzeiten von Voltz den Inhalt der an ihn gerichteten, schriftlichen Berichte zum grossen Theile, hatte aber mit Rücksicht auf die erwartete Rückkehr des Reisenden weder die Veranlassung, den geologischen Theil systematisch zu behandeln, noch auch (bei dem damaligen Mangel einer guten Karte der Colonie und seiner eigenen Unbekanntheit mit dem Lande) die Fähigkeit, dies im Einzelnen zu thun. Ich habe deswegen aus den Originalbriefen, welche mir durch die Güte des Herrn M. Staring, des Sohnes des Erstgenannten, für das Archiv des Leidener Museums geschenkt wurden, Alles zusammengestellt, was vom geologischen Gesichtspunkte aus von Interesse war, und im Anhange zu meinen Untersuchungen publicirt, auch ausführlich für den von mir besuchten Landstrich.

Diese Voltz'schen Resultate sind für denjenigen Theil der Colonie, den ich selbst nicht bereiste, noch stets fast die einzigen, begründeten, geologischen Berichte über Surinam und werden es bei der ungeheuren Schwierigkeit und lebensgefährlichen Arbeit, welche mit der Erforschung verbunden ist, voraussichtlich noch lange Zeit bleiben. Dass sie mir selber nur sehr dürftige Angaben für das durchreiste Gebiet lieferten, liegt in der Natur der Sache.

Offenbar stützen sich auf Voltz auch die zum Theil missverstandenen Angaben, welche Sijpestijn über die Geologie Surinams macht; [2]) ferner sind die geognostischen Notizen über das Strombett des Nickerie [3]) auf dieselbe Quelle zurückzuführen. Sijpestijn bildet dann wieder die Grundlage für die werthlose Zusammenstellung Zimmermann's, [4]) und endlich scheint aus Letzterem abermals Bonaparte geschöpft zu haben, welcher ebenfalls eine oberflächliche Darstellung des geologischen Baus von Surinam giebt. [5])

(Neues Jahrb. f. Mineralog. etc. von Leonhard und Bronn. Stuttgart. 1853. pag. 682). Dieser Brief ist von Staring übersetzt in: Algemeene Konst- en Letterbode. 1854. pag. 13. Haarlem u. 's Gravenhage. — Die Uebersetzung sowohl wie die übrigen, unten angeführten Mittheilungen Staring's sind ebenfalls abgedruckt in der Zeitschrift „West Indië, bijdragen tot de bevordering der kennis der Nederlandsch West-Indische Koloniën". Haarlem 1855 u. 1858; (nicht weiter erschienen). Deel I pag. 153 u. 312; Deel II pag. 69.

1) W. C. H. Staring. Iets over de geologische gesteldheid van Suriname. Alg. Konst- en Letterbode. 1854, pag. 110 u. 379 und 1855, pag. 254.

2) C. A. van Sijpestijn. Beschrijving van Suriname. 's Gravenhage 1854.

3) Verslag eener reis van het Nickerie-Punt (Nieuw Rotterdam) naar de Boven Nickerie, gedaan door den Landdrost H. van Genderen met den Heer Tyndall, H. Schunck en Dr. F. Voltz (Tijdschrift van Staathuishoudkunde en Statistiek door Mr. B. W. A. E. Sloet tot Oldhuis. Deel XII, pag. 263—280) Zwolle. 1855.

4) G. P. H. Zimmermann, Beschrijving van de rivier Suriname (Tijdschr. v. h. Aardrijkskundig Genootschap te Amsterdam, Deel II, pag. 342). Amsterdam 1877.

5) Prince Roland Bonaparte. Les Habitants de Suriname. Notes recueillies à l'exposition Coloniale d'Amsterdam en 1883.

Was Stifft's Untersuchungen für die Geologie der Inseln, das sind diejenigen von Voltz für die Geologie von Surinam gewesen: die einzigen auf eigener Anschauung und eigener Forschung beruhenden Angaben von allgemeinerer Bedeutung, welche von späteren Schriftstellern mehrfach reproducirt und in Folge mangelnder geognostischer Kenntnisse bisweilen arg missverstanden sind.

Den Resultaten von Voltz gegenüber ist sogar die neueste Publikation über die Geologie von Französisch-Guiana und angrenzender Gebiete von M. Ch. Vélain,[1]) soweit dieselbe Surinam betrifft, als ein Rückschritt zu bezeichnen. Vélain stützt sich bei der Zusammenstellung seiner geologischen Karte des französischen und eines Theiles des brasilianischen und holländischen Guiana's auf Sammlungen und Mittheilungen des berühmten Reisenden Crevaux, ist aber mit Voltz aus leicht ersichtlichen Gründen unbekannt. Das Verdienst der Karte im Allgemeinen will ich hier nicht erörtern, wenngleich es von vornherein misslich erscheint, so ausgedehnte Länderstrecken lediglich auf Grund von Beobachtungen zu kartiren, welche während flüchtiger Reisen angestellt sind; für Holländisch-Guiana ist aber die Darstellung Vélain's sicherlich ganz verfehlt.

Derselbe verzeichnet in der niederländischen Colonie, vom westlichen Ufer der Saramacca[2]) bis zur Ostgrenze, ausser dem die Küste begleitenden Alluvium nur noch Gneiss und Granulit, und zwar nimmt letztere Felsart ein schmales Gebiet ein, welches sich etwa von Gansee aus (in der Karte steht ein mir völlig unbekannter Name: Gingée) in südöstlicher Richtung bis zum Zusammenflusse des Tapanahoni und Maroni (Marowijne) ausdehnt. Alles Uebrige wird nach Vélain von Gneiss gebildet, welcher sich unter anderm am Surinam noch nördlich von der Judensavanne finden soll. Es bedarf nur des Hinweises auf die folgenden Mittheilungen, um den obigen Ausspruch, dass die Darstellung verfehlt sei, zu rechtfertigen; am Maroni ist sie laut Berichten von Voltz, welche bis Armina aufwärts reichen, ebenfalls fehlerhaft.

Karten. Unter den Karten besitzt eine ältere, welche Sijpestijn[3]) nach Heneman herausgegeben hat, nur noch ein historisches Interesse. Sie ist durch die vorzügliche Karte Rosevelt's und Lansberge's,[4]) welche ursprünglich im Maasstabe von 1 : 100000 gezeichnet und später in demjenigen von 1 : 200000 publicirt

---

1) M. Ch. Vélain. Esquisse géologique de la Guyane Française et des bassins du Parou et du Yari. D'après les explorations du Dr. Crevaux. (extrait du Bullet. d. l. Société de Géographie; 4e Trimestre 1885) — Paris. 1886.

2) Der weiter westlich gelegene Theil der Colonie ist nicht geognostisch kartirt.

3) Kaart van de Kolonie Suriname. Uitgegeven in het jaar 1784 door den Ingenieur J. C. Heneman, verbeterd door Jonkheer C. A. van Sijpestijn (1 : 194000). 1849.

4) J. F. A. Cateau van Rosevelt en J. F. A. E. van Lansberge. Kaart van Suriname (1 : 200000). 1882.

wurde, ganz verdrängt worden. Letztere ist eine sehr getreue und für die schwierigen Aufnahmeverhältnisse gründliche Bearbeitung der Hauptströme der Colonie, bei der etwa 80 Orte ihrer Lage nach astronomisch fixirt und die zwischenliegenden Strecken mit Hilfe von Compass und Log gegisst wurden. Dieser Arbeit widmete Rosevelt die Jahre 1862—1879, nachdem er bereits 1861 bei der Aufnahme des Maroni thätig gewesen war, als Mitglied einer holländisch-französischen, zum Zwecke der Grenzregelung eingesetzten Commission, der von Seiten der Holländer auch die Herren van Lansberge und H. J. W. van Heerdt tot Eversbergen, von Seiten der Franzosen Vidal angehörten.

Freilich ist die Rosevelt'sche Karte kaum etwas anderes als eine Stromkarte, weil die zwischen den Flüssen gelegenen Landstriche, ausgenommen nur die Savannen, völlig unbewohnt und kaum gekannt sind. Die undurchdringlichen Wälder machen jede genaue Kartirung dieser Gegenden unmöglich, denn nicht einmal den Eingeborenen sind sie bekannt. Nur Loth[1]) hat sich mit unsäglichen Mühen, gestützt von einer ganzen Arbeitercolonne, Wege hindurchgekappt, die indessen schon lange wieder bewachsen und fast unkenntlich geworden sind. Seine Darstellungen von den Reliefverhältnissen der im buchstäblichen Sinne durchschnittenen Strecken und das Wenige, was bei Gelegenheit der Goldwäschen bekannt wird, bilden noch immer das Hauptsächlichste, was wir von dem zwischen den einzelnen Strömen gelegenen Waldgebiete wissen.

Unter solchen Verhältnissen kann sich auch die geologische Untersuchung nur auf die Strombetten beschränken; sie würde es im Wesentlichen selbst dann thun müssen, wenn die Wälder leichter zu durchdringen wären, da in ihnen die Verwitterung so weit fortgeschritten ist, dass die nicht im Flussbette gesammelten Gesteinsarten nur in den seltensten Fällen eine Bestimmung ermöglichen. Somit besitzen wir denn in der Karte Rosevelt's eine topographische Grundlage, welche für alle überhaupt möglichen geognostischen Untersuchungen der Colonie von vortrefflichem Dienste sein kann.

Geognostische Beobachtungen am Surinam.

Es standen mir 20 Tage für die Untersuchung des Surinambettes zu Gebote. In dieser Zeit legte ich den Weg von Paramaribo nach dem Negerdorfe Toledo

1) Sieh: Tijdschr. v. h. Nederl. Aardrijkskundig Genootschap te Amsterdam. Deel III, pag. 159 u. pag. 332; Deel IV, pag. 250; Deel V, pag. 10.

zurück, einen Abstand, welcher in der Luftlinie gemessen 18, mit Einrechnung der Krümmungen des Stromes 28 geographische Meilen beträgt; ausserdem wurden kleine Excursionen am Kassipurakreek, bei Phaedra und bei Brokopondo gemacht. Die geologisch wenig interessante Para hatte ich bereits früher zu befahren Gelegenheit gehabt.

Die schwierige und angreifende Reise auf dem Surinam war in einer Beziehung aussergewöhnlich günstig; der Strom hatte in Folge anhaltender Trockenheit einen so tiefen Stand eingenommen, wie er selten beobachtet werden soll. So wurden Felsen entblösst, welche in weitaus den meisten Zeiten vom Wasser bedeckt sind, und diesem Umstande ist es offenbar zuzuschreiben, dass ich auch im unteren, von Voltz bereisten Flussgebiete noch Gesteine antraf, die diesem Untersucher, so weit Briefe und Sammlungen Aufschluss zu geben vermögen, unbekannt blieben.

Ich werde nun zunächst meine Beobachtungen so niederschreiben, dass ich dem Flusse von der Mündung in der Richtung nach aufwärts folge und die wenigen orographischen Mittheilungen, die ich zu machen habe, mit denjenigen über die geognostischen Verhältnisse verknüpfen. An diese Einzelbeobachtungen füge ich das von Voltz Erforschte und daran allgemeine Betrachtungen über die Geologie Surinams und seiner Nachbarländer.

a. Von Gelderland bis Bergendaal.

Die Ufer des Surinam sind von der Mündung bis hinauf zum früheren Militairposten Gelderland völlig flach und ausschliesslich von alluvialen Ablagerungen gebildet. Nur bei *Portorico* sieht man rechts landeinwärts einen etwa 20 m hohen Hügel sich erheben, aus einem Laterite gebildet, welcher den Verwitterungsprodukten des im Innern anstehenden Diabases durchaus entspricht,[1]) und ein zweiter, gleich gebauter und gleich hoher Hügel befindet sich fast auf derselben Höhe am rechten Ufer der Para, bei *Topibó*. Er ist vom Hauptstrome aus nicht wahrzunehmen und war auch an der Para selbst in Folge der ihn umgebenden Vegetation vor kurzem noch unbekannt. Auf seinem Gipfel sah ich das massige Gestein an einem Punkte in dicken, unregelmässigen Bänken entblösst und einen darin befindlichen Hohlraum mit rundlichen, durch die Verwitterung losgelösten, lateritisirten Kugeln von Faustgrösse bedeckt.

---

1) Durch Benjamins erhielt ich von Portorico auch einen kaolinisirten Mandelstein, über dessen Vorkommen mir Näheres nicht bekannt ist.

Bei *Gelderland* begegnet man zuerst einem flachwelligen, landeinwärts bis etwa 20 m ansteigenden Hügellande, dessen Oberfläche von blendend weissem Quarzsande bedeckt und aus diesem Grunde wiederholt mit dem Diluvium verglichen worden ist. Dies Hügelland, die sogenannte *Judensavanne*, hat indessen zersetzten krystallinischen Gesteinen, welche noch heute daselbst in grösserer Tiefe anstehen, seine Existenz zu danken.

So fand ich beim Aufgange zur Savanne, nur wenig östlich vom alten Posten, einen niedrigen Buckel von stark zersetztem, grobkörnigem Granit und ausserdem unmittelbar am Flusse, halbwegs zwischen Gelderland und der Mündung des Kassipurakreeks, einen kleinkörnigen Biotitgranit, welcher trotz weit vorgeschrittener Zersetzung die einzelnen Gemengtheile noch recht deutlich erkennen lässt und in jeder Hinsicht an die Biotitgranite erinnert, die ein wenig weiter flussaufwärts die ersten Klippen des Stromes bilden. Die erwähnten Gesteine vom Ufer der Judensavanne, welche nur bei niedrigem Wasserstande entblösst sind, zeigen bankförmige Absonderung, verbunden mit parallelepipedischer Zerklüftung, und gehen nach dem Hangenden zu ganz allmählig in ein völlig kaolinisirtes Gestein über, welches aber noch so viel Zusammenhang besitzt, dass die erwähnte Absonderungsform erhalten blieb. Weiter aufwärts nimmt der Thon ab, schwinden die Bänke und folgt endlich reiner Quarzsand, gebildet durch Fortführung der Thonmasse. Die Höhe der Wand, in der dies Profil entblösst ist, beträgt etwa 5 m.

Etwas weiter südlich, wo der Strom unterhalb des Kassipurakreeks die scharfe Biegung nach N macht, nachdem er eine kurze Strecke ungefähr W—O geflossen, ist ein ähnliches Profil aufgeschlossen. Hier stehen unter der Hochwasserlinie dünngeschichtete, steil aufgerichtete Gneisse mit hellem Glimmer an, deren Feldspathe völlig in einen gelblichweissen und braunrothen Kaolin umgewandelt sind, so dass ein eigenthümlich geflammtes Gestein gebildet ist, welches nach oben zu wiederum in quarzreichen Thon und darauf in Sand übergeht.

Erläutern diese Verhältnisse einerseits die Entstehung der Savannen aus krystallinischen Gesteinen, welche an Ort und Stelle unter dem Einflusse der Atmosphärilien zersetzt wurden, so erklären sie gleichzeitig die Bildung der bekannten Quelle in der Judensavanne: ihr Wasser wird durch den Quarzsand filtrirt und darauf durch die thonreichen Schichten des Untergrundes am weiteren Durchgang zur Tiefe gehindert. Dieselbe Art der Quellenbildung sah ich auch in der Savanne bei Onoribo, am linken Ufer der Para, des letzten, ziemlich bedeutenden, linken Nebenflusses des Surinam, und die zahlreichen kleinen Kreeke, welche man bei einem Blick auf die Karte am Rande der Savannen anstreten sieht, um sich nach kurzem Laufe mit den bedeutenderen Neben- und Hauptflüssen zu vereinigen, deuten darauf hin, dass Quellen gleicher Art sehr allgemein in der Savannenregion verbreitet sind.

Am *Kassipurakreek* sah ich nur alluviale Bildungen. Ich befuhr ihn bis eine Strecke oberhalb des Punktes, wo der kleine, auch in der beigefügten Karte verzeichnete, linke Zufluss sich mit ihm vereinigt. Letzterer wird Simonkreek genannt, während der Kassipura aus zwei kleineren Armen seinen Ursprung nimmt, von denen der nördliche den Namen Swartwater, der südliche denjenigen von Wittwater trägt. Vom Swartwater erhielt ich einen sandigen, eisenreichen Laterit, welcher daselbst sehr viel vorkommen soll und auch den Namen des Gewässers erklärt. Ich betrachte diesen Laterit gleichfalls als eine alluviale Bildung.[1])

Das Wittwater dürfte beigemengten Kaolintheilchen seinen Namen verdanken,[2]) denn Kaolin steht auch wiederum beim Aufgange zu der Savanne an, die sich zwischen Kassipura- und Simonkreek ausdehnt, fast 10 Minuten Gehens landeinwärts vom Ufer des Hauptkreeks entfernt. Es sind hier fast weisse, ziegelroth geflammte, zähe Thone aufgeschlossen, an deren Oberfläche jedes abgefallene Blatt und jeder aufliegende Stengel zur Bildung zierlicher Erdpyramiden Anlass giebt; dann folgen weiter aufwärts alsbald reine Quarzsande, deren krüppelige Vegetation einen grossen Gegensatz zu den üppig entwickelten Waldungen des thonreichen, die Savanne ringförmig umgebenden Bodens der Niederung bildet. Die Verhältnisse entsprechen somit durchaus denen der Judensavanne. An der südöstlichen Grenze der am Kassipura gelegenen Savanne sollten mir gemachten Mittheilungen zufolge Kalksteine vorkommen; ich fand daselbst aber nur Quarzbrocken in einem kleinen Rinnsal des Waldes.[3])

Bei *Worsteling Jakobs*, unmittelbar unterhalb der kleinen Insel, welche etwas stromabwärts von Phaedra gelegen ist (vgl. die Karte), befinden sich die ersten Klippen im Surinam. Es sind kleine, zugerundete, etwa 2 m über das Wasser hervorragende Partieen von feinkörnigem Biotitgranit mit fleischrothem oder gelbgebleichtem Feldspath und Neigung zur Annahme von Gneisstruktur, Gesteine, welche in jeder Hinsicht den Graniten des Innern von Surinam gleichen und weiter unten ausführlicher behandelt werden sollen. Dieselbe Felsart, nur grob-

1) Näheres über Laterite unten.

2) Weisses, milchiges Wasser ist auch den Flüssen von Englisch-Guiana eigen, wo dieselben an weissen Thonablagerungen reiche Savannenregionen durchfliessen (Brown u. Sawkins l. c pag. 9).

3) Ein zersetztes, archaeisches Gestein fand ich in einer verlassenen Indianerhütte der Savanne. Es war offenbar am Heerde benutzt worden und dann zurückgelassen. Bei der bekannten Trägheit der Rothhäute dürfte das Gestein nicht weit transportirt sein und lässt es sich also in der Nähe anstehend vermuthen.

körniger, mit frischem, weissem Feldspath und regellos körniger Struktur, steht etwa ½ Wegstunde vom linken Ufer des Stromes entfernt, gegenüber der erwähnten Insel, im Walde an. Sie bildet hier inmitten einer sumpfigen Umgebung eine Anzahl von ellipsoidischen Blöcken, zum Theil von gewaltigen Dimensionen, [1]) und stellt vermuthlich das Ausgehende einer Granitmasse dar, welche mit den Klippen im Flusse zusammenhängt, aber grösstentheils durch junge Alluvionen bedeckt ist.

Auch bei *Phaedra* steht Granit an, welcher aber von dem Gesteine von Worsteling Jakobs, und von allen mir vom Surinam bekannten Graniten überhaupt, abweicht. Es ist ein rother, mittel- bis grobkörniger, zweiglimmeriger Granit, in dem beide Glimmer fast in gleichen Mengen vorkommen und welcher am Landungsplatze eine niedrige, flachgewölbte Partie bildet, die in Bänken von 1—2 Fuss Mächtigkeit abgesondert ist und bei der Verwitterung in matratzenähnliche Blöcke zerfällt. Einige kleine Klippen und ein sehr unbedeutendes Inselchen bei Phaedra bestehen aus derselben Felsart, welche auch am linken Ufer landeinwärts die bis über 30 m ansteigenden Hügel ausschliesslich aufbaut. Hie und da ist auf diesen Höhen nackter Fels entblösst mit stark gebleichtem und zersetztem Feldspath, während Granitgrus die Rinnsale füllt und auch den Boden bildet, auf welchem am Fusse das Dorf gebaut ist; von Lateritbildung dagegen sah ich an diesem Orte keine Spur.

Noch wiederholt tritt bis Carolinenburg, dort wo der Surinam die starke Krümmung macht, indem sein Lauf von SO—NW in SW—NO sich ändert, Granit am Ufer und in unbedeutenden Klippen des Flusses zu Tage; dann ist das Wasser frei bis zur kleinen Insel *Tafra.* [2]) Letztere wird von feinkörnigem Granatbiotitschiefer aufgebaut, welcher unter 27—30° nach NW einfällt und N 37°O, quer zur Stromesrichtung, streicht, eine den Surinam fast ganz verschliessende Barrière bildend, die nur an dem rechten Ufer eine schmale Durchfahrt lässt und sich in der Mitte zu der wenige □ m grossen, etwa 2 m über die Hochwasserlinie hervorragenden Insel erhebt. Das Gestein ist deutlich- und sehr dünnschiefrig, im frischen Zustande grau, aber an der Oberfläche gelbbraun abgebleicht; seine braunen Granaten von 1—3 mm Durchmesser sind meist abgerundet und lassen nur vereinzelt scharfe Kanten und Ecken wahrnehmen, welche der Combination ∞O.2O2 angehören. Dünne Quarzlagen und mächtigere Schichten von Quarzschiefer sind dem Glimmerschiefer eingeschaltet, und gleiche Quarzite bilden auch noch eine kurze Strecke flussaufwärts scharfkantige Blöcke von 1—2 m Durch-

1) Hiezu gehört auch der heilige Fels. Vgl. Theil I, pag. 91 und Tab. III, Fig. 2.

2) Vgl. Theil I dieses Werkes, pag. 32 u. Tab. I.

messer im Flusse, die weitere Ausdehnung der archaeischen Formation nach Süden hin andeutend.

Erst unmittelbar unterhalb *Sannetje Eiland* folgen die nächsten Klippen des Strombettes. Hier erstreckt sich am Taskreeke vom linken Ufer her eine Landzunge weit in den Fluss hinein, auf der zwischen grobem Quarzsande mächtige, scharfkantige, polyedrische Blöcke eines körnigen, frischen Diabases hervorstehen. Ganz das gleiche Gestein bildet auch den blauen Berg bei *Bergendaal*, und es liegt mir ferner in der Voltz'schen Sammlung ein zersetztes, vielleicht ebenfalls als Diabas zu bezeichnendes Handstück von Nooitgedacht vor, einem auf den Karten nicht verzeichneten Punkte, welcher ein wenig oberhalb Phaedra sich befindet und gleichbedeutend mit Carolinenburg ist. In Uebereinstimmung hiemit theilt Voltz mit, [1]) dass etwas oberhalb Phaedra „Grünstein" anstehe und sich von hieraus bis zum Sarakreeke verfolgen lasse, und die Verwitterungsprodukte der 15—20 m hohen Kuppen, welche sich am linken, steilen Ufer zwischen Tafra und Sannetje Eiland ausdehnen, [2]) gleichen den Lateriten der Diabasregion, ebenso auf den gleich hohen Hügeln rechts, zwischen Tafra und Beaumontskreek. Endlich ist auch das Relief dasselbe wie im Gebiete der Diabase und können die zahlreichen, dicht aneinandergereihten, rundlichen Kuppen nur als eine durch die Wirkung der Erosion zerschnittene Decke angesehen werden. Hierauf gründet sich die Einzeichnung des Diabases auf der Strecke zwischen Carolinenburg und Bergendaal. [3])

b. Von Bergendaal bis zum Sarakreek.

Die körnigen Diabase des *Blauen Berges*, welcher sich am linken Ufer des Stromes bei Bergendaal 85,5 m hoch erhebt, haben wie überall in Surinam zur Bildung mächtiger Laterite Anlass gegeben. Diese Verwitterungsprodukte kommen an genanntem Orte in gelben und rothbraunen, dichten, löchrigen, zelligen und schlackigen Varietäten vor, mit verschiedenem und zum Theil sehr bedeutendem Eisengehalt, welcher im Staring'schen Cataloge für ein Handstück der Voltz'schen Sammlung zu 55,6 % angegeben wird. Einen ziegelrothen, fast dichten Laterit mit erdigem Bruch las ich an der Klippe bei Bergendaal auf.

Die Bildungsweise dieser verschiedenen Zersetzungsprodukte liess sich im Ein-

1) Vgl. unten die Briefe.

2) Sie fehlen auf der Rosevelt'schen Karte.

3) Da mir die erwähnte Mittheilung von Voltz schon vor meiner Reise bekannt war, so habe ich mich in dem betreffenden Gebiete, in dem es so sehr mühevoll und zeitraubend ist, sich in den Besitz frischer Gesteine zu setzen, nur kurz aufgehalten. Ich konnte dies um so eher thun, als ich dort, wo Mittheilungen von Voltz vorlagen, dieselben durchaus bestätigt fand, wie auch nicht anders zu erwarten war.

zelnen nicht erkennen, aber der Uebergang von ganz frischem, körnigem Diabas in eine gelbbraune, erdige Verwitterungsrinde ist am blauen Berge direkt zu verfolgen. Ferner kommen, so weit meine Beobachtungen reichen, die Laterite mit sehr hohem Eisengehalte besonders auf dem Gipfel der Anhöhe in losen Blöcken vor, während andere Abarten in Gemeinschaft mit einem eigenthümlich violet gefärbten Thone die Gehänge des Berges an der Flusseite bedecken. Es ist deswegen wohl anzunehmen, dass die eisenreichsten Laterite Ueberreste einer Verwitterungsdecke seien, aus welcher der Thon ausgewaschen worden ist.

Ein mächtiger im Diabase bei Bergendaal aufsetzender Quarzgang wurde bereits von Voltz erwähnt, und Brocken des Ganggesteins finden sich zahlreich daselbst an der Klippe unterhalb des Hauses zerstreut.

Vom Gipfel des blauen Berges hat man einen weiten Ausblick, wie ich ihn sonst auf meiner Reise am Surinam nirgends gefunden, da in der Regel des hohen Pflanzenwuchses wegen [1]) nur die allernächste Umgebung zu Gesicht kommt. Hier erblickt man im Südosten fünf flache Gebirgskämme, welche allmählig nach dem Innern des Landes hin an Höhe zunehmen, so dass sie terrassenartig Einer hinter dem Anderen hervortreten; ihre Einschnitte sind seicht, und nur hin und wieder löst sich eine flache Kuppe in etwas isolirterer Lage heraus. Diese Höhenrücken machen den Eindruck, als ob ihre Streichungslinien annähernd parallel und senkrecht zur Gesichtslinie (S 53°O) verliefen; sie gehören einem Gebirgslande südöstlich von Brokopondo an, und die südlichst gelegenen Höhen, welche bis zu etwa 250 m ansteigen dürften, stellen vermuthlich Theile des Granitmassivs des Innern dar, dessen terrassirter Bau uns unten beschäftigen wird. In gleicher Stellung verharrend sieht man links einige niedrige Gipfel, welche in der Gegend des Cederkreeks, östlich von Boschland, sich befinden, denn ihre Lage lässt sich dadurch bestimmen, dass sie auch unfern der Judensavanne zu Gesicht kommen. Nur sehr wenig oberhalb der Mündung des Kassipurakreeks erblickt man nämlich in der Richtung S 12°O zwei Gipfel, von denen der am meisten östlich gelegene durch eine vulkanähnliche Form ausgezeichnet ist und auch vom blauen Berge aus wieder wahrgenommen wird. Seine Höhe schätze ich auf etwa 120 m. Südöstlich bemerkt man von genanntem Punkte aus einen langgestreckten, niedrigen, vielleicht 50 m hohen Bergrücken mit flachem Gipfel, während hügeliges Terrain den Vordergrund einnimmt. [2])

Gegenüber Bergendaal liegt der *Pilatus*, [3]) welcher gleich dem blauen Berge

1) Der blaue Berg wird künstlich frei von Pflanzenwuchs gehalten (vgl. Theil I, pag. 36), und die Laterite sind nicht etwa die Ursache des Vegetationsmangels. 2) Die erwähnten beiden Gesichtslinien sind in die Karte eingetragen. 3) Vgl. unten die Abbildung. pag. 171.

einem aus Diabas aufgebauten Gebirgslande angehört, dessen Ausdehnung längs des rechten Ufers des Surinam bis zum Mawassiekreek und weiter östlich, im Norden des erwähnten Baches, sich verfolgen lässt. Ein wenig oberhalb Bergendaal treten aber diese Höhen zunächst vom Flusse zurück und lagert sich ihnen alluviales Land vor, welches auch ausschliesslich an der Bildung des linken Ufers in diesem Flussabschnitte sich betheiligt. Erst eine Strecke unterhalb der scharfen Biegung des Stromes, dort wo seine Richtung plötzlich von S—N in NO—SW übergeht, kommt die Diabasformation rechts wieder zu Gesicht, flache, rechtwinklig zur Flussrichtung zerschnittene, niedrige, vielleicht bis 50 m ansteigende Höhen bildend, die dicht an einander gereiht und deren Gesteine an manchen Stellen des Ufers entblösst sind. So besonders bei einer *Kaurumatra* genannten, kleinen Quelle, wenig abwärts von der Mündung des Mawassiekreeks, woselbst durch das fliessende Wasser der anstehende Fels auch noch eine Strecke landeinwärts gut aufgeschlossen ist. Das dichte, schmutziggrüne, von zahlreichen, feinen Kalkspathtrümern durchzogene Gestein ist in grosse Blöcke zerfallen, welche mehr oder minder zugerundet sind, letzteres aber augenscheinlich erst in Folge späterer Einwirkungen. Nach Kloos ist dieser Diabas uralitisirt. Seine Oberfläche ist mit einer glänzend schwarzen Verwitterungsrinde, wie mit einem Harnische bedeckt, eine Erscheinung, welche bereits von Schomburgk [1]) an Felsen Guianas und seither vielfach im tropischen Amerika beobachtet wurde, namentlich auch in Brasilien. Es möge hier gleich erwähnt werden, dass auch die zu Zeiten vom Wasser bedeckten Gesteine der archaeischen Schichtenreihe dieselbe Verwitterungsrinde zeigen, während sie den Graniten durchaus fehlt, ein nicht zu unterschätzendes Hilfsmittel für die Abgrenzung der Formationen bei flüchtigen Recognoscirungen.

Auch zwischen Mawassiekreek und Brokopondo tritt die Diabasformation in gleicher Entwicklung auf, indem zahlreiche, niedrige Kuppen des Eruptivgesteins entweder unmittelbar ans rechte Ufer des Surinam hinanreichen oder durch schmale Streifen alluvialer Ablagerungen von letzterem geschieden werden. Am linken Ufer scheinen ausschliesslich recente Bildungen vorzukommen; ich sah mindestens keine anderen, und die ein wenig landeinwärts gelegenen Anhöhen, welche Rosevelt beim früheren Posten Victoria verzeichnet, blieben mir unbekannt. Vereinzelt treten auch wieder Klippen von Diabas in diesem Abschnitte des Strombettes auf, vor allem bei *Boschland*, woselbst sie bei niedrigem Wasserstande in grosser Zahl entblösst sind. Diese Klippen ragen sämmtlich in keilförmigen Partieen über die Wasserfläche hervor, da sie einen steileren, stromaufwärts gekehrten und einen

1) Reisen in Guiana und am Orinoko pag. 52, 175 u. 182. — Schomburgk nennt die Kruste Braunsteinoxyd, nach Brown und Sawkins besteht sie aus Eisen- und Manganoxyd. (l. c. pag. 10).

minder steilen, stromabwärts gerichteten Abfall besitzen, und es scheint jener eine bankförmige Absonderung des Eruptivgesteins anzudeuten.

Endlich haben Diabase landeinwärts von *Brokopondo*, im Südosten des genannten Ortes, anscheinend einen sehr bedeutenden Antheil an dem Aufbau der ersten Höhen, welche man vom blauen Berge aus in der auf der Karte verzeichneten Gesichtslinie erblickt; Bestimmtes lässt sich freilich über die geognostische Beschaffenheit dieses von dichtem Urwalde bedeckten Gebirgslandes nicht aussagen. Ich habe von Brokopondo aus etwa 3 Wegstunden landeinwärts zurückgelegt, annähernd in der Richtung des von Loth ausgeführten, aber längst wieder bewachsenen Durchhaues von dort in gerader Linie nach den Pedrosungu-Fällen am Maroni. [1]) Auf dem ganzen Wege, einem zu einer Goldwäscherei führenden ausgekappten Fusspfade, sah ich indessen nirgends ein nur einigermaassen frisches Gestein. Dagegen traf ich Laterite, welche mit den Verwitterungsprodukten des Diabasgebirges völlig übereinstimmen, besonders an dem zweiten Kreeke von Brokopondo aus, den Loth in seinem Durchschnitte verzeichnet. Die Seitenwände des derzeit ganz trockenen Bachbettes und alle darin gelegenen Blöcke bestanden aus diesem Gesteine, dessen Färbung prächtig blutroth, bisweilen gelb gefleckt oder auch ganz gelb war und deutlich seine Entstehung aus einer massigen Felsart erkennen liess. Da nun aber die Granite am Surinam nach meinen Beobachtungen nicht lateritisirt werden und andere massige Gesteine in der betreffenden Gegend nach Analogie der geognostischen Verhältnisse des Strombettes nicht zu erwarten sind, so wird es, abgesehen von der bereits hervorgehobenen Uebereinstimmung mit den Verwitterungsprodukten der Diabase, sehr wahrscheinlich, dass am erwähnten Orte das letztgenannte Eruptivgestein unter der Oberfläche ansteht.

Indessen sind es nicht allein die Diabase, welche in der weiteren Umgebung von Brokopondo zur Lateritbildung Anlass geben. Am Fusse der ersten Anhöhe, welche östlich, unfern des Surinam, gelegen ist, las ich in der rothen und gelben, die Gehänge deckenden Erde zahlreiche Brocken von zersetzten Schiefern auf, dichte, an Magneteisenerz reiche, umgewandelte Quarzamphibolite (?), welche den Uebergang in Laterit in allen Stadien verfolgen lassen und offenbar die Fortsetzung der gleich zu behandelnden, in nächster Nähe im Strome anstehenden, archaeischen Formation darstellen. Noch an zwei anderen, ziemlich weit landeinwärts gelegenen Punkten traf ich, einmal auf der Höhe, das andere Mal am steilen Abhange eines nicht unbedeutenden Bergrückens lateritisirte Gesteine an, deren Entstehung aus krystallinischen Schiefern ich für wahrscheinlich halte, ohne hier indessen den Uebergang direkt verfolgen zu können.

---

1) Vgl. Tijdschr. v. h. Aardrijkskdg. Genootschap. III, pag. 159 u. Karten.

Daneben kommen Neubildungen von Laterit vor, welche von der an ursprünglicher Lagerstätte entstandenen Bodenart bisweilen schwer zu unterscheiden sind. Leicht wird aber letzteres, falls Quarzbrocken dem Gesteine beigemengt sind, wie auf dem Gipfel der soeben erwähnten Höhe von Brokopondo, wo eine durch Lateritbestandtheile cementirte Breccie, welche mehr als Centimeter grosse Bruchstücke von eckigem Quarz enthält, in grossen rundlichen Blöcken an der Oberfläche gefunden wird. Sind diese Blöcke als Produkte der mechanischen Zerstörung von Gesteinen aufzufassen, deren Material vor oder erst nach der Zusammenschwemmung lateritisirt sein mag, so beweist das vereinzelte, isolirte Vorkommen der Breccien, dass auch sie wiederum nur die widerstandsfähigeren Reste alluvialer Bildungen darstellen, welche zum grössten Theile abermals, nach einer neuen Lagerstätte, abgeschwemmt worden sind.

Nach Loth, welcher „Brauneisenerz, mit Quarz vermengt, in gelbem Thon" sowohl für die von mir betretene Gegend als auch noch weit nach SO hin in seinem Profile verzeichnet, muss Laterit eine ganz bedeutende Verbreitung in diesem Theile von Surinam haben. Noch weiter südöstlich giebt derselbe Gewährsmann Granit längs seines Durchhaues vom Surinam zum Maroni an.

Kehren wir zur geognostischen Beschreibung des Strombettes zurück, so bleiben auf der Strecke zwischen Bergendaal und Brokopondo noch einige Gesteine zu besprechen, welche die grösste Zeit des Jahres hindurch vom Wasser bedeckt und in Folge dessen stark zersetzt sind, so dass ihre Bestimmung mit grossen Schwierigkeiten verbunden ist. Hier kommt zunächst die mehrerwähnte Klippe am linken Ufer des Flusses, unmittelbar unter dem Hause von Bergendaal in Betracht.[1]) Dieselbe wird von mächtigen, zugerundeten Blöcken eines sehr festen, dichten, graugrünen Gesteins gebildet, welches durch reichlich eingesprengte Calcitkörner, zahlreiche Würfel von Schwefelkies und vereinzelt durch Kupferkies eine porphyrartige Struktur annimmt. Auf den Spaltungsflächen erscheint bisweilen ein seidenartiger Schimmer und dünne chloritische Häutchen verleihen dem Gesteine hie und da eine undeutliche Parallelstruktur. In verwittertem Zustande ist es blaugrün gefärbt, sehr weich und gut in Platten spaltbar. Die mikroskopische Untersuchung ergab als Hauptbestandtheil ein chloritisches Mineral und daneben Quarz.

Ein Gestein von ähnlicher mineralischer Zusammensetzung steht ferner eine kurze Strecke oberhalb des Cederkreeks an, woselbst es an der rechten Stromseite eine in der Richtung von W—O streichende Barrière darstellt, deren Fortsetzung nach links durch eine recente Quarzbreccie gebildet wird. Dies Gestein ist eben-

1) Vgl. die Abbildung weiter unten, pag. 171.

falls dicht, unvollkommen dickschiefrig, schmutziglauchgrün und enthält statt der Calcitkörner und Eisenkies zahlreiche, zugerundete und unregelmässig begrenzte Quarzmassen, welche schon mit Hilfe der Loupe als ein Mosaik rundlicher Körner erscheinen. Das Mikroskop enthüllt neben dem vorherrschenden Chlorit und Quarz auch Plagioklas.

Weiter stromaufwärts, bei Brokopondo, unmittelbar unterhalb der kleinen, dort gelegenen Insel, stehen abermals dichte, uneben-dickschiefrige Gesteine von graugrüner Farbe an, welche Chlorit als Hauptbestandtheil enthalten und eine den Fluss von W—O durchquerende Barrière bilden. Das Gestein enthält auch viel Quarz, ferner Plagioklas und zwei Glimmer mit vorherrschendem braunem Biotit und reichlich eingesprengten Kalkspath. Kloos sieht diese chloritreichen Gesteine von Brokopondo, aus der Gegend vom Cederkreek und von Bergendaal auf Grund der von ihm ausgeführten, mikroskopischen Untersuchung als stark metamorphosirte Schiefer an.

Diese Auffassung lässt sich mit der Lagerung der betreffenden Felsarten sehr gut vereinigen, denn einerseits folgen unmittelbar oberhalb Brokopondo im Flussbette Gesteine, welche ohne Zweifel der archaeischen Schichtenreihe angehören und in gleichem Sinne mit der Barrière der fraglichen Schiefer von genanntem Orte streichen, andererseits wurde die archaeische Formation auch unterhalb Bergendaal eingangs bereits nachgewiesen, und schliesslich kommen wenig flussaufwärts von letzterwähnter Lokalität, an der scharfen Biegung des Stromes südlich vom Pilatus, dünnschiefrige, auf dem Kopfe stehende, zersetzten Gliedern der krystallinischen Schieferformation durchaus ähnliche Gesteine vor, die hier eine schmale Landzunge bilden. Dann folgen grüngraue, zersetzte Schiefer etwas unterhalb Kauruwatra — und alle diese Bildungen sind steil aufgerichtet, streichen im Wesentlichen W—O und liegen im gleichen Niveau, so dass ihre Zugehörigkeit zu einer und derselben Schichtenreihe von vornherein sehr wahrscheinlich wird. Ich möchte den Ursprung der chloritreichen Gesteine von Bergendaal, aus der Gegend des Cederkreek's und von Brokopondo auf Hornblendeschiefer und Gneisse zurückführen. Feinkörnige, schmutziggraue oder auch gelbliche Quarzite sind ihnen unterhalb Brokopondo eingelagert und bilden unter andern die 4 m über den Wasserspiegel hervorragende, würfelartige Klippe an der Mündung des Tapuripakreeks, welche den Namen Kanzel trägt.

Der Charakter des Strombettes erfährt bei Brokopondo eine wesentliche Aenderung, da hier die erste bedeutendere Zunahme des Gefälles eintritt und gleichzeitig Schichten archaeischer Gesteine, als die widerstandsfähigeren Reste eines mächtigen Complexes dieser Formation, den Surinam in grösserer Zahl durchsetzen. So entstehen gewaltige Stromschnellen, welche sich bereits auf der mehrerwähnten Barrière bei Brokopondo in der Trockenzeit durch zahlreiche Strudellöcher ankündigen. Es sind 15—30 cm, selten 60 cm im Durchmesser haltende Höhlungen, wenig tiefer als breit und nach unten zu etwas verengt, an deren Seitenwänden man bisweilen absteigende, gebogene Linien, ähnlich den Spiralen unserer Riesenkessel, wahrnimmt. Ihr Boden ist mit grobem Sande bedeckt, und nur hin und wieder bemerkt man auf ihm ein faustgrosses Gesteinsbruchstück, welches mit an der ausschleifenden Thätigkeit Theil genommen hat, offenbar eine Folge des Umstandes, dass die Strudellöcher in einem schiefrigen Gesteine sich befinden. Die grössten von ihnen liegen an der stromaufwärts gekehrten Seite der Felspartie. 1)

Zwischen der bei Brokopondo gelegenen Insel und dem linken Ufer des Suriname treten, durch einen sehr kurzen Zwischenraum von einander getrennt, zwei Barrièren auf, deren Schichten auf dem Kopfe stehen, W 10° N streichen, etwa 4 m über den Fluss bei niedrigstem Wasserstande hervorragen und beide von sehr feinkörnigem, quarzreichem Glimmerschiefer aufgebaut werden. Das Gestein der flussabwärts gelegenen Felspartie ist dickschiefrig, schmutziggrau und enthält einen grünlichen Glimmer, ist aber stark zersetzt, so dass es nahe der Oberfläche in einen eisenschüssigen Sandstein übergeht, dessen völliger Zerfall noch eine Weile durch den oben erwähnten, fast alle Felsen bedeckenden, glänzend schwarzen Harnisch verhindert wird. Diese Kruste kittet gleichsam emailartig alle Poren des Schiefers aus und vermindert so die Angriffspunkte für dessen weitere Zerstörung. Vielleicht spielt sie auch bei anderen Felsarten des Flussbettes eine derartig schützende Rolle. Ein Gang von grobkörnigem, blaugrauem Quarz, mit Andeutung einer lagenförmigen Struktur und etwa 1/3 m mächtig durchsetzt diesen Glimmerschiefer; er führt G o l d, welches in winzigen Blättchen bereits mit Hilfe der Loupe leicht wahrgenommen wird. Die flussaufwärts gelegene Felspartie zeigt eine grobflaserige Struktur, und die Stelle des zersetzten Glimmers ist bisweilen ganz von ockrigem Rotheisenerz eingenommen, der Art, dass die Spaltungsflächen von

---

1) Solche Strudellöcher sah Ten Kate in den Felsen, welche die Stromschnellen bei Pauwiesie Eiland am oberen Nickerie bilden, ein wenig unterhalb der Mündung des Fallawatrakreeks. (Persönliche Mittheilung des Reisenden. Ueber den Ort vgl. auch unten den Auszug aus Voltz). Offenbar waren es auch dieselben Bildungen, welche Schomburgk am oberen Corantijn bei den grossen Fällen, die sein weiteres Vordringen unmöglich machten, wahrnahm. Er sagt, die Felsen „zeigten rundliche Höhlungen, die theilweise mit runden Quarzstücken gefüllt waren. Ich maass eine der grössten Vertiefungen und fand sie 3 Fuss tief und 10 Zoll im Durchmesser" (Reisen in Guiana u. am Orinoko pag. 185). Kappler sah „fusstiefe und fussbreite" Strudellöcher mit vielen abgerundeten Steinchen am Fusse des Pulugudufalls, welcher sich vor der Einmündung des Tapanahoni in den Maroni befindet (Holländ. Guiana pag. 314).

blutrothem, abfärbendem Eisenoxyd bedeckt sind und das Ansehen von Laterit erhalten.

Die Felsart, welche die 1te Barrière oberhalb der erwähnten Insel bildet, blieb mir unbekannt, weil es bei meiner Reise aufwärts wegen der starken Stromschnellen nicht möglich war, hier zu landen. Bei der Rückfahrt sah ich nur noch zahlreiche Quader eines feinkörnigen, weissen Quarzits von mehr als Meter Durchmesser an dem gleichen Orte über die Wasserfläche hervorstehen.

Die nächste, schon in sehr geringem Abstande folgende Barrière wird von einem festen, dickplattigen, rothen Gesteine gebildet, dessen Schichten wiederum auf dem Kopfe stehen und W 4 N streichen. Es sind quarzreiche Muscovitschiefer, hauptsächlich aus zugerundeten, annähernd gleich grossen, grauen Quarzkörnern bestehend, deren enge Zwischenräume von einer röthlichen, kaolinartigen Masse eingenommen werden, so dass der Schiefer einem mittelkörnigen Sandsteine ähnelt. Auf angeschliffenen Flächen bemerkt man winzige, silberweisse Muscovitschüppchen, welche in Dünnschliffen in grosser Zahl enthüllt werden, aber häufig zu Lamellen vereinigt sind, die, wellenförmig gebogen, sich zwischen die dicht aneinander gedrängten Quarzkörner durchschlingen. Auf den Spaltungsflächen des unebenschiefrigen Gesteins ruft der zarte Glimmerbeschlag nur einen seidenartigen Glanz an der Oberfläche der Quarzkörner hervor, welche letztere die Parallelstruktur in mehr oder minder ausgeprägter, aber nie sehr vollkommener Weise hervorrufen. Offenbar steht dieser Muscovitschiefer strukturell dem Itacolumit sehr nahe, der nach Schomburgk's Mittheilungen [1]) ebenfalls in Britisch-Guiana am Essequibo vorkommen soll. Massen von weissem, löchrigem, grobkörnigem Quarzit, welche dem Schiefer eingelagert sind, erreichen $1/3$ m Mächtigkeit.

Am *Dabikwénkreeke* durchsetzt wiederum eine von W—O streichende Felspartie den Surinam und wird hier die Veranlassung bedeutender Stromschnellen. An der Mündung des genannten Baches steht ein grünlichgrauer, äusserst feinkörniger und im Querbruche einem Felsite ähnelnder Glimmerschiefer an, dessen Spaltungsflächen einen zu dünnen Membranen verwebten, hellgrünen, seidenartig glänzenden Glimmer zeigen. Das Gestein ist unebenschiefrig und wird von einem die Schichtungsflächen schneidenden Kluftsysteme durchsetzt, so dass es leicht in polyedrische Stücke zerspaltet; dabei bemerkt man auf den Spaltungsflächen reichlich ockriges Brauneisenerz und ausserdem, eingesprengt, Markasit.

Dieser Glimmerschiefer geht in derselben Barrière in ein Gestein über, welches bei sonst gleichem Habitus durch zahlreiche Einsprenglinge von weissem Feldspath

1) Vgl. J. Roth. Allg. u. Chem. Geologie II, pag. 448.

und grauem Quarz eine porphyrische Struktur annimmt. Beide Mineralien finden sich in grossen, mehrere mm Durchmesser erreichenden, zugerundeten oder unregelmässig begrenzten Körnern, doch tritt der Quarz gegenüber dem Feldspathe sehr zurück. Dieser porphyrische Gneiss könnte zu den Porphyroiden gerechnet werden — wie es auch Kloos ohne Kenntniss seiner Lagerung gethan — wenn man mit jenem Namen nach Lossen's Vorgang nur einen petrographischen, nicht aber einen geologischen Begriff verbinden will; die Zugehörigkeit des betreffenden Gesteins zu den Glimmerschiefern ist aber keinem Zweifel unterworfen. Verwittert nimmt die Felsart eine grünlichgelbe Färbung an; Quarzite sind ihr am genannten Orte eingelagert.

Aktinolithschiefer steht bei *Newstar Eiland*, ferner Chloritschiefer oberhalb dieser Insel, halbwegs zwischen Newstarkreek und Fobakkakreek, im Flusse an. Letzteres Gestein ist schuppig dickschiefrig, dunkelgrün, dicht, mit Seidenglanz auf den Spaltungsflächen und bildet nahe dem rechten Ufer eine aus dünnen, steil aufgerichteten Platten bestehende Klippe, welche mehrere Meter über den Wasserspiegel der Trockenzeit hervorragt.[1]) Ausserdem sind aber bei niedrigem Stande des Stromes auf der Strecke zwischen Brokopondo und Fobakkakreek noch eine ganze Reihe von Klippen entblösst, welche ich im Obigen übergangen habe, da sie entweder aus Zeitmangel nicht näher untersucht wurden oder auch in Folge der Stromschnellen unzugänglich blieben. Sie alle stellen aber Schichten dar, welche annährend oder völlig auf dem Kopfe stehen, im Wesentlichen von W—O streichen und offenbar demselben Complexe angehören wie die übrigen, näher bekannten Gesteine.

Solche Klippen, zum Theil zu niedrigen Barrièren vereinigt, trifft man zahlreich in dem Stromabschnitte, welcher sich von der oberen Endigung der Insel bei Brokopondo bis zum Vaillantkreeke ausdehnt; dann fehlen sie im Surinam, treten aber zwischen Vaillantkreek und Newstar Eiland häufig am Ufer des Bettes zu Tage, um bei genannter Insel sich abermals im Wasser zu häufen und oberhalb derselben bis zum Fobakkakreeke vereinzelt aufzutreten. Bei Newstar Eiland kommen auch grobkörnige, weisse Quarze, vermuthlich als Gangbildung, in dem Aktinolithschiefer vor.

Die Ufer des Stromes, welche seit Brokopondo nur hie und da eine sehr unbedeutende Bodenanschwellung erkennen liessen und im Uebrigen ganz flach waren, werden oberhalb der letzterwähnten Insel rechts hügelig, und alsbald tritt

1) Auf der Rückreise waren dies die einzigen Klippen, welche ich zwischen Koffiekamp und Newstar Eiland noch wahrgenommen habe, nachdem der Strom gestiegen war.

wieder Diabas im Flussbette auf, ein wenig aufwärts von der beschriebenen Chloritschieferklippe, nahe der Mündung des *Sarakreeks*, etwas unterhalb des früheren Militairpostens Huguesburg. Das Gestein verschliesst zur Trockenzeit fast den ganzen Fluss, und es ist zu vermuthen, dass die niedrigen, 30 m und mehr hohen Hügel, welche sich sowohl links als rechts zu Seiten des Stromes erheben, aus derselben Formation aufgebaut werden. Das dichte, schmutziggrüne Eruptivgestein ist unregelmässig zerklüftet und zerfällt in kleine polyedrische Stücke, genau entsprechend den Diabasen von Aruba, so dass die Oberfläche der Felsen wie zerhackt erscheint. Nach Kloos stimmt auch das mikroskopische Bild im Wesentlichen mit demjenigen der von ihm beschriebenen Aruba-Diabase überein.

c. Vom Sarakreek bis Toledo.

Zwischen der Mündung des Sarakreeks und Toledo, dem südlichsten von mir erreichten Punkte, wird das Flussgebiet fast ausschliesslich von Granit beherrscht, in dem hie und da Diabasdurchbrüche vorkommen. Nur anfangs tritt auf einer kurzen Strecke die archaeische Formation nochmals zu Tage.

Am Landungsplatze des Negerdorfes *Pisjang*, am linken Ufer des Sarakreeks, steht ein heller, feinkörniger Quarzit an, welcher daselbst eine ziemlich ansehnliche Klippe bildet. Das Gestein zeigt in einzelnen Partieen sehr deutliche Parallelstruktur, welche durch Schuppen eines hellen, glänzenden Glimmers, hie und da auch durch kleine Blättchen von Eisenglimmer, hervorgerufen wird; im Ganzen ist aber die Schieferung unvollkommen ausgeprägt. Einzelne Partieen sind so reich an Glimmer, dass für sie die Bezeichnung „Glimmerschiefer" gewählt werden könnte; die durch Eisenglimmer ausgezeichneten stehen dem Itabirite Brasiliens nahe.

Feinkörniger, weisser Quarzitschiefer mit spärlichen Blättchen eines hellen, glänzenden Glimmers steht auch im Hauptstrome an, unmittelbar oberhalb der Insel, welche ein wenig aufwärts von *Koffiekamp* gelegen ist. Er lagert hier mit einem ausgezeichnet dünnschiefrigen, quarzreichen Hornblendeschiefer, dessen Parallelstruktur durch abgeplattet-linsenförmige, dünne Quarzlagen und damit abwechselnde, feinkrystallinische Lagen von Hornblende, die u. d. M. ebenfalls deutlich parallel angeordnet erscheint, zum Ausdrucke kommt. Der schmutziggrüne, feinkörnige Schiefer ist so hochgradig zerzetzt, dass es schwierig fällt, sich nach Entfernung der dicken Verwitterungskruste noch in den Besitz eines festen Gesteinstücks zu setzen. Denn diese Schichten sind nur bei ganz aussergewöhnlich niedrigem Wasserstande entblösst, so wie er manchmal Jahre hindurch nicht eintritt. Bei meiner Reise flussaufwärts waren aber die Schiefer hier fast durch die ganze Breite des Stromes zu verfolgen, welcher letztere durch einen schmalen Canal mit gewaltiger Kraft und unter Bildung zahlreicher Stromschnellen sich hindurchzwängte. Die krystallinischen Schiefer ragten nur etwa $^1/_2$ m hoch zu beiden Seiten empor und erschienen oben horizontal abgeschnitten, während die Schichten steil aufgerichtet waren und nahezu [1]) auf dem Kopfe standen. An ihren unterwaschenen Rändern kommt es öfters zur Bildung zierlicher Felsenthore, und die Oberfläche des zerbröckelnden Gesteins ist in Folge zahlreicher, die Schichtungsflächen schneidender Klüfte zerstückelt.

Auf die Schiefer folgt etwas flussaufwärts, eine kurze Strecke unterhalb des *Diëtifalls*, ein dickschiefriger Hornblendegneiss. Es ist ein kleinkörniges, grünlichgraues Gestein, weiss gefleckt durch putzenartig zerstreute Plagioklas- und Quarzaggregate, mit vereinzelten Einsprenglingen von Feldspath und vorherrschender, dunkelgrüner Hornblende, welche auf dem Querbruche deutlich die Parallelstruktur zum Ausdrucke bringt. Letztere ist auf angewitterten Flächen auch durch eine zarte Streifung angedeutet. Das Gestein ist rechtwinklig zur Schichtungsfläche zerklüftet und deswegen an der Oberfläche gleich den Schiefern, mit denen es auch die steile Schichtenstellung theilt, zerstückelt. Offenbar gehören alle diese Gesteine, Hornblendegneiss, Hornblendeschiefer und Quarzite, demselben Schichtencomplexe an, dessen Glieder weiter oberhalb nirgends wieder angetroffen wurden.

Der Granit bildet im Flusse flachgewölbte, kuppelartige Bänke, welche oft deutlich eine concentrische Absonderung zeigen und stellenweise von geraden Kluftflächen durchkreuzt werden.

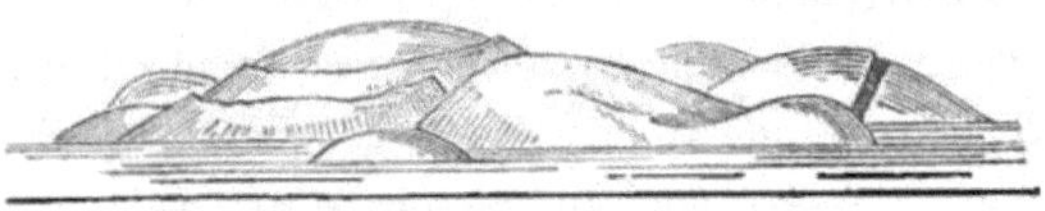

Fig. 37. Absonderung des Granits.

Letztere geben zur Bildung der bekannten Wollsackformen Anlass, während das Absprengen von Stücken concentrischer Schalen hie und da dickblättrige Massen erzeugt, deren Entstehung namentlich in der Regenzeit durch abwechselnde starke Erhitzung und Benetzung der Absonderungsflächen befördert werden dürfte. Ganz vereinzelt sah ich säulenförmige Granitmassen, Baumstümpfen nicht unähnlich, im Wasser stehen. Die Grösse der zugerundeten Buckel ist manchmal recht bedeutend und kann bis mehrere Dekameter im Durchmesser erreichen; ihre Verwitterungsrinde ist rostbraun, selten schwärzlich.

Die ersten Granitfelsen liegen an der Mündung des Sarakreeks im Surinam; dann treten sie in der Gegend von Koffiekamp etwas zahlreicher auf und oberhalb

1) Messungen waren nicht auszuführen, da sie vom Wasser aus hätten geschehen müssen und hier durch die Stromschnellen vereitelt wurden.

der soeben erwähnten Schieferformation bilden sie ein Labyrinth von Klippen und Inseln im Strome, welches sich bis in die Nähe von Kadju, an dem Beginne des verengten Strombettes, ausdehnt. Der Diëti-, Biabia- und Arusabanjafall stürzen sich über diese Granitfelsen, die stellenweise 2—4 m über die Wasserfläche hervorragen. Minder anschnlich sind die Felsmassen, welche oberhalb Wakibassu, links vom Kapasie Eiland zur Bildung von Stromschnellen Anlass geben; bedeutend an Zahl und dicht gedrängt treten aber die Buckel von Granit wieder in der weiteren Umgebung des Lantiston auf, der Name einer grossen, flachen, 3 m hohen Kuppe, flussabwärts von Gansee aus. Ganz ähnlich häufen sich die Felsen zwischen Feulkreek und dem unteren Ende der erstfolgenden, grossen Insel bei Sisone; sie erreichen hier 4 m Höhe. Dann ist zwischen der nächsten grösseren Insel, sie trägt den Namen Jabutabiti, und dem linken Ufer der Fluss mit Klippen besät und bisweilen ganz versperrt; es befinden sich hier u. a. die Stromschnellen von Gongotha. Desgleichen bei Komoso, welches am linken Ufer, gegenüber Sakkepratti, liegt; hier sind an den Fällen von Miengotiri die Granitfelsen bis 5 m hoch. Darauf folgen bedeutendere Felsenanhäufungen beim Papantirifall und in der Gegend des Akunkunfalls und weiter unmittelbar vor Kapua ausgedehnte, etwa 3 m hohe, kuppelförmige Partieen mit concentrischschaliger Absonderung. Endlich ragt oberhalb des letztgenannten Ortes, woselbst das Gefälle des Stromes plötzlich eine ganz bedeutende Zunahme erfährt, die Granitformation vielerorts in gewaltigen Massen aus dem Strome hervor, und eine Anzahl schöner Fälle stürzt über sie herab: der Gidibo, Madiengi, Kotipau, Kwefa, Sísabo und Sopo [1]). Am Madiengi liegen 2 m, am Kotipau 3 m, am Sísabo $3^1/_2$ m, am Kwefa 4 m hohe Felsen im Flussbette. [2])

Man sieht, dass es wesentlich die erweiterten, inselreichen Abschnitte des Stromes sind, welche sich durch Reichthum an Granitklippen auszeichnen, und es leuchtet von vornherein ein, dass letztere den Anlass zur Inselbildung gegeben haben; aber in den zwischenliegenden Strecken mit eingeengtem Wasserlaufe fehlen die Felsen von Granit keineswegs ganz. Sie treten hier bald einzeln, bald in Gruppen auf, die nur mindere Bedeutung als die oben angeführten besitzen, und es dürfte ebenso überflüssig wie ermüdend sein, die betreffenden Lokalitäten hier alle gesondert zu nennen. Erwähnenswerth ist aber, dass bisweilen ganze Stromabschnitte fast völlig freies Fahrwasser besitzen, wie dies z. B. sehr auffallend

1) Vgl. den Reisebericht, pag. 75 ff.

2) Alle diese Maasse gelten nur für die Trockenzeit bei sehr niedrigem Wasserstande. In der Regenzeit sind die Felsen völlig bedeckt, denn schon auf meiner Rückfahrt, nachdem es wenige Tage geregnet, war die Gegend kaum wiederzuerkennen (vgl. Theil I, pag. 84).

auf der Strecke zwischen dem Akunkunfall und Kapua zu beobachten ist. Ich betrachte dies als eine Folge des Rückschreitens der Wasserfälle, denn unmittelbar oberhalb dieses klippenfreien Wassers beginnen letztere; auch ist das Wasser unterhalb des Papantiri und des Akunkun offen, ebenso zwischen den einzelnen Fällen oberhalb Kapua, ferner unterhalb des Arusabanja u. s. w.

Die Granite des oberen Surinam sind in ihrer normalen Ausbildung hellfarbige Biotitgranite mit weissem oder gelblichem, selten röthlichem Feldspath, braunem oder schwarzem Biotit und grauem Quarz, meist fein- bis mittelkörnig; grobkörnige Varietäten besitzen nur oberhalb Sisone, in der Gegend zwischen den Stromschnellen von Gongotha und Komoso, eine weitere Verbreitung. Der Feldspath ist vorherrschend Orthoklas, untergeordnet Plagioklas; accessorisch tritt stellenweise Augit auf. Aus diesem normalen Gesteine, welches sich stets nur auf unbedeutende Entfernungen mit gleichem Charakter verfolgen lässt, entsteht aber eine ganze Reihe von Spaltungsgesteinen, durch Aenderung der Struktur, der Quantität der Hauptgemengtheile und das Hinzutreten oder örtliche Ueberhandnehmen neuer Mineralien. Neigung zur Parallelstruktur bei übrigens gleichbleibender Zusammensetzung wird sehr häufig beobachtet, der Art dass grössere und kleinere Partieen gneissartiger Biotitgranite ganz allmählig in rein granitischkörnige Gesteine übergehen; vielfach lassen beide Abänderungen sich aus ein und demselben Blocke herausschlagen. Gneissartige Granite, welche von typischen grauen Gneissen in Handstücken nicht zu unterscheiden sind, nehmen unter anderen an der Zusammensetzung der ausgedehnten, concentrischschaligen Kuppeln von Kapua Theil.

In anderen Partieen der Eruptivmasse nimmt Plagioklas und Quarz bedeutend zu, oder es bildet sich durch Anreicherung von Pyroxen Augit-Biotitgranit, oder es tritt auch der Glimmer sehr zurück, so dass glimmerarme Gesteine mit oder ohne scharfe Begrenzung in dem normalen Granitite auftreten. Die scharfbegrenzten, glimmerarmen Massen scheinen den Werth von Ausscheidungstrümmern zu besitzen, welche örtlich manchmal eine grosse Bedeutung im Granite des oberen Surinam erreichen. Die bedeutendste Abänderung erfährt aber der Biotitgranit durch den Eintritt und das Ueberhandnehmen von Hornblende, welche zur Herausbildung von Gesteinstypen Anlass giebt, die, aus dem geologischen Verbande gerissen, nicht mehr als zusammengehörig erkannt werden können. Instruktiv ist in dieser Beziehung unter anderem das Gestein vom Sísabo, von dem ich hier zwei in allen Einzelheiten nachgezeichnete Partieen darstelle:

Die lichtgehaltenen Theile der betreffenden Massen bestehen aus einem granitischkörnigem Gemenge von Quarz und Feldspath, worunter viel, bereits mit

Hilfe der Loupe erkennbarer Plagioklas, ohne oder nur mit sehr spärlichen Beimengungen von Glimmer und Hornblende. Die gangartigen Gebilde in beiden Zeichnungen enthalten die beiden letztgenannten Mineralien in kaum nachweisbaren Mengen und sind von weisser Farbe. Die dunklen, scharf begrenzten, oft mehr oder minder deutlich polyedrischen Massen bestehen ganz vorwiegend aus Hornblende sowie aus weissem Feldspath und Quarz; auch hier herrscht Plagioklas stellenweise vor. Unten und oben in der durch Fig. 38 dargestellten Partie sieht man solche Amphibolgranite mit wesentlich aus Feldspath und Quarz bestehenden Bändern abwechseln und einen gneissartigen Charakter annehmen, der dann weiterhin in der nicht mehr gezeichneten Fortsetzung der betreffenden Gesteinspartie noch entschiedener zum Ausdrucke kommt. Stellenweise enthalten die dunklen, hornblendereichen Ausscheidungen auch viel Glimmer, so dass Hornblende-Biotitgranite entstehen, die abermals gneissartige Struktur annehmen, welche durch den Glimmer bisweilen in vorzüglicher Weise hervortritt. Daneben treten granitischkörnige und gneissartige Biotitgranite von der mineralischen Zusammensetzung des oben als normal bezeichneten Gesteinstypus auf. Wir sehen somit glimmerarme Granite durch Biotitgranite, Hornblende-Biotitgranite und Hornblendegranite in Diorite verlaufen, und alle diese Mineralaggregate gleichzeitig in granitischkörniger und in gneissartiger Struktur auftreten. Dass sie sämmtlich zusammengehören lehrt der Augenschein, da keine Discontinuität irgendwo besteht und nirgends eine scharfe Grenze an dem völlig nackten, überall gut zugänglichen Fels anzugeben ist.

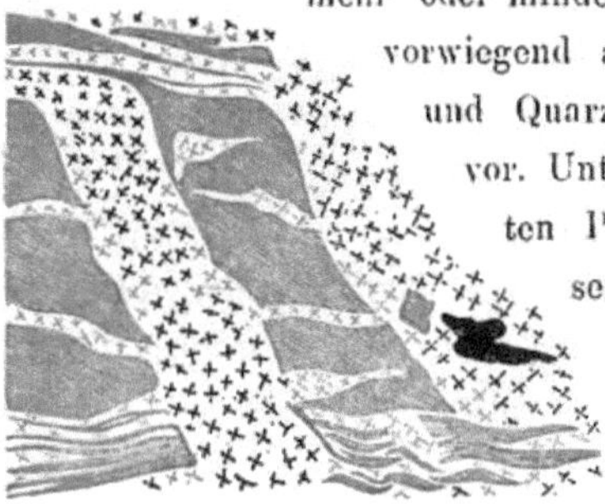

Fig. 38. Schlieren im Granite des Sisabo.
Etwa 1/25 der wirkl. Grösse.

Dass auch die gangartigen Gebilde nicht etwa wirkliche Gänge sind, sondern nur als Ausscheidungstrümmer bezeichnet werden können, geht schon aus den Zeichnungen genügend hervor; der innige Verband mit den angeführten Spaltungsgesteinen des Biotitgranits, so u. a. auch das plötzliche Abschneiden der gangartigen Masse gegen die gneissartige Partie (oben in Fig. 38) sind hiefür genügende Beweise. Einmal zu dieser Auffassung gelangt, kann ich aber auch andere trumähnliche Massen mit seitlich symmetrischem Bau, die zahlreich im Gesteine des Sisabo auftreten, nicht mehr als spätere eruptive Ausfüllungen von Spalten im Biotitgranite ansehen.

Diese Gebilde erreichen bis 1/3 m Mächtigkeit und mehrere Meter Länge; sie ragen vielfach schwielen- und rippenartig aus der umgebenden Gesteinsmasse hervor und bestehen zum Theil, gleich den bereits beschriebenen, gangartigen Bildungen, fast ausschliesslich aus Feldspath und Quarz. Beide Mineralien, in etwa gleichen Mengen auftretend, bilden ein granitischkörniges Gemenge, welches im Innern sehr grobkörnig ist und mehr als cm grosse Feldspathe enthält, nach aussen aber kleinkörnig wird und hier Quarzschichten aufweist, die ganz oder annähernd parallel den Begrenzungsflächen der Masse angeordnet sind. Der Feldspath ist ganz vorwiegend Plagioklas; dunkle, stark dichroitische Hornblende ist in kleinen, unvollständig ausgebildeten Krystallen vertreten, jedoch in so geringen Mengen, dass das Gestein nicht mehr als Hornblendegranit bezeichnet werden kann; Biotit fehlt fast gänzlich; sparsam ist Magneteisen von unregelmässiger und oktaëdrischer Gestalt vorhanden. Da die Verwitterung rasch bis zu den erwähnten Quarzlagen fortschreitet, so gleicht das Aeussere dieser gangartigen Massen durchaus demjenigen von Quarzitgängen.

In anderen dieser als Ausscheidungstrümmer aufgefassten Gebilde tritt mit dem Glimmer auch der Feldspath zurück und es entstehen mittelkörnige Quarzite mit sehr vereinzelt auftretenden, kleinen, gelblichen Feldspathen, welche sich in Dünnschliffen als trübe Plagioklase ausweisen. Daneben kommt auch dunkler Glimmer vereinzelt vor, in grösseren Blättchen, welche parallel den Begrenzungsflächen des Quarzits angeordnet sind.

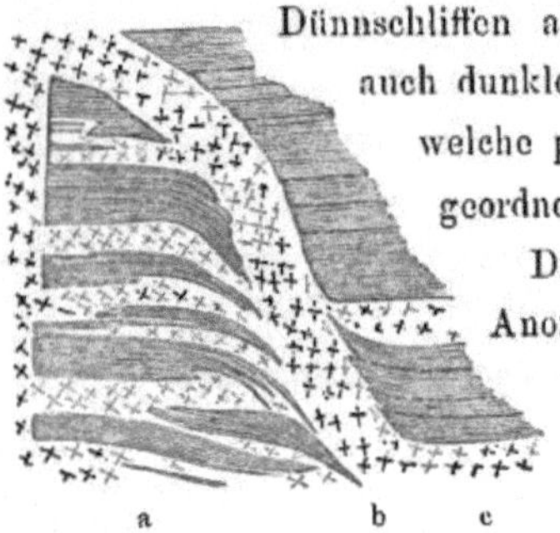

Fig. 39. Schlieren im Granite des Sisabo.
Etwa 1/20 der wirkl. Grösse.

Die hornblendereichen Schlieren deuten durch ihre Anordnung bisweilen eine Fluktuationsstruktur an, und auch die in Fig. 39 dargestellte Gesteinspartie ist, wie mir scheint, nur durch Strömungen im Magma zu erklären. Sie macht durchaus den Eindruck, als ob die gangartige Bildung (b) gegen den gneissartigen Amphibolgranit (a) abwärts sich bewegt hätte, ebenso c gegen b, wobei die mit mehr oder minder deutlicher Parallelstruktur versehenen, hornblendereichen Partieen an ihren Rändern verschleppt wurden.

Die hier vom Sísabo geschilderten Verhältnisse wiederholen sich nun sehr häufig in allen wesentlichen Zügen auf der ganzen Strecke zwischen Kapua und Toledo und lassen sich an den grossen Fällen vielfach gut studiren, besonders auch am Kotipau. Den reichlichen, grossen Ausscheidungen von Hornblende im Biotitgranite begegnet man überall, und im untiefen Wasser kann man sogar die dunklen Schmitzen oft weit verfolgen, so dass für den ganzen, eben erwähnten Stromabschnitt die gleiche Beschaffenheit der mineralischen Zusammensetzung angenommen werden darf. Ganz untergeordnet kommen auch Augit-Biotitgranite vor, die aber, so weit mir bekannt, nirgends eine bedeutendere Entwicklung in diesem Gebiete erlangen; bei Kapua sind sie gneissartig und treten sie im Verbande mit den bereits angeführten, gneissähnlichen Graniten auf. Nur weiter unterhalb Kapua, an der stromaufwärts gerichteten Endigung des Eilands Pitipratti, traf ich einen grauen, klein-granitischkörnigen Augit-Biotitgranit, dem hier eine grössere Ausdehnung zuzukommen scheint; weiter unterhalb ist mir dies Gestein überhaupt nicht bekannt.

Hornblende-Biotitgranite treten zwar auch an anderen Punkten als in dem erwähnten Abschnitte zwischen Kapua und Toledo auf, so z.B. nicht weit oberhalb Komoso und schon gleich an der Mündung des Sarakreeks, wo sie mehrere, reichlich 1 m hoch hervorstehende Buckel formen; aber nur in unmittelbarer Nähe, südwestlich, von Sisone stehen Gesteine an, welche eine gleiche Anreicherung von Amphibol erfahren haben, wie sie vom Sísabo geschildert wurde, dunkelgrüne Hornblendegneisse und Amphibolite ihrer mineralischen Zusammensetzung nach, welche ohne Scheidung in normale Biotitgranite verlaufen. [1])

Schliesslich sind hier noch grobkörnige, pegmatitische Ausscheidungen im Biotitgranite zu erwähnen, die entweder ohne regelmässige Begrenzung oder gangartig auftreten, in welcher Ausbildung sie mir indessen nur vom Lantiston und seiner Umgebung bekannt sind. Hier durchschwärmen sie in grosser Zahl alle Felsen, sich vielfach kreuzend und verwerfend, und erlangen sie bis $^1/_3$ m Durchmesser. Sie bestehen aus hellen, bis mehrere cm grossen Feldspathen, grauem Quarz sowie spärlichem dunklem und hellem Glimmer und zeigen gleich den Ausscheidungstrümmern des Sísabo zum Theil deutliche Parallelstruktur, indem sie nahe den Begrenzungsflächen feinkörnig werden und reichlich dunklen Glimmer enthalten, während der Feldspath eine röthliche Farbe annimmt. Sie verbinden sich ohne scharfe Grenzen mit dem sie umgebenden, feinkörnigen Biotitgranite.

Vereinzelt kommen im Granitgebiete mächtige Quarzmassen vor, besonders in der Gegend des Arusabanja; an dem Falle selbst liegen gewaltige Blöcke schneeweissen, grobkörnigen Quarzits. Vielleicht sind es Ausfüllungen von Spalten, deren Bildung mit dem Durchbruche der Diabase zusammenhängt, da ein solcher gerade in diesem Stromabschnitte an verschiedenen Punkten stattgefunden hat.

Oberhalb der Mündung des Sarakreeks begegnet man nur wenig flussaufwärts von der bei *Koffiekamp* gelegenen Insel den ersten DIABASEN; sie stellen fein-

1) Diese Gegend ist von mir gezeichnet (vgl. Bijdragen tot de Taal-, Land- en Volkenkunde van Ned. Indië, 5e Reeks, 1e Deel, 1886, Tab. IV.)

körnige, stark zersetzte, lauchgrüne Gesteine dar, welche unregelmässig polyedrisch zerklüftet sind und über ihr Lagerungsverhältniss nichts Näheres erkennen lassen. Dann folgen aber alsbald am Biabiafall verschiedene Massen desselben Eruptivgesteins, deren Aufsetzen im Biotitgranite an einem Punkte sehr klar zu beobachten ist; eine andere, in der Nähe des linken Ufers gelegene Diabaspartie ist sehr mächtig, so dass nur ein einzelnes Salband entblösst war, während das zweite sich in den Stromschnellen nicht auffinden liess. Voltz erwähnt, dass am Arusabanjafalle eine Anzahl kleiner Grünsteingänge den Granit durchsetze; ich habe dieselben nicht gesehen, was bei der Schwierigkeit der Untersuchung nicht auffallend ist, schliesse aber aus den übereinstimmenden, an verschiedenen Punkten gemachten Beobachtungen von Diabasdurchbrüchen, dass letztere in dieser Gegend in grösserer Zahl vorkommen müssen. Die ziemlich frischen, blaugrauen Gesteine besitzen in den von mir wahrgenommenen Gängen ein etwas verschiedenes Korn; sie sind feinkörnig bis nahezu dicht.

Weiter oberhalb treten Diabase erst wieder in der Nähe von Toledo auf, während sie in dem ganzen zwischen Arusabanja und hier sich ausdehnenden Granitgebiete fehlen. Bei Toledo bilden sie den 104 m hohen *Monni*, eine zugerundete, dem blauen Berge ähnliche Kuppe, an die sich westlich eine zweite von ähnlicher Gestalt anschliesst,[1]) welche auf der Rosevelt'schen Karte noch nicht verzeichnet ist.[2]) Am Fusse des Monni und unten auf seinen Gehängen liegen zahlreiche Blöcke von Diabas, anscheinend nur so weit aufwärts hinan wie das Wasser des Flusses zur Regenzeit steigen mag; dann folgen oben wieder die bekannten rothen Thone und Laterite. Ausserdem erstreckt sich eine Barrière von Diabas vom Fusse der Anhöhe weit in den Fluss hinein und bildet hier in Gemeinschaft mit einem kleinkörnigen Biotitgranite bedeutende Stromschnellen, in denen das Salband weithin sich verfolgen lässt. Der Diabas vom Monni ähnelt dem entsprechenden Gesteine vom Biabiafall, ist aber durch einzelne grosse Einsprenglinge von Feldspath ausgezeichnet; er zerfällt basaltähnlich in kleine, polyedrische Blöcke.

Das letzte Gestein, welches mir auf der Strecke zwischen Sarakreek und Toledo noch zu besprechen übrig bleibt, steht bereits unfern der Mündung des erwähnten Nebenflusses an, auf der Höhe der mehrfach genannten *Insel bei Koffiekamp*. Es bildet daselbst eine vom Ufer nach dem Eilande sich erstreckende

---

1) Die Eingeborenen sagten, dass man vom Gipfel des Monni aus noch mehrere Höhen sehen könne; doch fanden wir die Aussicht leider ganz durch die Vegetation versperrt.

2) Es sind dies die einzigen Anhöhen, welche von dem Sarakreeke an aufwärts an den Fluss herantreten.

Barrière, und seine grossen, abgerundeten Blöcke bestehen aus einem hellen grünlichgrauen, im verwitterten Zustande gelben Gesteine, welches in sehr feinkörniger granitischer Grundmasse zahlreiche grosse Einsprenglinge von Feldspath enthält. Die Form der Barrière lässt auf einen aus dem umgebenden Gesteine herausgewitterten Gang schliessen, und dass wirklich ein solcher vorliege wird ausserdem dadurch wahrscheinlich, dass auch am Sarakreek das gleiche porphyrische Gestein an einem in der Verlängerung der Barrière gelegenen Punkte ansteht. Dasselbe ist am erwähnten Nebenflusse von meinem Reisebegleiter Loth unmittelbar oberhalb des Landungsplatzes von Pisjang geschlagen, woselbst der Seite 159 beschriebene Quarzitschiefer ansteht, so dass beide Gesteine sich dort vielleicht im Contakte befinden. Die Verbindungslinie der vermuthlichen Gangmassen entspricht aber dem Hauptstreichen der archaeischen Formation, und es gewinnt deswegen eine gewisse Wahrscheinlichkeit, dass das porphyrische Gestein zwischen die Schichtungsflächen der Schiefer eingedrungen ist, welche am Landungsplatze von Pisjang aufgeschlossen sind, aber im Strome selbst, unter- und oberhalb der isolirt aufragenden Barrière, verdeckt sein mögen. Ich halte das Gestein für eine Porphyrfacies des Biotitgranits.

d. Alluvium des Flusses.

Bei der Bildung der alluvialen Ablagerungen im Gebiete des Surinam sind zwei Faktoren von wesentlichster Bedeutung gewesen, die Gezeiten des Meeres und der Unterschied des Flusstandes in Regen- und Trockenzeit.

Die oceanische Fluthwelle dringt mit grosser Macht in das Aestuar des Stromes ein, und wenn ihre Wirkung auch nicht mit derjenigen der Pororoken des Amazonas zu vergleichen ist, so ist sie doch der Art, dass sie kleinen Fahrzeugen leicht verhängnissvoll wird; noch auf der Höhe der Judensavanne sind letztere nicht selten genöthigt das Ufer zu suchen. Diese Fluthwelle schreitet weit landeinwärts fort, obwohl der Unterschied zwischen Hoch- und Niedrigwasser bei Paramaribo sehr gering ist und nach Bonaparte gewöhnlich nicht mehr als 1,7—2,0 m beträgt,[1]) so dass nur ihre Erhebung über den Meeresspiegel in Folge der Einengung des Strombettes das tiefe Eindringen ins Innere des Landes zu erklären vermag.

Der Punkt, bis zu welchem das Aufwärtsströmen stattfindet, muss aber je nach der Jahreszeit grossem Wechsel unterworfen sein, denn er ist abhängig von

---

1) Prince Roland Bonaparte. Les Habitants de Suriname, pag. 36.

der Differenz zwischen der absoluten Höhe der Fluthwelle im Flussbette und dem Niveau des Wassers in den höher gelegenen Stromabschnitten, sowie ferner von der Quantität der seewärts strömenden Wassermassen überhaupt, welche der aufwärts schiebenden Kraft bald grösseren bald geringeren Widerstand entgegenzusetzen vermögen. Regen- und Trockenzeit bieten in dieser Hinsicht die grössten Gegensätze, aber auch innerhalb der gleichen Zeitabschnitte wird in den verschiedenen Jahren mancher Wechsel bezüglich der Grenze des Aufwärtsströmens eintreten.

Bei langandauernder Trockenheit macht sich die Wirkung der oceanischen Fluthwelle bis Brokopondo bemerkbar, also $13^1/_2$ geographische Meilen landeinwärts; [1]) hier erst wird das weitere Fortschreiten durch die plötzliche Zunahme der Bodenneigung verhindert. Bei der Para scheint das Ansteigen des Landes in der Savannenregion, in welcher der Nebenfluss entspringt, die Ursache zu sein, dass in ihr die Wirkung der Fluthwelle schon in der Höhe der Judensavanne, bei etwa 8 geogr. Meilen Abstand von der Küste, erlischt. In der Regenzeit wird das Aufwärtsströmen im Surinam bis Phaedra nach Loth's mündlicher Mittheilung wahrgenommen und ein einfaches Aufstauen auch dann noch bis Brokopondo; Rosevelt giebt dagegen auf seiner Karte an, dass in der grossen Regenzeit, von April bis Juli, der Strom bis unterhalb der Einmündung des Siparipabokreeks, welche sich etwa $6^1/_2$ geogr. Meilen vom Meere entfernt befindet, stets nur seewärts fliesse und zwar mit einer Schnelligkeit, die 1 m in der Sekunde oft übersteige. Dieser Unterschied der beiden Angaben dürfte wohl nur in dem Wechsel der Erscheinung seinen Grund haben, da verschiedenzeitige Beobachtung aus erwähnten Gründen leicht zu abweichenden Resultaten führen kann.

Das Anwachsen des Stromes beim Eintritte der Regenzeit geschieht sehr rasch; wenige Tage Regenwetter genügen, um ein Ansteigen von 2—3 m zu erzielen, so dass der Fluss ein ganz verändertes Ansehen durch Bedeckung seiner Klippen erhält. Die Höhe, bis zu welcher der Strom anschwellen kann, ist aber selbstredend in seinen verschiedenen Abschnitten sehr verschieden, da dies von der Anwesenheit oder dem Fehlen von Stauungen längs den Ufern abhängig ist.

---

1) Schon Stedman giebt an, dass sich der Einfluss der Gezeiten mehr als 60 engl. Meilen aufwärts spüren lasse; doch finde man bereits bei 24 oder 30 Meilen Abstand von der Küste Süsswasser für die Versorgung der Schiffe, welche in Paramaribo kein Wasser einnehmen können. Wie heute noch, so pflegte man indessen auch schon zu Stedman's Zeiten das Wasser für die Schiffe aus der Gegend der Judensavanne dem Flusse zu entnehmen; die Entfernung derselben von Paramaribo wird durch Stedman auf 40 engl. Meilen angegeben. Seine Abstände sind jedenfalls nicht mit übergrossen Fehlern behaftet. (Stedman, Reize in de Binnenlanden van Suriname. Leiden 1799, I pag. 32). — Wie weit das Salzwasser eindringt und in wiefern die Aufwärtsbewegung des Stromes nur in einem Zurückschieben des Süsswassers besteht, ist nicht bekannt.

Wo Höhenzüge die allseitige Ausdehnung der breiten, aus dem Bette der Trockenzeit ausgetretenen Wassermasse verhindern, wird das Anschwellen des Stromes am meisten sich geltend machen. Dies ist unter anderm bei Brokopondo der Fall, und ich will versuchen darzustellen, wie gross der Unterschied im Stande des Wassers daselbst in den verschiedenen Zeiten des Jahres etwa sein kann:

Ich passirte den Ort am 2ten und am 12ten April, zuerst bei ungewöhnlich niedrigem Wasserstande, so dass die oben erwähnten Strudellöcher in der Barrière bei Brokopondo entblösst waren, während ich sie später sammt den auf den Felsen wachsenden Sträuchern bedeckt fand. Der Unterschied im Niveau des Surinam betrug für beide Tage mindestens 2 m. Am 12ten April lag aber die alluviale Uferterrasse an genanntem Orte noch 6 m über dem Spiegel des Stromes. Auf dieser Terrasse steht ein verfallenes Haus, in dem ein 1877 errichteter Militairposten sich befand, welcher indessen der häufigen Ueberschwemmungen wegen wieder verlassen wurde. Dies Gebäude sah mein Reisebegleiter Benjamins einmal bis zum Dachrande, welcher 2,5 m über dem Boden gelegen ist, unter Wasser stehen und rettete, mit einem Dampfschiffe über die Terrasse fahrend, seine Insassen. Daraus ergiebt sich, zu den oben gefundenen Werthen hinzugezählt, eine Differenz von 10,5 m zwischen niedrigstem und höchstem Wasserstande bei Brokopondo.

Auch bei Bergendaal liegen die Verhältnisse ungemein günstig für das Aufstauen des Stromes, denn dieser stösst unterhalb des Mawassiekreeks auf das Diabasgebirge, dem der blaue Berg und der Pilatus angehören, wird darauf nach SW abgelenkt und durchbricht dann das Gebirge, indem er sich zwischen die genannten Höhen hindurch einen Weg nach N bahnt. Der Durchgang ist schmal und der Abschluss durch die aus Diabas aufgebauten Berge ein volkommener; dem entsprechend war nach einer mir gemachten Mittheilung der Wasserstand bei Bergendaal im Monat Mai 12 m höher als wie ich ihn am 1ten April daselbst gesehen. Bei Victoria ist nach Rosevelt der Unterschied im Wasserstande von Regen- und Trockenzeit 7—9 m.

Bezüglich anderer Orte am Flusse fehlt es mir an Zahlen für die direkte Angabe der betreffenden Werthe, aber einen gewissen Anhaltspunkt zur Schätzung des Unterschiedes im Wasserstande des oberen Surinam liefern die Höhen, in denen die Buschnegerdörfer daselbst sich befinden; denn einerseits ist anzunehmen, dass die Wohnorte ausserhalb des Bereiches der Ueberschwemmungen gelegen sind, andererseits, dass sie sich so nahe wie irgend möglich am Strome befinden, da die Eingeborenen dies ihrer ganzen Lebensweise gemäss zu erreichen suchen. Ich habe nun während meiner Reise flussaufwärts die Höhenlage verschiedener Dörfer über dem damals sehr niedrigen Niveau des Flusses gemessen und fand für Wakibassu 9 m, Gansee 6 m, Langahuku 5 m, Kapua 8 m, Toledo 7 m, Zahlen die jedenfalls den Maximalwerth für den Unterschied des Wasserstandes an den betreffenden Orten angeben. Minimalwerthe fand ich durch Messung der Höhe von Uferterrassen, von denen es bekannt ist, dass sie in der Regenzeit überströmt werden, und zwar am Newstarkreek 5 m, bei Koffiekamp 7 m.

Das Austreten des Flusses zur Regenzeit hat zur Bildung mächtiger alluvialer Ablagerungen zu seinen Seiten Anlass gegeben, welche sich terrassenartig über den Strom der Trockenzeit erheben. Stets ist indessen nur ein einziges Plateau vorhanden und dieses wird in weitaus den meisten Fällen noch jetzt seiner ganzen Ausdehnung nach alljährlich überströmt, so dass man den Schlamm vergangener Fluthen nicht selten mehrere Meter hoch vom Boden an den Bäumen hängen sieht, die diese Terrasse bedecken. Eine derartige alluviale Terrasse ist auch in nebenstehender Abbildung [1]) dargestellt; sie bildet südlich vom Pilatus eine Savanne von grosser Ausdehnung, welche am Ufer steil abgeschnitten ist und auch an der gegenüberliegenden Seite des Stromes eine bedeutende Fläche einnimmt.

Da die für das Niedersinken der schwebenden Bestandtheile günstigsten Linien beim Anwachsen und Zurückziehen des Stromes einer beständigen Verschiebung unterliegen und die Terrasse stets mit einer dichten Vegetationsdecke, vielfach mit Hochwald, bedeckt ist, welche die Differenz in der Stromgeschwindigkeit in Folge des von ihr selbst gebotenen Widerstandes minder zum Ausdrucke bringt, so ist zu erwarten, dass der Niederschlag in nahezu horizontalen Schichten, vielleicht ähnlich den Verhältnissen des Nildeltas, erfolgt. Dem entsprechend ist auch die Oberfläche des Plateaus meist eben und nur dort, wo die Breite beträchtlich zunimmt und die landeinwärts befindlichen, alluvialen Ablagerungen in Folge des tieferen Einschneidens des Stromes nicht mehr überströmt werden, steigt das Uferland dem Auge kaum merklich nach dem Innern an, ohne dass es zur scharfen Abgrenzung eines Inundationsbettes käme.

Die Mächtigkeit der alluvialen Ablagerungen muss unter übrigens gleichen Voraussetzungen von der Tiefe der austretenden Wassermassen abhängig sein und ist naturgemäss dort am bedeutendsten, wo Stauungen stattfinden, so an den oben erwähnten Orten Bergendaal und Brokopondo, ähnlich auch bei Koffiekamp und an manchen anderen Punkten des oberen Strombettes. Sie ist aber selbstredend vor allem auch von der Menge der in gleichen Wassermassen mitgeführten Substanz abhängig und da dieselbe im unteren Surinam weit geringer ist als im Oberlaufe

---

1) Links auf dem Bilde befindet sich die mehrerwähnte Klippe von archaeischem Schiefer am Fusse des Hauses von Bergendaal; ihr gegenüber liegt die „Pilatus" genannte Kuppe von Diabas. Der Vordergrund ist Alluvium des an der Stelle des Durchbruchs sehr eingeengten Flusses.

DURCHBRUCH DES SURINAM BEI BERGENDAAL.

des Flusses, Stauungen hier ebenfalls gänzlich vermisst werden, so vereinigen sich beide Faktoren, um die Mächtigkeit der alluvialen Ablagerungen im unteren Flusslaufe weit hinter diejenige des oberen zurücktreten zu lassen.

Wie weit sich im untersten Stromabschnitte das Alluvium über den niedrigsten Wasserstand erheben mag, kann ich nicht beurtheilen, da Rhizophoren, *Caladium arborescens* und *Drepanocarpus lunatus*, das Uferland völlig maskiren; weiter aufwärts, zwischen Chatillon und Gelderland, sieht man nicht selten $1^1/_2$—2 m hohe Lehmufer entblösst, welche lothrecht zum Flusse abfallen und an deren Fuss sich ein niedriger, sanft geneigter, schmaler Strand anschliesst, welcher zur Ebbezeit entblösst und zur Fluthzeit überströmt wird. Aber erst unterhalb Sannetje Eiland werden die alluvialen Ablagerungen so mächtig, dass ihre steilen, durch das Einschneiden des Stromes in der Trockenzeit erzeugten Wände mauerartig emporsteigen, und von jetzt ab begleiten sie fast ununterbrochen (wo nicht das Relief des Untergrundes und die Stromesrichtung den Absatz der Sedimente verhindert) den Flusslauf. Ihre Höhe über dem Wasser fand ich meist zu 5—7 m, öfter auch 4 m und weniger, bisweilen 8 m.

Diese alluvialen Wände sind aber keineswegs auf die Ufer des Stromes beschränkt, sondern treten in gleicher Ausbildung auch auf den grösseren Inseln auf, deren Entstehung sich im Oberlaufe durch alle Stadien verfolgen lässt: Sandbänke, zwischen Felsen und an deren stromabwärts gekehrtem Ende abgelagert, geben den ersten Anstoss zur Inselbildung, *Psidium aromaticum* siedelt sich alsbald auf ihnen an und befördert das Auffangen der vom Wasser mitgeführten Bestandtheile, und endlich bedecken mächtige, alluviale Ablagerungen die Eilande ebenso wie die Ufer des Stromes.

Namentlich das Granitgebiet ist durch Reichthum an Inseln dieser Art ausgezeichnet, da das widerstandsfähige Gestein durch Bildung zahlreicher Klippen vielfach Gelegenheit zur Ablagerung der Sedimente giebt und die Menge der mitgeführten Bestandtheile hier überdies am bedeutendsten ist; Labyrinthe von Felsen und Eilanden nehmen in diesem Gebiete bisweilen die erweiterten Stromabschnitte ein. Unterhalb des Sarakreeks werden die Inseln seltener, da der Fluss in das archaeische Schiefergebirge leichter einschneiden konnte und demzufolge die Punkte, welche zur Festlegung von Sand- und Schlammassen dienen, [1]) erheblich vermindert sind. Gleichzeitig werden die Inseln länger und schmäler gegenüber den mehr ellipsoidisch geformten Eilanden des Granitgebietes, obwohl im Uebrigen ihr Charakter sich

---

1) Die Vegetation spielt hiebei eine geringe Rolle, da das Holz der meisten Bäume schwerer als Wasser ist und demzufolge Baumstämme nur selten verflösst werden.

nicht ändert und auch die mächtigen, alluvialen Ablagerungen mit steilen Seitenwänden bis hinunter nach Sannetje Eiland ihnen eigen sind.

Die Sandbänke, welche dem Schiefergebiete angehören und namentlich unmittelbar oberhalb Bergendaal in ganz gewaltigen Massen im Flussbette auftreten, kommen, falls sie sich an Klippen anlehnen, aufwärts von Brokopondo nur an deren stromabwärts gerichteter Seite vor, unterhalb des genannten Ortes dagegen, so unter anderen noch an der sogenannten Kanzel, an beiden Seiten. Es steht dies in engem Zusammenhange mit der oben beschriebenen Wirkung der oceanischen Fluthwelle, derzufolge das Material abwechselnd stromauf- und stromabwärts transportirt wird.

Dieser letzterwähnte Umstand spielt offenbar auch eine sehr grosse Rolle bei der Entstehung der langgestreckten, an beiden Enden scharf keilförmig zugespitzten Inseln, welche dem unteren Stromabschnitte, von Worsteling Jakobs an abwärts, eigen sind. Ob ihnen noch ein Kern anstehenden Gesteins zu Grunde liegt, oder ob es lediglich Schlammassen sind, welche ihre Bildung veranlasst haben, ist nicht bekannt. Das Letztere ist für die unterhalb der Judensavanne gelegenen Eilande wohl am wahrscheinlichsten.

Der Abschnitt von der Mündung des Hauptstromes bis zu derjenigen des Siparipabokreeks ist frei von Inseln, vielleicht eine Folge der auswaschenden Thätigkeit der Ebbe; aber doch vermag die Zugkraft der Letzteren die Flussmündung des Surinam, wie der Augenschein lehrt, nicht frei zu halten, trotz ihrer Verstärkung durch den an der Küste vorbeifliessenden Aequatorialstrom. Die Erscheinung erklärt sich leicht durch den Umstand, dass ausgedehnte Schlammbänke sich weit von der Küste aus ins Meer hinein erstrecken und die ins Aestuar eindringende Fluthwelle demzufolge ein sehr siltiges Wasser mitführt. Da ferner die Bodenneigung im untersten Theile des Flussbettes ganz oder nahezu gleich O ist, das Eindringen des Salzwassers zudem den Niederschlag der schwebenden Theilchen des Süsswassers befördert[1]), so muss die reinigende Thätigkeit der Ebbewelle zum Theil durch diejenige der Fluth compensirt werden. Der Ueberschuss des nicht fortgeführten Detritus verschliesst allmählich die Mündung.

Das Material, welches an der Bildung der alluvialen Ablagerungen im Flussgebiete sich betheiligt, ist Schlick, gelber Lehm und feiner bis grober Quarzsand, welcher letztere häufig durch Brauneisenerz zu einem eisenschüssigen Sandsteine oder zu einer Quarzbreccie cementirt wird. Bisweilen erreicht das so entstandene Gestein eine ziemlich bedeutende Entwicklung; doch ist es nicht leicht seine Ausdehnung zu verfolgen, da es zumeist von Wasser bedeckt bleibt. Ich

1) v. Richthofen. Führer für Forschungsreisende, pag. 184.

fand es oberhalb des Arusabanja und ein wenig aufwärts von der Mündung des Sarakreeks, woselbst es einzelne niedrige, aus dem Wasser hervorragende Klippen formte, ferner eine kurze Strecke oberhalb des Cederkreeks als Hangendes von zersetzten archaeischen Schiefern und in ziemlich bedeutender Ausdehnung längs des linken Ufers entwickelt, dann als niedrige Klippe etwas aufwärts von der Mündung des Mawassiekreeks. Auch am Coropinakreeke, einem Zuflusse der Para, kommt der eisenschüssige Sandstein unterhalb Prospérité vor, und endlich erhielt ich ihn durch Ten Kate vom oberen Nickerie, woselbst er nach der Beobachtung des Reisenden als Hangendes von fettem, grauem Thon ansteht und die ersten Felsen im Flussgebiete darstellt, gleichwie an der Coropina. Die betreffenden Funde weisen auf eine ziemlich weite Verbreitung der eisenschüssigen Sandsteine, entsprechend der überall im Flussbette sich vollziehenden Bildung von Eisenerz, [1]) auf die schon oben hingewiesen wurde. Naturgemäss nimmt das Korn der Neubildung nach dem Oberlaufe zu und gehen die Sandsteine hier in Breccien über, deren Bestandtheile bis 1 cm Grösse erreichen können.

Gröbere Conglomerate und Breccien fand ich nirgends, und es ist eine auffallende Erscheinung, dass der Surinam so ungemein arm an Geschieben ist. Sieht man von den durch die Zersetzung gebildeten, wollsackähnlichen Granitblöcken ab, so gehört selbst im Gebiete der grossen Wasserfälle der Fund eines losen, auch nur faustgrossen Gesteinstücks zu den Seltenheiten. Die intensive Verwitterung und die Gewalt des Stromes, welche das einmal zersetzte Gestein um so rascher zerkleinert, dürften die Erscheinung wohl erklären.

Ein eigenthümlich rother, grau gebänderter, sandiger Lehm wird am Ufer von Ayo bei niedrigem Wasserstande entblösst, fast einem alten Mauerwerke ähnelnd. In seiner Färbung stimmt er mit den Zersetzungsprodukten des Gneisses vom Ufer der Judensavanne überein sowie mit den Thonen aus der Gegend des Kassipura, aber der Lehm befindet sich bei Ayo auf sekundärer Lagerstätte als Ablagerung des Stromes.

Wenig nördlich von Ayo, bei Carolina, las ich einzelne Rollsteine im Alluvium des Flusses auf, worunter auch einen Kalkbrocken von mehreren cm Durchmesser, das einzige postarchaeische Sedimentärgestein, welches mir ausser den erwähnten Neubildungen aus Surinam bekannt wurde und welches, seiner Grösse nach zu urtheilen, sich nicht sehr weit von der ursprünglichen Lagerstätte befinden dürfte. Es ist ein dichter, von feinen Kalkspathadern durchzogener, grauer

1) Die Neubildung von Lateriten im Waldgebiete wurde schon oben erwähnt (pag. 150 u. 153). Sie sind in gewissem Sinne als ein Aequivalent der eisenschüssigen Sandsteine des Stromes anzusehen.

Kalkstein, dessen angewitterte Oberfläche Andeutungen von Petrefakten zeigte. Seine mikroskopische Untersuchung ergab aber leider nur stark metamorphosirte, unbestimmbare organische Reste, unter ihnen auch einen Querschnitt durch eine Koralle (mit noch erkennbaren, gleich langen, radiären Kalkscheidewänden und einer warzenartigen Columella), welche den Alcyonarien angehören könnte. An demselben Orte kommen Brocken von Quarziten vor, welche zum Theil durch grosse Blätter eines hellen Glimmers ausgezeichnet sind; einige von ihnen gleichen ganz den Quarziten von Tafra, und es ist wohl nicht zu bezweifeln, dass sie gleichaltrigen Schichten entstammen. Endlich sind Gerölle von Bleiglanz bei Carolina nicht selten. Beim Zurückziehen des Wassers zur Ebbezeit sieht man am Strande daselbst schwarze Streifen des zerkleinerten Minerals vom Ufer zum Flusse sich hinziehen und Brocken von mehreren cm Durchmesser werden beim Graben vielfach gefunden. Man hat sogar an eine Gewinnung des Erzes gedacht, da man sich übertriebene Vorstellungen von dem Vorkommen machte.

Von desto grösserer Bedeutung sind die Goldseifen, über deren Reichthum schon im ersten Theile dieses Werkes gesprochen ist [1]) und deren Ausbeutung nach californischer Weise durch Sluice und Long Tom, besonders durch letztgenannten Apparat, geschieht. Nur an Einem Orte hatte ich Gelegenheit die Goldseifen näher kennen zu lernen, und zwar einige Wegstunden östlich von Brokopondo in einem vermuthlich aus krystallinischen Schiefern und Diabas aufgebauten Landstriche. [2])

Hier wurde das Gold aus einer Geröllschicht von etwas mehr als 1 m Mächtigkeit gewonnen, deren Liegendes ein gelber, zäher Lehm war. Derselbe Lehm trat im Hangenden in ½—1 m Mächtigkeit auf und wurde durch eine Humusschicht von wechselnder Dicke überlagert. An anderen Orten wechseln goldführende Geröllagen, laut mir gemachten Mittheilungen, mehrfach mit dem Lehme ab. Die Gerölle, welche ich unweit Brokopondo in den Goldseifen antraf, liessen leider keine nähere Bestimmung zu, denn ausser grobkörnigen Quarziten fand sich darunter nichts anderes als völlig zersetztes Material, worunter wieder eisenreiche Laterite.

Es bleibt mir zum Schlusse noch die Umlagerung, welche die alluvialen Bildungen im Unterlaufe des Flusses erfahren, zu besprechen übrig, denn obwohl sie nach denselben Gesetzen wie in anderen Gegenden von gleichem geologischem Bau sich vollzieht, so ist die Wirkung der Wassermengen zur Regenzeit doch eine weit grossartigere als unter übrigens gleichen Stromverhältnissen in den

---

1) Land und Leute pag. 17.

2) oben pag. 153.

meisten aussertropischen Ländern. Geringfügige Unterschiede in der Zusammensetzung des Bodens, welche die erste unbedeutende Krümmung des Flusses hervorrufen, geben sehr bald den Anlass zur weiteren Verschiebung der Curve nach aussen, der Loslösung der Sedimente an der convexen, ihres Niederschlages an der concaven Seite, und so ziehen sich die Ströme gleich ihren Nebenflüssen in vielen maeandrischen Krümmungen durch das flache, alluviale Küstenland von Surinam. Wo diese Schlangenwindungen fehlen, wie am Unterlaufe des Maroni, da besitzt auch das Alluvium nur eine äusserst geringe Entwicklung.

Wird die Curve sehr scharf, so dass sie, mit nahezu elliptischem oder kreisrundem Umrisse versehen, erst auf weitem Umwege zu ihrem Ausgangspunkte zurückkehrt, und demzufolge der Absatz von Sedimenten in diesem Flussabschnitte befördert, so bietet die Regenzeit die günstigsten Umstände für die weitere Erfüllung von Bedingungen, welche zur Abtrennung eines hufeisenförmigen Stückes des Stromlaufes führen; der Fluss bricht aus, indem er sich ein neues, den Weg abkürzendes Bett gräbt. Solche Canäle, in denen der Strom seinen nach rechts und links verlegten Lauf selbst corrigirt, sind in Surinam ungemein verbreitet. Sie befinden sich, 2 an Zahl, am Nickerie unterhalb der Mündung des Aruaruakreeks und tragen hier die Namen Manilie- und Warappekreek, ferner an der Maratakka, ausserdem am Coppename oberhalb der Einmündung der Wayombo und unterhalb der ersten Granitfelsen, hier wiederum zwei an Zahl. Auch der rechte Nebenfluss des Coppename, der Tibiti, besitzt zwei solcher Querverbindungen, ebenso der Cusewijne und die Para; ferner befindet sich eine solche bei Sommelsdijk, an dem Zusammenflusse von Cottica und Commewijne, und weiter aufwärts folgen in erstgenanntem Nebenflusse dicht auf einander noch 3 an Zahl. An der Perica, linkem Nebenflusse der Cottica, kommt die Bildung ebenfalls vor.

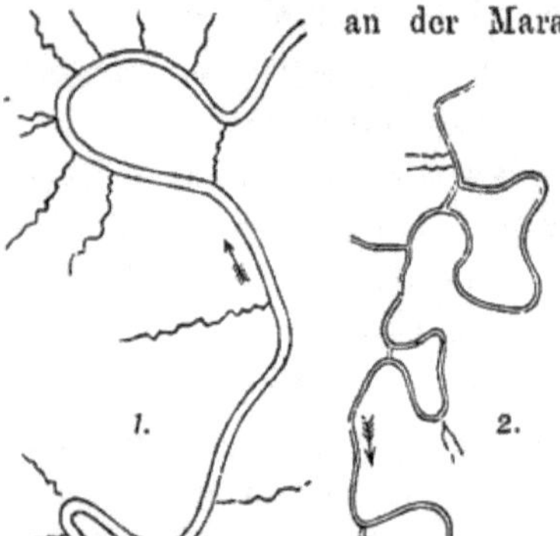

Fig. 40. Stromschlingen des Coppename (1) und der Cottica (2). $\frac{1}{100000}$

Die Querverbindungen der Stromschlingen müssen die Versandung der ursprünglichen Krümmungen und somit die Bildung untiefer Wässer und Moräste befördern, und vielleicht gehören zu diesen die beckenartigen Erweiterungen, welche Voltz von Aruarua [1]) und Wayombo als *Piroto's* anführt und die nach

1) Gleichbedeutend mit Arrawarra auf der Karte von Rosevelt. Voltz sagt, dass der Name „Aruarua" in der Sprache der Arowakken der „biegungsreiche" Kreek bedeute.

ihm durch geringen Strom ausgezeichnet sind.[1]) Sie dürften den bekannten sichelförmigen Altwassern des Mississippi und anderer Ströme zu vergleichen sein und offenbar ist auch „Indianenpul", oberhalb Finisanti an der Saramacca, zu den Altwassern zu zählen.

Veränderungen des Flusslaufes kommen indessen auch im oberen Stromabschnitte vielfach vor, und wenngleich die Schlingen nicht in demselben Maasse sich hier entwickeln können, so erfolgt doch die Bildung von Inseln im Oberlaufe häufig nach denselben Principien, sobald die alluvialen Ablagerungen an irgend einem Orte eine bedeutendere horizontale Ausdehnung erfahren haben. Das niedrige Uferland, welches sich als Terrasse über den Strom der Trockenzeit erhebt, wird dann zur Regenzeit zerschnitten, und es entstehen Wasserläufe, welche nur durch ihre Beschränkung auf das Inundationsbett sich von den Windungen der Ebene unterscheiden. Nicht selten zieht sich auch neben dem Hauptstrome ein zur Trockenzeit leerer Graben hin, welcher durch einen nur wenige Meter breiten alluvialen Wall von jenem geschieden ist. Nahe dem Ufer im Flusse stehende Baumstümpfe beweisen ferner, dass kleine Veränderungen des Laufes überhaupt nicht ungewöhnlich sein können, und fallende Bäume, die nach Unterwaschung des Ufers gewaltige Mengen von Erdreich mit sich fortreissen — nicht selten sieht man bedeutende senkrechte Abstürze, die so entstanden sind — dürften ebenfalls eine erhebliche Rolle dabei spielen.

Es liess sich von vornherein erwarten, dass die hohen, alluvialen Ufer so wenig wie die starken Windungen des Laufes auf das Gebiet des Surinam beschränkt seien, und die Mittheilungen von Voltz erweisen auch, dass die Erscheinung in Niederländisch-Guiana allgemein verbreitet ist. Dieselben Verhältnisse finden wir ferner in Britisch-Guiana,[2]) und überhaupt müssen sie, wie bekannt,

---

1) Rosevelt's Karte giebt hierüber keinen Aufschluss. Vermuthlich ist wegen der sehr weiten Verbreitung von Morästen im Alluvium Surinams die Erscheinung nicht weiter beachtet. Auch kann die Kartirung derselben wegen der beständigen Veränderung der Wasservertheilung nur einen vorübergehenden Werth haben.

2) Nach Schomburgk (Reisen in Guiana und am Orinoko, Leipzig 1841) hat der Cuyuni steile Lehmufer, kurz bevor er in den Essequibo fällt (pag. 43), und kommen 10—12 Fuss hohe Lehm- und Sandwände im Unterlaufe des Essequibo vor. „Hinter ihnen zieht sich gewöhnlich ein natürlicher Graben hin, der durch die zurückweichenden Gewässer nach den jährlichen Ueberschwemmungen gebildet ist" (pag. 47). Kurz unterhalb des Rupununi, des linken Nebenflusses des Essequibo, sind die Ufer des Letzteren „12—15 Fuss hoch, von einem weissen Thon" (pag. 66). Die Ufer des Rupununi „bestehen aus einem gelblichen Thon mit Sand". Diese Ufer „sind steil, gegen 16 Fuss hoch, und die horizontalen Streifen von Sand und Schlamm zeigen den verschiedenen Wasserstand nach den Ueberschwemmungen deutlich an" (pag. 68). Oberhalb Tomatai, in der Nähe

überall wiederkehren, wo bei nicht zu starkem Gefälle gewaltige Schlammassen mit Hilfe oft auftretender Ueberschwemmungen im Flusslaufe ab- und umgelagert werden können. Tropische Gegenden mit normaler Regenzeit erfüllen aber allgemein diese Bedingungen, abgesehen vom Relief des Landes, und stimmt auch das Letztere mit den von Surinam geschilderten Verhältnissen in den Hauptzügen überein, so begegnen wir auch denselben Uferterrassen und denselben Stromschlingen. Grossartig ist ihre Entwicklung am Amazonenstrom [1]) und, um von anderen Erdtheilen ähnliche Bildungen anzuführen, so berichtet bereits Horner von Borneo, dass der Baritu von „einer Art Uferdeich" begrenzt werde, welcher durch Anschwemmungen gebildet sei, [2]) dass zahlreiche Querverbindungen von Krümmungen in seinem Laufe vorkommen, welche hier *Antassan's* oder *Tirussan's* genannt werden, dass viele Meere durch Verstopfung der Antassans gebildet werden u. s. w. Nach gütigen Mittheilungen meines Freundes J. Büttikofer, des bekannten Erforschers Liberias, wiederholen sich an der Westküste von Afrika abermals genau dieselben Verhältnisse, und leicht liesse sich die allgemeine Verbreitung der erwähnten Erscheinungen in regenreichen, tropischen Gegenden noch weiter verfolgen; doch möge es an diesem Orte genügen, darauf hingewiesen zu haben.

Auszug aus den Briefen von Voltz.

Im Folgenden habe ich versucht Alles Dasjenige zusammenzustellen, was aus den von Voltz an Staring gerichteten Briefen von geologischem Gesichtspunkte aus

der Insel Alavarlae „erheben sich die Ufer (des Corantijn) von 10—12 Fuss; sie bestehen aus einer Thonart" (pag. 179). — Vgl. ferner Brown u. Sawkins, speciell pag. 172 ff. — Mappa Lake am Berbice und das Meer am Kimbiakreeke, rechten Zufluss des erwähnten Stromes, sowie ähnliche andere Wasser von Britisch-Guiana gehören wohl auch zu den Seebildungen der oben behandelten Art.

1) Sieh Brown, On the ancient river-deposit of the Amazon (Quart. Journ. Geolog. Soc. London 1879. Vol. 35. pag. 763.) — Derby nimmt freilich an, dass das untere Stromthal des Amazonas ein Aestuarium gewesen sei, in welches die jetzigen Nebenflüsse als selbständige Flüsse einmündeten, und dass nach Hebung des Aestuariums diese Letzteren zu tributären Gewässern herabgesunken seien. Die Canäle der Deltas der einstmaligen Nebenflüsse seien zu sogenannten „Furos" geworden, d. h. zu Verbindungscanälen zwischen verschiedenen Zuflüssen des Amazonas; während „die Canäle des schlammigen Grundes des Aestuariums" zu sogenannten „Paranamirins" wurden, d. h. zu Canälen, welche zu demselben Flusse zurückkehren, von dem sie ausgehen. (O. A. Derby, Physik. Geogr. u. Geolog. Brasiliens — Mitthlgn. d. geogr. Ges. zu Jena V. 1887. pag. 18). Diese Annahme Derby's entbehrt genügender Begründung und ist überhaupt überflüssig, da Brown's Darstellung die Canalbildung völlig erklärt.

2) Verslag van een geol. onderzoek v. h. Z.O. gedeelte van Borneo. 1837 (Verhandelgn. v. h. Bataviaasch Genootschap, XVII) pag. 93, ff.

Interesse verdient, ausgenommen einige, bei den Muschelbänken mitgetheilte Einzelheiten. Ich habe das Material so gesichtet, dass es bei einer späteren Bearbeitung der Voltz'schen Sammlung, übersichtlich gruppirt, ohne Mühe benutzt werden kann. Dazu war es nöthig die ursprüngliche Anordnung, wie sie sich in den Briefen findet, vielfach zu verlassen, da Zusammengehöriges aus leicht ersichtlichen Gründen von Voltz mehrfach an verschiedenen Orten behandelt wird. Aus gleichen Gründen führe ich den Schreiber nicht immer selbst sprechend ein; zumal die umfangreichen Briefe neben geologischen Beobachtungen viele Mittheilungen über persönliche Erlebnisse, Vegetation etc. enthalten, wodurch der Faden oftmals unterbrochen ist. Zusätze habe ich nur dort gemacht, wo es der Deutlichkeit wegen erforderlich war, vor allem zur Fixirung der Lokalitäten; denn da Voltz die Rosevelt'sche Karte noch nicht benutzen konnte, so bedarf es nicht selten eines sehr ausführlichen Studiums seiner Schriftstücke zur Orientirung, eines Studiums, welches durch die verblassten, auf dünnem Mailpapier geschriebenen Buchstaben nicht wenig erschwert wird. Indessen hoffe ich auf diese Weise von den Forschungen des verdienten Reisenden bewahrt zu haben, was noch zu bewahren möglich war.

Meine eigenen Zusätze sind in eckigen Klammern beigefügt; dabei bedeutet S. die Karte von Sijpestijn, welche auch Voltz benutzte, R. diejenige von Cateau v. Rosevelt, worauf die Orte [1]) näher zu vergleichen sind. Wo Voltz selbst spricht, sind Anführungszeichen beigefügt, bei veränderter Wiedergabe seiner Mittheilungen fehlen dieselben. Alle so angebrachten Veränderungen beziehen sich indessen lediglich auf Gruppirung der beobachteten Thatsachen, enthalten somit nichts Fragliches. Ich folge stets dem Laufe des Flusses von der Mündung ab nach aufwärts.

a. Beobachtungen am Maroni.

(Brief vom 1en Mai 1855).

An der *Mündung des Wanekreeks* ist das holländische Ufer „ziemlich hoch und an einigen Stellen ist es selbst stets über dem höchsten Wasserstande gelegen. Es besteht aus einem gelben, thonigsandigen Boden mit vielem braunen Eisenocker. Oefters treten Bänke von weissem Clay darunter hervor, und darüber zieht sich längs des Flusses eine Lage Sand von derselben Beschaffenheit wie der in seinem Bette selbst, von einer Dicke von wenigen Zollen bis zu 2—3 Fuss und von geringer Breite. An einigen Stellen ist sie unterbrochen. An dem unmittelbaren Ufer, wo abwechselnd durch Ebbe und Fluth Trockene und Nässe herrscht, ist der Flussand an einzelnen Stellen zu festen, geschichteten Conglomeraten von geringer Ausdehnung durch Eisenoxydhydrat verkittet."

1) Die Orte, welche in erster Linie zur Orientirung dienen können, sind cursiv gedruckt.

Weiter flussaufwärts steht am französischen Ufer „Granit von grobem Korne mit weissem Feldspathe" an [dieser Punkt muss ein wenig südlich von den *Arouabo Inseln*, kaum unterhalb St. Laurent, gelegen sein. R.], und eine Viertelstunde oberhalb dieses Punktes besteht der Boden des französischen Ufers „mehr aus den Verwitterungsprodukten des Granits als der des holländischen Ufers, welcher zum grössten Theile aus Grünsteinzersetzung hervorgegangen zu sein scheint." Auf diesem Boden liegt auch *Albina* [R.; nicht S.]. „Die 20 Minuten entfernten Hügel [bei Albina. Es sind wohl die westlich gelegenen gemeint. Vergl. R.] bestehen aus einem dichten, äusserst feinen Grünstein und aus Granit. Beide sind zum Theil zersetzt."

Die Insel Orinabo [*Oranobo* R.] ein wenig oberhalb Albina besteht wieder aus Granit, welcher von „einer dicken Schicht lehmigen Bodens" überlagert wird. Dieselbe Felsart steht weiter oberhalb am holländischen Ufer an [etwa gegenüber dem Südende der grossen Insel, welche von S. als Terra Firma, von R. als *Portal* bezeichnet wird] sowie im Bette des *Aranduïnikreeks*, an dessen linkem Ufer Granit auch eine kleine Höhe bildet.

Oberhalb der Insel *Blakarébo* folgt eine Reihe kleiner Eilande, darunter *Iribaribatu* [R.], zwischen denen Granitfelsen in grosser Zahl, namentlich am holländischen Ufer, gelegen sind. Daselbst am französischen Ufer auch Quarzfels neben Granit. Die Quarzite treten öfters in grossen Felsen auf, so auch etwas unterhalb Kuitara [mit *Guidala* R. identisch], und scheinen Gänge zu bilden; Erzspuren waren indessen in ihnen nicht wahrzunehmen. Bei der Inselgruppe Kuitara [Guidala] ändert sich die Formation [R. verzeichnet hier „Felsen von Granit und Gneiss mit Granaten"] und an der holländischen Seite bildet der Asekedakanakreek [*Aschendagana* R.; bei S. Uruwaruwa genannt, wie auch Voltz bemerkt. Nicht mit dem weiter oberhalb mündenden Aruwarwa zu verwechseln.] die südliche Grenze des Granitterritoriums, dessen Hügel im Wesentlichen W—O streichen.

Die geognostische Beschaffenheit beider Ufer ist in allen Hauptzügen die gleiche. Stellenweise steht in dem Granitgebiete ein weisser Thon an, wie er auch am Coppename, Nickerie und Corantijn vorkommt und welcher von den Negern der Para gegessen wird. Quarzgerölle sind im Maroni, besonders an der rechten Seite, sehr zahlreich, während alle anderen Flüsse Surinams arm an Geröllen sind.

„Am südlichen Ende der letzten Insel, der vorhin erwähnten Gruppe von Kuitara [*Guidala*] steht ein aus Glimmerschiefer bestehender Fels an dem Ufer zu Tage. Er ist in einzelne Schichten abgetheilt, die fast senkrecht und in rechtem Winkel gegen die Richtung des Flusses einfallen. Sie sind reich an Quarzadern, welche stets parallel mit den Schichtungsflächen laufen. Der Glimmer ist schwarz und das Ganze hat eine dunkelgraue Farbe. Als zufällige Gemengtheile erscheinen Granaten darin, welche meist von dunkelbrauner Farbe, oft aber auch mehr gelblich bis röthlich gefärbt sind und gewöhnlich die Krystallform des Rhombendodekaëders, bisweilen in Verbindung mit dem Ikositetraëder zeigen. Einige von denen, die ich fand, waren sehr schön ausgebildet und linsengross."

„Ausser an dieser Stelle findet man das Gestein auch auf der dritten, grösseren Insel der Kuitaragruppe und auf dem holländischen Ufer, dieser gerade gegenüber. Auf jener ist es mehr in zersetztem Zustande und zeigt es noch ein anderes Mineral, welches ich noch nicht bestimmen konnte und welches viel an Epidot erinnert. An dem holländischen Ufer ist es von ähnlicher Beschaffenheit als auf der zweiten Insel Kuitara, aber man bemerkt hier eine Erscheinung, welche von grossem Interesse ist. Es scheint nämlich ein allmähliger Uebergang des Glimmerschiefers in Grünstein stattzufinden. Je weiter sich nämlich das Gestein vom Wasser entfernt, um so geringer wird der Glimmergehalt, und in wenigen Fuss Abstand von dem Wasser zeigt es den Glimmer und die glimmerschieferartige Beschaffenheit nur auf der Oberfläche, während das Innere äusserlich ganz und gar nicht von Dioritschiefer zu unterscheiden ist. Auch dieses dichte Gestein enthält Granaten. — Etwas oberhalb dieser Stelle zeigen sich, nachdem man an einer kleinen, sumpfigen Insel vorbei ist, grosse, unregelmässig geformte und ebenso unregelmässig durch- und über einander liegende, weisse und graue Quarzblöcke."

Der erste Hügel, welcher jetzt flussaufwärts am holländischen Ufer auftritt, „besteht gänzlich aus Brauneisenstein, welcher die deutlichen Spuren seiner Herkunft aus Grünstein an sich trägt" [dieser Punkt muss ungefähr gegenüber der Mündung des *Siparawinikreeks* gelegen sein]. Dann folgt in geringer Entfernung [südlich] „eine Anhöhe, welche ebenfalls sehr viel Brauneisenstein hat, grösstentheils aber von einem graurothen Thonschiefer gebildet ist, der von da an alle Hügel bis unmittelbar unterhalb Armina zusammensetzt [es ist wohl ein Irrthum, dass bei R. hier Grünstein verzeichnet steht] und auch überall auf dieser Strecke längs des französischen Ufers getroffen wird. Ebenso beobachtete ich ihn an beiden Ufern der Siparuini (Siparawini R.)...., dessen Lauf ich 4 Stunden weit verfolgte". Der Thonschiefer ist von „grauer, rother und gelber Farbe, sehr bröckelig, reich an Quarzadern zwischen den Schichtungsflächen und mit viel Brauneisenstein und Thoneisenstein an der Oberfläche. Ich habe dieses Gestein noch niemals in Surinam gesehen [es war die letzte Reise von Voltz]. Versteinerungen fand ich trotz vielfacher Bemühungen keine darin. Es scheint der Dioritbildung anzugehören und viel Aehnlichkeit mit den Bildungen in der brasilianischen Provinz Maranham zu haben, in welchen man in neuerer Zeit Goldlagerstätten von grösstem Umfange entdeckte".

Ein wenig oberhalb des *Sakurakreeks* steht am französischen Ufer Grünstein an, „in welchem ein wasserhelles Feldspathmineral und ein dunkelgrünes Hornblendegestein deutlich zu erkennen sind. Dieselben Gesteine bilden mehrere Felsen und Inselchen im Flusse und ziehen sich bis vor die Mündung des Kreeks Takutu, welcher oberhalb des *Aruarua* [Aroewarwa R.] mündet. Hiernach folgen die Stromschnellen von *Armina*. Sie werden durch verschiedene Riffe gebildet, welche sich in O—W Richtung durch den Strom ziehen und aus einem eigenthümlichen grünsteinartigen Gestein von dunkel- und hellgrauer Farbe bestehen, je nachdem es von der Verwitterung angegriffen wurde, und grosse Aehnlichkeit mit gewissen Gesteinen des Coppename und Suriname hat". [Armina ist der südlichste, von Voltz erreichte Punkt am Maroni].

b. Beobachtungen am Surinam.

(Brief vom 1ten October 1853.)

Den Fluss aufwärts fahrend trifft man zuerst bei *Worsteling Jakobs* Granit an, „der zum grössten Theile an der Oberfläche verwittert ist, und da der Feldspath als Thon hinweggeführt wurde, sich als ein feiner Sand von scharfkantigem Korne, mit Glimmerblättchen untermischt, darstellt". — „Auf dem rechten Ufer trifft man dieses Verwitterungsprodukt des Granits etwas früher, nämlich an der sogenannten *Judensavanne*." Bei *Gelderland* wurde ein kleiner Bohrversuch gemacht, ohne dass in einer Tiefe von etwa 5 m festes Gestein gefunden wäre, zugleich wurden einige Beobachtungen über Erdtemperatur angestellt. „Bei sechs, in einer Tiefe von 1 rh. Fuss angestellten Beobachtungen blieb das Thermometer auf 81,5° F. stehen, obwohl die auf das Bohrloch scheinende Sonne eine Hitze von 120° entwickelte. Bei 3 Fuss Tiefe zeigte das Thermometer eine merkbare Erhöhung." Eine in der Nähe befindliche Quelle [offenbar die bekannte Quelle der Judensavanne] zeigte ebenfalls eine Temperatur von 81° F, und dieselbe Temperatur wurde noch bei mehreren anderen Quellen gefunden.

Bei *Phaedra* befindet sich eine etwa 80 rh. Fuss hohe Anhöhe, welche aus Granit besteht; aber ein wenig oberhalb des Ortes ändert sich die Formation und tritt Grünstein am Ufer des Flusses auf, welcher sich bis zum Sarakreek hinzieht. Als Liegendes dieses Grünsteins wird Granit angesehen „denn auf dem Boden der kleinen Thaleinschnitte findet man nicht nur überall verwitterten Granit, sondern man trifft auch festanstehenden, und Bruchstücke dieser Eelsart sind da, wo nur

Grünstein als anstehender Fels getroffen wird, keine Seltenheit". — „Die einzelnen Grünstein-, resp. Diabas-Hügel sind gewöhnlich nur einige hundert Schritte von einander entfernt. Der Diabas ist auf seiner Oberfläche vollständig verwittert" und hat dadurch u. a. eine grosse Menge von Brauneisensteinknollen gebildet. „Sie sind sehr schwer und scheinen viel Eisen zu enthalten".

Zwischen Morea und Bergendaal befindet sich im Flusse eine kleine Insel, welche „von einem Glimmerschiefer gebildet wird, der eine Menge kleiner Granaten enthält und in welchem sich Anzeichen eines Erzganges befinden". [Es ist *Tafra* gemeint.]

An der östlichen Seite des *Blauen Bergs* hat man früher einen Versuchsbau auf edle Metalle betrieben, offenbar auf unzulängliche Anzeichen hin. „Ich fand in einem feldspathigen Gestein, welches am Fuss des Berges ansteht, Spuren von Kupfer- und Eisenkies". — „In der Nähe des Negerdorfes daselbst durchsetzt ein kolossaler Quarzgang den Grünstein".

Das Hauptgestein an der *Sarakreek* ist Granit, doch kommen hin und wieder auch noch einzelne Grünsteindurchbrüche vor. Ueberraschend war mir die Menge Braunstein, welche in dem das unmittelbare Ufer bildenden Lehme lag".

Am *Arusabanja-Falle* durchsetzt eine Anzahl kleiner Grünsteingänge den Granit. [Es ist dies der südlichste Punkt am Surinam, über den eine Notiz von Voltz vorliegt. Er erreichte Gansee, wurde aber dort von den Buschnegern in förmlicher Gefangenschaft gehalten und endlich gezwungen wieder umzukehren.]

c. *Beobachtungen am Coppename.*

(Brief vom 20ten April 1855.)

Im oberen Abschnitte des letzten, rechten Nebenflusses, welchen der Coppename aufnimmt, des *Cusewijne*, tritt mehrmals Granit auf; im Bette des *Tibiti*, des aufwärts mündenden, rechten Nebenflusses, steht neben Granit auch Grünstein an, und zwar oberhalb der von ihm durchströmten Savanne.

Ein wenig oberhalb der Mündung des Tibiti steht bei *De goede Hoop* am Coppename weisser und rother Letten an, der ein 5—6 Fuss hohes, steiles Ufer bildet und welcher an der Mündung des Stromes bei Batavia in wenigen Fussen Tiefe als Liegendes des Alluviums, des grauen Clays, gefunden wurde.

An der zweiten, schlingenförmigen Krümmung des Coppename [dort wo R. *Tweede doorsnede* verzeichnet] „ist das Ufer auf dem ganzen seitherigen Laufe am höchsten". Es steht etwa 25 Fuss über das Wasser senkrecht hervor und wird „von weissem Thon mit rothem und gelbem Ocker und mit gelbem Lehm darüber" gebildet. Ein wenig oberhalb besteht das rechte Ufer aus rothem Thon.

„Nachdem der Fluss hier noch zwei kurze Biegungen gemacht hat, bemerkt man die ersten Felsen in seinem Bette. Es ist Granit" [dieser Punkt muss nahe der Mündung des *Amerikakreeks* gelegen sein. Vgl. R.]. Von Gude Hoop bis hieher reicht also die „Savannen- und Thonformation". Ein wenig oberhalb folgt dann in seinem Bette „eine bedeutende Partie Grünsteinfelsen" am rechten Ufer [nach der Beschreibung etwa in der Gegend des *Netikreeks*]; dann stehen aufwärts „granitische Felsen aus dem Wasser, welche grosse, tafelförmige Blöcke von Gneuss darstellen, die durch eine zahllose Menge von oft mehr als einen Zoll langen Feldspathkrystallen, ganz ähnlich den bekannten böhmischen, ein eigenthümliches Ansehen bekommen. Der Feldspath ist violet gefärbt". Die Felsen nehmen eine Strecke von etwa $^1/_2$ Stunde Länge im Flusse ein. „Am Ende derselben befindet sich ein kleines, aus Grünstein bestehendes Inselchen". [Der Beschreibung nach muss die geschilderte Gneisspartie sich in der Gegend des *Dee-* und *Kwarikreeks* befinden.] Das genannte Inselchen ist *Leguanen Eiland*. „An beiden Ufern sind hier Grünsteinhügel bis mehr als 200' Höhe".

Die ersten Felsen, welche folgen, sind Granitblöcke von ungeheurem Umfange. Sie erfüllen das ganze Bett des Flusses; nur eine kleine Grünsteinpartie zeigte sich dazwischen. Dann folgen stromaufwärts gegen 100' hohe, aus verwitterten Grünsteinen gebildete Hügel, welche das Ufer einfassen. Die genannte Felsart nimmt „von da an in unzähligen Varietäten, die man, einzeln betrachtet, gar nicht mehr als Grünstein sollte gelten lassen, den ganzen von mir durchfahrenen Raum von sicherlich mehr als einen Breitengrad bis an die grossen Wasserfälle ein." Grünstein bildet auch die erste Stromschnelle, welche durch einen W—O streichenden Damm des genannten Gesteins verursacht wird. Weiter aufwärts folgen „kleine Wasserfälle von etwa 2' Höhe", welche von einem „vereinzelt auftretenden Gneuss" gebildet werden, „vor dem der Flussand zu einem ziemlich festen Conglomerate durch Eisenoxydhydrat verkittet ist". [Die Orte lassen sich nicht genau mehr fixiren, doch kann der Gneiss, wenn man dem Gange des Briefes folgt, wohl kaum an einer anderen Stelle als im 2' hohen *Manakoafall* anstehen].

„Der Fluss hat nun eine längere Strecke hindurch wenig Felsen, aber desto mehr Sand in seinem Bette". Endlich folgt „schiefriger Grünstein; ähnlich dem, welchen ich von den Gujava Eilanden im Suriname gesandt habe" [es sind offenbar mit Guave bewachsene Inseln gemeint; Kujawa Eiland ist bei S. unterhalb der Mündung des Sarakreeks verzeichnet]. Dann zahlreiche Inseln und Felsen, zwischen denen viele Sandbänke gelegen sind; Bruchstücke von Quarz und Granit im Flussbette. In dieser Gegend liegt auch eine aus Grünstein gebildete Insel [es kann nur *Makambo* sein]; die Ufer des Flusses sind hoch [ebenfalls auf der Karte von R. verzeichnet].

Weiter aufwärts folgen Stromschnellen, welche durch Granit und Grünstein veranlasst werden [es können nur diejenigen sein, welche sich zwischen *Roozen-* und *Vischkreek* befinden, wie sich aus den von Voltz stets angegebenen Richtungsänderungen des Flusses schliessen lässt]. Etwas weiter südlich kam plötzlich ein nur wenige Stunden entferntes Gebirge zu Gesicht „aus welchem ein Berg von ansehnlicher Höhe und von der Gestalt eines in $^2/_3$ der Höhe abgestumpften Kegels hervorragte. Er mag wohl 800—1000' hoch sein [Voltz schätzt entfernte Gebirge meist zu hoch]. Das Ganze war mit Wald bewachsen, aber auf der Nordwestseite dieses Berges glänzte uns eine ansehnliche, weisse Fläche entgegen, welche die Indianer wohl mit Recht für eine Savanne hielten. [Der Punkt, von dem aus Voltz das Gebirge sah, muss in der Nähe der Mündung des *Jabakreeks* gelegen sein. R. verzeichnet den Berg und die Gesichtslinie ebenfalls]. Hier bildet ein durchsetzender Grünsteingang bedeutende Stromschnellen.

Am südlichen Ende einer „wohl mehr als $^1/_2$ Stunde langen Insel", welche den Fluss in zwei Canäle theilt [es kann nur *Fungu Eiland* sein] beginnt ein Felsenmeer von ungeheuren Granitblöcken. Dann folgen Wasserfälle, welche nicht überschritten werden konnten. Sie werden sämmtlich von Granit gebildet.

[Die Fälle wurden von Voltz, der sie zuerst gesehen, alle mit besonderen Namen belegt, die leider später nicht beibehalten sind. Es sind diejenigen, welche auf Rosevelt's Karte als *Raleigh's Wasserfälle* verzeichnet stehen. Die Schilderung von Voltz erinnert durchaus an das Gebiet des oberen Surinam; aber die Raleighfälle scheinen nicht passirbar zu sein, denn auch Rosevelt's Karte endigt hier.]

d. Beobachtungen am Nickerie und an der Wayombo.

(Briefe vom 18ten Januar und 20ten April 1855.)

In der Gegend des Tapuribakreeks [*Tapoeripa* oder *Tapoeromonipo* R.] steht am Ufer des Nickerie Lehm an, während landeinwärts die bekannte Savannenbildung (verwitterter Granit) folgt. Die thonigen Ufer des Flusses sind hier 6' hoch. Auch an dem in einer grossen Savanne entspringenden *Arkonikreek* „setzt rother und weisser Thon die Gegend zusammen; hin und wieder liegt weisser Savannensand darauf". Gelber Lehmboden bildet die „allzeit wenigstens 4—5 Fuss über den höchsten Wasserstand" hervorragenden Ufer des Aruaruakreeks [Arrawarra R.], welcher Nickerie und Wayombo mit einander verbindet.

[Voltz fuhr die Wayombo bis zur Quelle aufwärts, während in die Karte von R. der Oberlauf dieses Flusses noch nicht eingetragen ist. Ich schalte die Beobachtungen, welche die Wayombo betreffen, hier ein, um nachher zum Nickerie zurückzukehren].

„Vom rechten Ufer her mündet in die meist N-Richtung verfolgende *Wayombo* die Kreek Saramassa. [Es ist der erste von Voltz beim Auffahren der oberen Wayombo genannte Nebenfluss]. — Das Land erhebt sich hinter dem unmittelbaren Ufer zu 30—40' über den Flusspiegel. — Es bestand aus dem bekannten, weissen Granitsande der Savannen. — Die unmittelbaren Ufer blieben [weiter aufwärts] fortwährend niedrig, aber die zahlreichen Kreeken und die weit fort über die Vegetation der Ufer hinragenden Bäume des Innern bewiesen uns, dass das Land dort höher ist. — Etwa eine Stunde oberhalb der Saramassa mündet vom linken Ufer her die Takotu, welche die Verbindung mit der Ariniekreek und dadurch mit dem Nickerie herstellen soll. Ihre Mündung ist etwa 40' breit." Jetzt erscheinen öfters sogenannte Pirotó's, wie sie auch in der Arrawarra auftreten. (Es sind das beckenartige, durch geringen Strom und grossen Fischreichthum ausgezeichnete Erweiterungen des Flussbettes), während der Lauf des Flusses O—W wird. — „Nachdem die Wayombo eine sehr grosse Anzahl Kreeke aufgenommen und man ein kleines Inselchen passirt ist, theilt sie sich in zwei Arme, von denen der von dem rechten Ufer kommende Copiaicuru bei den Indianern heisst." Jetzt verengert sich die unter vielen Krümmungen von S herkommende Wayombo bis auf 20 Schritte und bald darauf ist ihr Ende erreicht. Die Quelle kommt aus Schichten eines durch Eisenoxydhydrat verbundenen Conglomerates, welches vielfach in Surinam und unter anderen an der Para angetroffen wird, zum Vorscheine, am Saume einer Savanne.

[Voltz kehrte zurück und fuhr jetzt die untere Wayombo abwärts, nach Osten. Hier kann ich mich wieder auf die Karte von R. beziehen].

An der *unteren Wayombo*, so unter anderen in der Gegend des Perekokreeks, steht wieder gelblicher und röthlicher Thon und Lehm an. — „Das Terrain blieb an den folgenden Tagen, während welcher wir die Wayombo hinabfuhren, ganz dasselbe. — Ausser rothem und gelbem Thon und Lehm bemerkte ich auch jenen weissen," der bei Oreála vorkommt.

Die Thone sind Zersetzungsprodukte des Granits. Organische Reste fehlen in ihnen ganz, so dass ihr Alter nicht bestimmt werden kann. Die Gebilde haben in Surinam eine sehr weite Verbreitung und es stellt sich heraus: „dass die Alluvionen des Oceans vorall in dem östlichen Suriname auf ein kaum zwei Stunden breites Band zusammensinken."

[Das Folgende bezieht sich wiederum auf das Gebiet des *Nickerie*].

Oberhalb des *Zonnevischkreek* und unterhalb der ersten Felsen im Flusse [dort wo R. verzeichnet „*Rotsen*", nicht zu verwechseln mit dem Punkte weiter abwärts, wo „Rots" am rechten Ufer steht] sind die Ufer ungefähr 30' hoch „und bestehen aus demselben weissen Thon wie die des Corantijn bei Orcála. Ich erfuhr bei dieser Gelegenheit, dass die Arowakken diesen Thon Aurcala nennen." — „Auch die Sandsteine vom Corantijn, von denen Schomburgk irrthümlicher Weise glaubte, dass sie vielleicht der Steinkohlenformation angehörten, fand ich hier wieder, und meine frühere Ansicht, dass sie ganz jugendliche Gebilde und Verwitterungsprodukte des Granit seien, fand neue Bestätigung."

Ein wenig aufwärts wird der Fluss von Granit quer durchsetzt; es sind dies die ersten Felsen im ganzen Flussbette. Es folgt dann noch eine ganze Reihe von Felsen, die alle aus derselben Gesteinsart bestehen und verschiedene Stromschnellen bilden.

Die Granitfelsen sind in den Stromschnellen mit *Lacis fluviatilis* bewachsen [= *Mourera fluviatilis*; ganz wie im Surinam]; sie theilen im Vereine mit kleinen Inseln den Strom hier in viele Arme und ziehen sich mehrere Stunden lang durch den Fluss fort. „Der Fluss hat meist SW-Richtung und hohe Ufer. Der Boden längs desselben ist aus Granit- und Grünsteinverwitterungsprodukten zusammengesetzt."

Jetzt theilt sich der Fluss in zwei Arme, der aus SW kommende soll *Masonia*, der kleinere, aus SO kommende Arm *Nickerie* heissen. Alle darum befragten Indianer stimmten bezüglich der letzteren Benennung in ihren Aussagen überein. [Die Karte Rosevelt's endigt hier und die Arme sind nicht mehr benannt. Ten Kate, welcher den Nickerie später bereiste und noch weiter aufwärts drang, theilte mir mit, dass der grössere südwestliche Arm Nickerie, der andere *Fallawatrakreek* heisse. Da von hier an alle Karten fehlen, so lässt sich die Reise von Voltz nicht genau weiter verfolgen].

Wenige Schritte von der Mündung der *Fallawatra* (d. i. „fallendes Wasser") aufwärts in diesem Nebenflusse „stürzt sich das Wasser über einen etwa 5' hohen Granitdamm," welcher O—W streicht. — „Der ganze Fluss [Fallawatra] ist, soweit ich ihn an diesem und dem folgenden Tage verfolgen konnte, voll Granit- und Grünsteinfelsen". — Weiter oberhalb bilden Granit und Grünstein wieder einen kleinen Wasserfall.

[Von hier kehrte Voltz zur Mündung der Fallawatra zurück und fuhr nun den *Nickerie*, nach ihm „Masonia", aufwärts.].

„Feinkörnige Granite mit ziemlich starkem Magneteisengehalte" ziehen sich mehrere Stunden lang den Nickerie flussaufwärts im Bette hin. „Die Ufer sind hoch und bestehen unmittelbar am Flusse aus weissem, grauem und gelbem Thon."

Jetzt folgt im Bette eine Strecke von etwa 6 Stunden, welche frei von Felsen ist; in ihrer Mitte mündet von rechts ein bedeutender Kreek, dessen Mündung reich an Mokko-Mokko war [Ten Kate vermuthet, dass er Mokkomokkokreek genannt wird]. Darauf steht wieder Granit an „von kugeligem und schaligem Ansehn. Diese Felsen hielten nun an, soweit ich den Fluss hinauffuhr. Sie bilden alsbald Stromschnellen, die eigentlich kleine Wasserfälle von $^1/_2$—2′ Höhe darstellen und bei denen das Wasser von 3 oder 4 Granitterrassen herabfällt." Unter den Graniten kommen wollsackähnliche Blöcke in grosser Zahl vor; ein ungeheures Felsenmeer, Stromschnellen und Wasserfälle verhinderten endlich das weitere Vorgehen, da eine genügende Mannschaft für den Transport des Fahrzeugs fehlte und letzteres selbst bereits beschädigt war. [Diese Gegend ist seit Voltz noch von Keinem wieder betreten].

Allgemeines über Surinam.

Uebersicht der Beobachtungen am Flusse Surinam.

Die ältesten Schichten, welche im Bette des Surinam zu Tage treten, gehören der ARCHAEISCHEN FORMATIONSGRUPPE an; sie bestehen aus Quarziten, Quarzitschiefern, quarzreichen Glimmerschiefern, worunter ein itacolumitähnlicher Muscovitschiefer, ferner Granatbiotitschiefer, Chloritschiefer, Amphiboliten, Hornblendegneiss, Gneiss und verschiedenen zersetzten, schiefrigen Gesteinen, deren ursprüngliche Zusammensetzung noch nicht mit genügender Sicherheit erkannt werden konnte. Alle diese Gesteine bilden nur die widerstandsfähigeren Reste eines Schichtensystems, dessen leichter zerstörbare Glieder im Flussbette nicht mehr erhalten sind, so dass sein petrographischer Charakter nur unvollständig bekannt wurde. Es liefern aber die angeführten Gesteine genügende Handhaben, um die betreffende Schichtenreihe ins obere Niveau der archaeischen Formationsgruppe zu verweisen und sie als huronisch zu bezeichnen.

Die Stellung der Schichten ist überall eine steile; meist stehen sie annähernd oder völlig vertikal, und ihr Streichen ist mit wenigen Ausnahmen nahezu W—O. Sie treten im Flussbette von der Judensavanne ab bis aufwärts zum Diëtifall auf, anfangs sehr vereinzelt, dann in zunehmender Zahl als Barrièren, je mehr man sich dem Oberlaufe des Stromes nähert, je weniger also die einschneidende Thätigkeit des letzteren wirksam sein konnte. Der von der Schichtenreihe eingenommene Raum, senkrecht zum Streichen gemessen, beträgt etwa 52000 m, und diese Ausdehnung in Verband mit der steilen Aufrichtung lässt auf ein System zusammengequetschter Falten schliessen, wenngleich eine Wiederkehr derselben Formationsglieder in dem untersuchten Gebiete nicht wahrgenommen wurde. Die Schwierigkeit und Unvollständigkeit der Beobachtung erklären dies zur Genüge.

Als die nächst jüngere Formation sind die namentlich am oberen Surinam herrschenden BIOTITGRANITE zu betrachten. Schon der Umstand, dass oberhalb des Diëtifalls die Schieferformation fehlt, liefert den Beweis, dass die Granite des Innern nicht etwa als Lagergranite innerhalb der erwähnten archaeischen Sedimente zu deuten sind, trotz des lokalen Auftretens einer, namentlich in Handstücken bisweilen sehr ausgesprochenen, gneissartigen Struktur. Die oben mitgetheilten Einzelbeobachtungen erhärten dies noch weiter und zeigen ferner, dass auch jeder Grund für die Annahme fehlt, als könne das von mir als Granit angeführte, massige Gebirgsglied dem unteren Niveau des Urgebirges angehören.

Es würde kaum nothwendig erscheinen, dies hier besonders hervorzuheben, wenn nicht die Darstellung, welche Vélain vom geognostischen Baue des Surinambettes gegeben hat, so völlig von der meinigen abwiche. Vélain [1]) nämlich kartirt von einem etwa an der Mündung des Siparipabokreeks gelegenen Punkte bis flussaufwärts fast zu den Quellen des Surinam grauen Gneiss, nur in der Gegend von Gansee „granulite à mica noir," also einen Granit im Sinne deutscher Forscher. Worauf sich diese Angaben stützen, erhellt aber aus keinem Worte der betreffenden Publikation, und dass sie für den Stromabschnitt unterhalb der Einmündung des Sarakreeks werthlos sind, ergiebt sich sofort aus dem, was ich oben in meinen Einzelbeobachtungen über diesen Landstrich mittheilte. Deswegen wird es auch unnöthig, Vélain's Darstellung, die lediglich Phantasie ist, für den oberen Lauf des Surinam (das Granitgebiet) im Einzelnen zu widerlegen.

Ich betrachte die Biotitgranite als eine aus den krystallinischen Schiefern hervorgetretene Eruptivmasse, welche sich deckenartig über die Schichtenköpfe der archaeischen Formation ausgebreitet hat, die innerhalb der huronischen Ablagerungen gelegene Granitmasse von Koffiekamp demnach als einen mächtigen Gang, an den sich der porphyrisch erstarrte Granit ein wenig oberhalb im Flusse naturgemäss als schmälerer Gang anschliesst. Doch möchte ich hier nicht die einzigen Ausbruchstellen des Magmas suchen, denn andere Eruptionspunkte können innerhalb des Granitgebietes liegen, an Orten wo durchgreifende Lagerung unmöglich zu beobachten ist. Selbstredend lassen sich hierüber nur Vermuthungen anstellen; doch dürfte es gerechtfertigt sein dieselben auszusprechen, wenn sie lediglich als solche

1) Esquisse géologique de la Guyane Française (Bull. de la Soc. de Géogr. 1886. Paris).

hingestellt werden, um zur weiteren Untersuchung des Gegenstandes anzuregen:

Der bedeutendste Facies-Unterschied wird im Gebiete des Biotitgranits auf der Strecke von Kapua bis Toledo wahrgenommen; hier ist der Reichthum an Schlieren und die damit gepaarte Bildung von Spaltungsgesteinen am grössten, und kein anderer Stromabschnitt lässt sich mit dem genannten in dieser Beziehung vergleichen. Die widerstandsfähigen, hornblendereichen Gesteine gaben den Anlass zur Entstehung der bedeutenden Wasserfälle dieser Gegend und sie sind es vermuthlich auch, welche den Fluss von seiner N—S Richtung abgelenkt haben, denn irgend ein anderer, tektonischer Grund lässt sich für die Aenderung des Laufes in W—O nicht auffinden. Dass sich das Flussbett zwischen Kapua und Toledo allmählig nach Norden vorschob und in die hornblendereichen Gesteine einschnitt, welche ursprünglich die Ablenkung hervorriefen, erscheint dabei nicht befremdlich. Ist aber diese Auffassung richtig, so ergiebt sich daraus, dass die an basischen Schlieren reichste, durch Fluktuationsstruktur ausgezeichnete Partie des Biotitgranits W—O streicht, in Uebereinstimmung mit dem Hauptstreichen der archaeischen Formation, welche von dem Eruptivgesteine durchsetzt wurde. Letzteres könnte längs den Schichtungsflächen des Grundgebirges emporgedrungen sein und die durch einen so auffallenden Facies-Unterschied ausgezeichnete Partie der Granitmasse die Nähe einer Eruptionsstelle andeuten, um welche sich der zuletzt ausgetretene, basische Eruptionsbrei angehäuft hat. Der Reichthum an Hornblende in dem als Gang aufgefassten Granite von Koffiekamp macht die Annahme noch wahrscheinlicher; es bedarf aber dieselbe sehr der weiteren Bestätigung, und besonders ist es wünschenswerth, zunächst zu erfahren, ob die Richtungsänderung der Saramacca, welche etwa auf gleicher Höhe und in demselben Sinne wie am Surinam statt hat, ebenfalls durch die Existenz hornblendereicher Schlieren daselbst ihre Erklärung findet.

Mit der Granitmasse, welche von der Mündung des Sarakreeks aufwärts das Flussgebiet beherrscht, sind aller Wahrscheinlichkeit nach die Biotitgranite des unteren Surinam, zwischen Gelderland und Carolinenburg, zusammenzufassen; sie lassen mindestens keinerlei unterscheidende Merkmale erkennen. Dagegen ist der ZWEIGLIMMRIGE, ROTHE GRANIT VON PHAEDRA von allen übrigen Granitvorkommnissen am Strome so verschieden, dass er von ihnen gesondert werden muss. Es ist indessen unbekannt, wo die Grenze beider Eruptivmassen gelegen ist, und ebensowenig ist ihr relatives Alter festgestellt; deswegen wurden die beiden Granite in der Karte auch vorläufig noch mit einander vereinigt.

Nach dem Biotitgranite erumpirte DIABAS, denn Gänge des letztgenannten Gesteins liessen sich deutlich im Granite des oberen Surinam beobachten, und

Voltz's Untersuchungen am unteren Flusslaufe führten ebenfalls zu der Auffassung, dass der Diabas sich daselbst deckenartig über den Granit ausgebreitet habe.[1]) Auch das Lagerungsverhältniss zwischen Diabas und Schiefer bei Bergendaal lässt sich nur so deuten, dass das Eruptivgestein die jüngere von beiden Bildungen darstellt und auf den Schichtenköpfen der archaeischen Sedimente lagert. Freilich kann die Gleichaltrigkeit sämmtlicher Diabasdurchbrüche nicht erwiesen werden; sie ist sogar im Hinblicke auf die geognostischen Verhältnisse von Britisch-Guiana unwahrscheinlich.

Ausser den quartären Bildungen sind JÜNGERE ALS ARCHAEISCHE SEDIMENTE unter dem von mir gesammelten Materiale nur noch durch den Fund eines Kalkbrockens mit undeutlichen Resten von Fossilien zwischen den Geröllen von Carolina angedeutet, sowie ferner durch einen kleinkörnigen, zerreiblichen, gelblichen Sandstein und einen Thonschiefer aus der Sammlung von Voltz. Der Sandstein, ausgezeichnet durch kleine Aggregate von deutlich krystallisirtem Turmalin, ist laut den Angaben des Catalogs[2]) von Nooitgedacht (also von Carolinenburg), der Thonschiefer von Victoria abkünftig; aber es fehlen alle weiteren Mittheilungen betreffs beider Vorkommnisse. Sie gewinnen nur durch den Vergleich mit der Geologie von Englisch-Guiana eine grössere Bedeutung, wie unten näher zu erörtern sein wird.

Die jüngsten Bildungen im Stromgebiete des Surinam sind ausgedehnte ABLAGERUNGEN DES FLUSSES UND DES MEERES, sowie mächtige noch auf ursprünglicher Lagerstätte befindliche ZERSETZUNGSPRODUKTE, unter denen eine dunkelrothe, durch Verwitterung von Diabas entstandene Erde besonders hervorzuheben ist, da sie mit der durch ihre Fruchtbarkeit sowohl in Brasilien als auch in Englisch-Guiana berühmten „terra roxa" übereinstimmt.[3]) Ausserdem sind Laterite von Bedeutung, welche in den Wäldern aus archaeischen Schiefern und aus Diabas

1) Vgl. oben pag. 182.

2) Die Angaben des Catalogs von Staring sind oft nur annähernd richtig; denn in Fällen wo Voltz schrieb: „Zwischen Lokalität a und b" hat Staring nicht selten nur a oder b angegeben. Das konnte ich aus einzelnen Etiquetten von der Hand von Voltz sowie durch Vergleich meiner eigenen Sammlungen genau erkennen. Dieser Umstand wird bei der Bearbeitung der Voltz'schen Sammlung zu berücksichtigen sein, wenn man nicht zu falschen Schlussfolgerungen kommen will. So enthält z. B. die Voltz'sche Sammlung archaeische Gesteine mit der Bezeichnung „Blauer Berg", während diese Anhöhe lediglich aus Diabas aufgebaut ist und die betreffenden Handstücke aus ihrer weiteren Umgebung stammen. Staring hat die vielfach mit Bleifeder und in undeutlicher, deutscher Handschrift geschriebenen Originaletiquetten wohl nicht gut lesen können, denn auch mir wollte es nicht gelingen, alle noch erhaltenen Etiquetten von Voltz zu entziffern. Die oben mitgetheilten Briefe erlangen hiedurch eine um so grössere Bedeutung.

3) Die „terra roxa" bildet sich in Brasilien ebenfalls aus Diabas (vgl. Derby l. c. pag. 10). — Ueber Englisch-Guiana vgl. Brown und Sawkins l. c. pag. 17.

entstehen, aus denselben Gesteinen, welche im Strombette durch die mehrerwähnte dicke, schwarze Verwitterungsrinde ausgezeichnet sind, nicht aber aus Granit. Die Oberfläche der Granite ist vergrust; ihre Zersetzungsprodukte sind, gleich denen der Gneisse, Sand und Kaolin.

An nutzbaren Mineralien Surinams ist zunächst das Gold zu erwähnen, dessen reiches Vorkommen im Seifengebirge bereits behandelt wurde und welches bis 1887 ausschliesslich als Waschgold gewonnen ist. Jetzt sollen auch reiche Quarzgänge in Abbau genommen werden, die in grösserer Zahl an der oberen Saramacca, besonders am Mindrinetrikreek, aufgefunden sind, ohne dass die Formation, in der die Gänge aufsetzen, bekannt geworden wäre.

Es ist nun aber unten entwickelt, dass die Gegend des Mindrinetrikreeks der Schieferregion angehört, dass ferner die Goldseifen von Brokopondo vermuthlich in derselben Region gelegen sind,[1]) und wenn man die Gegenden, welche bisher die reichste Ausbeute an Waschgold geliefert haben, kartirt, so erkennt man, dass sie ebenfalls innerhalb des unten als „Schiefer- und Diabasregion" abgetrennten Landstriches sich befinden. Ich habe ferner Freigold in einem Quarzgange gefunden, welcher im Glimmerschiefer bei Brokopondo aufsetzt, so dass hieraus in Uebereinstimmung mit den zuerst erwähnten Thatsachen die huronische Schieferformation Surinams als diejenige betrachtet werden muss, welche das Gold spendet.

Dass es den übrigen Gebirgsgliedern des Landes fehle, soll freilich hiemit nicht ausgesprochen sein;[2]) aber der Vergleich mit Brasilien legt die Vermuthung nahe, dass der Goldreichthum, entsprechend den bis jetzt auch in Surinam gemachten Erfahrungen, in der huronischen Formation jedenfalls am bedeutendsten sei. Denn „diese Schichtengruppe stellt die grosse Mineral-Schatzkammer Brasiliens dar" und „fast alles aus Brasilien gewonnene Gold (Provinzen Minas Geraes, São Paulo, Paraná, Goyaz, Matto Grasso und Bahia) wurde aus Minen dieser Schichtenreihe gezogen oder vorzugsweise aus Alluvionen derselben Abstammung."[3]) Der allgemeine petrographische Charakter der huronischen Ablagerungen Surinams und Brasiliens ist aber der gleiche.

Die Abgrenzung der Schieferregion muss daher als eine im Interesse der Goldgewinnung sehr erwünschte Arbeit bezeichnet werden, da sie bei der grossen Unsicherheit, mit der heute noch vorgegangen wird, der erste Schritt zur systematischen Ausbeute des reichen Landes sein würde. Das Auffinden von edlen

1) Sieh auch oben pag. 153. 2) Während des Druckes gelangen die Nachrichten von den reichen Goldfunden an der Lawa nach Europa. Sollten die betreffenden Gegenden dem Granitgebiete angehören? (Zusatz während des Druckes). 3) Derby l. c. pag. 8, 9.

Quarzgängen wäre damit wesentlich erleichtert, und fremde Capitalien, welche nicht gerne an Goldwäschereien sich betheiligen, könnten einen grossartigen Minenbau ins Leben rufen, entsprechend den ungeheuren Schätzen, die das Land unstreitig birgt. Auch die Gewinnung des Goldes aus dem Seifengebirge würde bei der Kenntniss der Formationsgrenzen eine bessere Basis gewinnen. Im Flussbette dürfte das Edelmetall besonders im Stromschatten der Barrièren und Inseln, welche der Schieferregion angehören, reichlicher angetroffen werden, sowie in denjenigen Canälen der alluvialen Ablagerungen seiner Ufer, welche durch geringere Stromgeschwindigkeit ausgezeichnet sind, selbstredend besonders an der concaven Seite von Krümmungen und nach Hochwasser.

Die hervorgehobene Uebereinstimmung mit Brasilien lässt vermuthen, dass noch eine Reihe anderer nutzbarer Mineralien, von denen Bleiglanz bereits im Alluvium von Carolina mir bekannt wurde, in der Schieferformation Surinams vorkommt. Vielleicht darf man auch Diamanten zu finden erwarten und besonders Eisenerze, da der Reichthum gewisser archaeischer Sedimente von Niederländisch-Guiana an Eisenglanz und an Magneteisenerz auf die Gegenwart der eisenführenden Schichten Brasiliens, insonderheit des Itabirits, hinweist. Silber und Platin, welche neben Gold in der Schieferformation von Französisch-Guiana vorkommen,[1]) sind meines Wissens in Surinam noch nicht entdeckt; nur eine Notiz von Benoit ist vorhanden, nach der die Indianer daselbst Nasenverzierungen trugen, welche ihm von Silber oder von Platin zu sein schienen; die Eingeborenen theilten Benoit mit, dass das betreffende Metall häufig in ihrem Lande vorkomme.[2]) Auch für die Gegenwart von Kohlenlagern, welche, wie oben erwähnt, früher vermuthet wurde, fehlt es bis jetzt an allen Anzeichen; der nördlichste Punkt, an dem die Carbonformation nachgewiesen ist, liegt in der Amazonas-Depression, am Unterlaufe des Stromes, östlich vom Rio Negro.[3])

Dass die eisenreichen Laterite, welche im Diabas- und Schiefergebiete Surinams vorkommen und hier eine so ausserordentlich grosse Verbreitung besitzen, zur Darstellung von Eisen benutzt werden könnten, ist mir nicht im mindesten zweifelhaft, und vielleicht sind sie berufen mit Eisenerzen der archaeischen Formation eine noch wichtigere Rolle für die Entwicklung der Colonie zu spielen als das Gold. Die Sande der Savannen und der weit verbreitete Kaolin endlich könnten für eine Glas- und Porzellan-Industrie verwerthet werden.

Der Sarakreek.

Den *Sarakreek*, den bedeutenden rechten Nebenfluss, welcher annähernd

1) Vélain l. c. pag. 5. 2) Benoit. Voyage à Surinam pag. 58. 3) Derby pag. 12 und Karte.

parallel einem Abschnitte des oberen Strombettes verläuft, sah ich selber nur bei *Pisjang* und an seiner Mündung in den Hauptfluss. Es hat aber später mein Reisegenosse Loth diesen Kreek bis zum *Djédjéfall* befahren und ihn sehr sorgfältig im Maasstabe 1 : 100000 kartirt, wobei gleichzeitig von den in ihm auftretenden Klippen schöne Gesteinsproben gesammelt wurden. Die Fundorte aller Handstücke sind genau in die Karte eingetragen, welche im verkleinerten Maasstabe zur Vervollständigung der Darstellung des Surinambettes von mir benutzt wurde und eine wesentliche Verbesserung der Karte Rosevelt's bildet, denn Letzterer hatte den Nebenfluss nicht selbst aufgenommen. Aus den Mittheilungen Loth's [1]) ergiebt sich nun, dass die geognostischen Verhältnisse des Sarakreeks denen des Oberlaufes des Hauptstromes entsprechen:

Die ARCHAEISCHE FORMATION tritt ausser bei Pisjang [2]) nur noch etwas oberhalb des Lokuskreeks, fast auf derselben Höhe mit dem Lantiston im Surinam, auf; es kommt dort ein Amphibolit vor, dessen Schichten nach Loth's Mittheilung auf dem Kopfe stehen. GRANITE dagegen, mit allen wesentlichen Charakteren der Biotitgranite des Hauptstromes, bilden auch im Sarakreeke die herrschende Formation; zum Theil sind sie von gneissartiger Struktur, zum Theil reich an Amphibol und bisweilen enthalten sie wiederum accessorisch Augit. Ein sehr grobkörniger Amphibolgranit, wie er mir in gleicher Ausbildung im Bette des Surinam nicht bekannt wurde, ist von Loth im Sarakreeke genau östlich vom Arusabanjafalle geschlagen; ein porphyrischer Granit, identisch mit einem bei Koffiekamp im Hauptflusse anstehenden Gesteine, von einem Punkte oberhalb Pisjang, wurde bereits erwähnt; [3]) ein wenig aufwärts von dort tritt auch DIABAS auf, entsprechend dem Vorkommen dieses Eruptivgesteins im Surinam auf annähernd gleicher Breite, in der Gegend des Arusabanja- und unterhalb des Diëtifalls. Diabas bildet nach Handstücken der Voltz'schen Sammlung auch die ersten Felsen, denen man beim Auffahren des Sarakreeks am rechten Ufer begegnet, und seine bekannten Verwitterungsprodukte sah ich einzeln auf den Anhöhen zwischen Pisjang und Koffiekamp. Vermuthlich hängen diese Diabaspartieen mit der unterhalb des Sarakreeks im Surinam auftretenden Masse desselben Eruptivgesteins zusammen.

FIG. 41. HÖHEN BEI KOFFIEKAMP, gezeichnet von einem Punkte oberhalb des Ortes, im Surinam.

Die erwähnten Gesteine bilden nach Loth's Beobachtung in der Regel nur unbedeutende Klippen im Sarakreeke, bei *Adjanakondre* flach gewölbte Buckel

1) Auch in Uebereinstimmung mit Voltz. Vgl. oben die Briefe, pag. 183.
2) Vgl. oben pag. 159.
3) pag. 167.

von grösserer Ausdehnung; bedeutende Gesteinspartieen folgen dann bei *Braminastou*, welches ungefähr auf gleicher Breite mit den Stromschnellen von Nana liegt, und aufwärts besonders auch am *Djédjéfall* sowie eine kurze Strecke unterhalb desselben.

Das Surinamgebiet verglichen mit den übrigen Gegenden von Niederländisch-Guiana.

Das Bett des Surinam lässt sich naturgemäss in folgender Weise gliedern:

Der Unterlauf, dessen Bodenneigung nahezu gleich O ist und welcher nur von alluvialen Ablagerungen begrenzt wird, dehnt sich von der Mündung bis zum früheren Posten Gelderland, an der Judensavanne, aus. Klippen fehlen ihm gänzlich und sein Uferland ist völlig flach.

Der Mittellauf, von Gelderland bis zur Mündung des Sarakreeks, besitzt ebenfalls noch ein sehr geringes Gefälle, so dass die oceanische Fluthwelle zur Trockenzeit sogar bis Brokopondo aufwärts bemerkbar wird; dann nimmt die Neigung des Bodens zu, und zahlreiche Stromschnellen treten oberhalb des genannten Ortes bis zum Sarakreeke auf. Die Ufer werden anfangs von einem niedrigen Hügellande, bei Bergendaal und weiter flussaufwärts von ansehnlicheren Höhen begleitet; archaeische Sedimente und Diabase sind die herrschenden Formationen, denen gegenüber Granit nur eine untergeordnete Rolle spielt. Das Bett ist in diesem Stromabschnitte schmal im Vergleiche zum Ober- und Unterlaufe und besitzt nur wenige, langgestreckte Inseln.

Der Oberlauf, vom Sarakreeke aufwärts, ist die Region der Wasserfälle; in ihm herrscht Granit vor, während die Schieferformation und Diabas durchaus zurücktreten. Reichthum an ellipsoidischen Eilanden, worunter viele von bedeutender Grösse zeichnet diesen Theil des Flusses aus und hat an vielen Orten eine bedeutende Zunahme seiner Breitenausdehnung zur Folge. Zwischen diese erweiterten Stromabschnitte schieben sich schmälere ein, deren Entstehung auf die einschneidende Wirkung der rückwärts schreitenden Wasserfälle zurückzuführen ist.

Betrachtet man die Stromkarte von Surinam, so erhält man den Eindruck, als ob ähnliche Verhältnisse sich auch in den übrigen Flussbetten des Landes abspiegelten, und in der That kehren sie daselbst in allen wesentlichen Zügen wieder, wie sich durch Zusammenstellung der Daten herausstellt, welche über das nicht von mir bereiste Gebiet vorliegen Ich habe die Angaben der Voltz'schen Briefe kartirt [1])

1) Eine vollständige Bearbeitung der Voltz'schen Sammlungen ist aus den auf pag. 191 in Anmerkung 2 angeführten Gründen äusserst zeitraubend und konnte deswegen noch nicht von mir vorgenommen werden. Die Karte soll später publicirt werden.

und durch diejenigen von Loth [1]) und Cateau van Rosevelt [2]) weiter vervollständigt, wonach ich zu folgendem Ergebniss gelangte.

GRANIT traf Loth auf seinem Durchhau von Brokopondo in gerader Linie zum Maroni in den Vorhügeln des Nassaugebirges, welche etwa auf gleicher Höhe mit Sisone am Surinam liegen, an, ferner im Nassaugebirge selbst und endlich am linken Ufer des Maroni landeinwärts, unfern der Pedrosungufälle. Rosevelt verzeichnet dasselbe Eruptivgestein weiter nördlich im Nassaugebirge, neben Grünstein, und ausserdem nahe den Quellen des Stromes, nördlich vom Tumuc-Humac-Gebirge. Loth giebt ferner an, dass der Wasserfall im Oberlaufe des Tempati, Nebenflusses des Commewijne, welcher am nordwestlichen Abhange des Nassaugebirges entspringt, durch Granitfelsen gebildet werde. [3]) Die Ausdehnung der Granitformation am oberen Surinam wurde oben ausführlich besprochen, von der Saramacca fehlen leider alle den Oberlauf betreffende Mittheilungen, am Coppename dagegen ist durch Voltz die Granitformation an den Raleighfällen bekannt, in einer Entwicklung, welche nach den Schilderungen dieses Forschers durchaus den Verhältnissen des oberen Surinam entspricht. Die gewaltigen Raleighfälle sind noch niemals überschritten; bemerkenswerth ist, dass sie nur wenig nördlicher gelegen sind als das Gebiet der grossen Fälle des Surinam und die Pedrosungufälle des Maroni. Weitere Mittheilungen über die geognostische Beschaffenheit des südlichsten Theiles der Colonie liegen nicht vor; die bekannten Beobachtungen weisen aber alle auf eine bedeutende Entwicklung der Granitformation hieselbst.

Der SCHIEFER- UND DIABASREGION des mittleren Surinamlaufes begegnen wir nach Voltz [4]) am Maroni, von Albina an aufwärts bis Armina. Granit tritt auf dieser Strecke in etwas bedeutenderer Entwicklung auf als im entsprechenden Stromabschnitte des Surinam, doch thut dies aus naheliegenden Gründen dem Vergleiche keinen Abbruch. Aus dem Gebiete zwischen Maroni und Surinam besitzen wir wiederum Mittheilungen von Loth, welcher sich von Foto am Tempatikreek in gerader Linie nach einem Punkte am Surinam, nur wenig unterhalb der Mündung des Cederkreeks, durchkappte. Derselbe sah ausser alluvialen Bildungen nur Eisenerze auf den Höhen, über die sein Weg führte, keinen Granit,

---

1) Sieh die Quellen oben, pag. 145.

2) Sie sind in die Karte Rosevelt's eingetragen.

3) Aardrijkskdg. Genootschap. IV, pag. 253.

4) Es ist hiebei und weiter unten die gewiss berechtigte Annahme gemacht, dass die „Grünsteine" von Voltz in erster Linie zu den Diabasen gehören, dass aber auch archaeische Amphibolite und chloritreiche, archaeische Schiefer von Voltz als „Grünstein" bezeichnet wurden. Die Briefe, im Verbande mit den Sammlungen und mit meinen eigenen Beobachtungen am Surinam, begründen diese Annahme hinreichend. Deswegen können die Schiefer und Diabase auch nicht gesondert behandelt werden.

und bemerkt ausdrücklich, dass die geognostische Beschaffenheit zwischen dem Surinam und dem passirten Oberlaufe des Commewijne mit derjenigen der Höhen von Brokopondo übereinstimme.[1]) Letztere besuchte ich selbst mit Loth; es sind die oben beschriebenen,[2]) von Laterit bedeckten Gipfel, welche aller Wahrscheinlichkeit nach der Diabasformation angehören. Zwischen Surinam und Saramacca, auf einem Durchhaue von Brokopondo in gerader Linie nach den Awara-Inseln, sah Loth abermals dieselben alluvialen Bildungen und Laterite, letztere sowohl auf den Anhöhen im Westen von Brokopondo als auf denen, welche wenig östlich von genannten Eilanden in der Saramacca gelegen sind. Granit fehlte auch hier. Weiter nördlich dagegen, zwischen dem oberen Abschnitte des Mindrinetri- und demjenigen des Maréchalkreeks, Nebenflüssen der Saramacca und des Surinam, sind die Höhen aus Quarzit und Schiefer aufgebaut und stellen sie langgestreckte, schmale Rücken, welche oft Gehänge von 48° Neigung besitzen, dar.[3]) Von Maäbo, wo die erste Anhöhe am Ufer der Saramacca sich befindet, erhielt ich wieder durch Benjamins einen Laterit, welcher im Verbande mit der Form der niedrigen Kuppe daselbst auf das Vorkommen von Diabas schliessen lässt.

Im Oberlaufe des Tibiti, des bedeutenden, rechten Nebenflusses des Coppename, tritt nach Voltz Grünstein etwa auf gleicher Breite mit Sannetje Eiland im Surinam auf, auf der W—O gerichteten Flusstrecke, und abermals begegnet man dieser Formation nach demselben Forscher im Coppename auf gleicher Breite. Von hier ab bildet Grünstein bis hinauf zum Fungakreeke, ein wenig unterhalb der Raleighfälle, durchaus das herrschende Gestein, während archaeische Sedimente[4]) dieselbe Rolle wie im Surinam zu spielen scheinen und Granit hier wie im mittleren Surinambette durchaus zurücktritt. Ueberhaupt zeigt das Bett des Coppename vom Columbuskreek aufwärts die grösstmögliche Analogie zum betreffenden Theile des Surinamlaufes.

Auch im Oberlaufe des Nickerie steht nach Voltz Grünstein an, doch hat Granit hier eine bedeutendere Entwicklung, so dass diese Gegend etwa derjenigen von Albina am Maroni zu vergleichen ist; an der Maratakka, dem ansehnlichen, linken Nebenflusse des Nickerie, fehlt anstehender Fels überhaupt ganz; ihre Ufer sind nach Rosevelt aus Sand und Lehm gebildet. Dann begegnet man dem Grünsteine (Diabas) nahe der westlichen Grenze der Colonie wiederum an den Avanoverofällen im Cabalaba, Nebenflusse des Corantijn. Dieser Partie des Eruptivgesteins schliessen sich ferner die Diabase an, welche in der britischen Colonie am linken Ufer des Corantijn vom Matappiekreek aufwärts bekannt sind.

1) l. c. pag. 254. 2) pag. 153. 3) Loth, Aardrijkskdg. Genootschap V, pag. 16.

4) Abgesehen von den Grünsteinen, welche zum Theil hiezu gehören mögen, so namentlich der „schiefrige Grünstein" (vgl. oben pag. 184).

Alle Beobachtungen weisen darauf hin, dass die Region der Diabase und archaeischen Gesteine nördlich vom Granitmassive des Innern einen breiten, von West nach Ost durch Surinam sich hinziehenden Landstrich bildet, welcher am Maroni dem Meere genähert ist und sich nach Westen zu mehr und mehr von der Küste landeinwärts zurückzieht. Man könnte geneigt sein, hienach auf eine Gleichaltrigkeit der Sedimente und des Eruptivgesteins zu schliessen, im Gegensatze zu der oben gemachten Annahme des jüngeren Ursprungs des Diabases. Aber es ist zu beachten, dass letzterer auch innerhalb des Granitmassivs auftritt und keineswegs auf die Region der Schieferformation beschränkt ist, während der Durchbruch des Eruptivgesteins dort am leichtesten stattfinden konnte, wo die archaeischen Gesteine nicht von Granit überlagert waren und sich also naturgemäss die Linien des geringsten Widerstandes finden mussten.

Entsprechend dem Verlaufe der Nordgrenze der Schiefer- und Diabasregion nimmt der von ALLUVIALEN BILDUNGEN eingenommene Landstrich in der Richtung von O nach W bedeutend an Breite zu. Am linken Ufer des Maroni beträgt dieselbe nur 26 km, gemessen von der Nordgrenze der Granithügel bei Albina bis zum Leuchtfeuer bei Galibi; am Surinam 63 km, gemessen von den Granithügeln bei Gelderland in gerader Linie nach N an die Küste; an der Saramacca 79 km, gemessen vom Hügel bei Maäbo in gerader Richtung nach N an die Küste. Am Coppename dehnt sich das Alluvium noch etwas weiter nach S aus, doch ist der direkte Abstand des anstehenden Gebirges von der Küste geringer in Folge der nach W gerichteten Ausmündung des Stromes; er beträgt nur 70 km, gemessen von den ersten Granitfelsen oberhalb Columbuskreek nach N zu. Die ersten Granitfelsen am oberen Nickerie befinden sich wiederum 85 km in geradem Abstande vom Meere, und an der Maratakka dehnt sich das Alluvium noch weiter nach S aus, da in ihr anstehende Felsen überhaupt nicht vorkommen. Es ist dies im Einklange damit, dass in Britisch-Guiana die Quartärformation bis zum Matappiekreeke am Corantijn sich ausdehnt, fast bis zu derselben Breite, in der die Quellen der Maratakka sich befinden.

Innerhalb dieses breiten, alluvialen Landstriches fehlen kleinere Hügel anstehenden Gesteins nicht gänzlich, doch erlangen dieselben nur eine äusserst geringe Bedeutung. Einige derartige Höhen wurden oben bereits von Topibó und Portorico, unfern des Surinams, erwähnt. Verwitterungsprodukte des Grünsteins finden sich nach Voltz auch noch am Wanekreek, unfern der Wasserscheide zwischen Cottica und Maroni, nahe dem Ningre, ferner auf den Hügeln von Mungo an der oberen Cottica, von wo ich Laterit auch durch Benjamins erhielt [1]) und

1) Gesammelt von Ten Kate auf seiner Reise zur Patamacca.

endlich sogar an der Mündung des Combukreeks, oberhalb Landswelvaren an der Cottica. Einzelne Granitpartieen treten nach Voltz auch im Cusewijne, letzten rechten Nebenflusse des Coppename, auf; dieselben dürften in der Höhe der Savannen, durch die der Cusewijne fliesst, gelegen sein, doch ist der Ort des Vorkommens nicht genau bekannt.

Die alluvialen Bildungen, innerhalb deren Grenzen die letzterwähnten, vereinzelten Partieen anstehenden Gesteins noch vorkommen, sind indessen keineswegs aequivalent; wir haben unter ihnen die Savannen, die Ablagerungen der Flüsse und die Anschwemmungen des Meeres zu unterscheiden, deren gegenseitige Abtrennung bis jetzt aber nur in ganz allgemeinen Zügen stattfinden kann.

Das hügelige Savannengebiet, welches sich der Nordgrenze der oben beschriebenen Schiefer- und Diabasregion vorlagert und gleich letzterer durch ganz Surinam erstreckt, ist durch Verwitterung der Granite entstanden, die neben den Diabasen überall in den unteren Flussläufen vorkommen. Zwischen ihnen, und besonders seewärts, dehnen sich die Abschwemmungsprodukte der verwitterten Granithügel aus, gelber Lehm sowie weisser und rother Thon, welche mit den bereits behandelten, alluvialen Bildungen hauptsächlich die den Savannen nordwärts sich anschliessende Niederung formen. Die Thone sind namentlich am Coppename bekannt, von Gude Hoop aufwärts, ferner an der Wayombo sowie am Nickerie, in der Gegend des Tapuriba- und Arkoniekreeks und weiter flussaufwärts, ausserdem nahe der Mündung des Maroni und am Wanekreek, endlich an der Cottica, westlich von Jericho.

Ablagerungen des Meeres setzen den nördlichsten Theil von Surinam längs der Küste zusammen, wahrscheinlich vielfach mit unregelmässiger Begrenzung zwischen diejenigen der Flüsse eingreifend und sich mit ihnen verquickend. Besonderer Erwähnung verdienen unter ihnen nur noch die gehobenen Muschelbänke.

Gehobene Muschelbänke.

Gehobene Uferwälle sind unter dem Namen von „zand- en schulpritsen" in der Colonie wohlbekannt. Es sind niedrige, oft durch Moräste geschiedene und deswegen durch eine eigene Vegetation charakterisirte Rücken, welche bald aus Sand bald aus Muschelresten bestehen und in letzterem Falle nicht selten Bänke von sehr fest verkitteten Breccien darstellen, wie sie unter anderem auch am linken Ufer des Surinam gegenüber dem „Gouvernementsplein" in Paramaribo bei Niedrigwasser zu Tage stehen. In den Muschelbreccien sind die Gehäuse der Mollusken oft wohl erhalten, in anderen Fällen als Steinkerne überliefert, sehr oft zerbrochen, und die Menge des sie verbindenden Cementes ist ebenfalls grossem Wechsel unterworfen. Aus der Oranjestraat von Paramaribo — die Stadt liegt zum Theil auf den in Rede stehenden Bildungen [1]), welche sich hier etwa 3 m über Niedrigwasser erheben — erhielt ich eine lockere Breccie mit reichlichem, erdigem Kalkcemente, welche Gesteinen aus jungen Korallenbauten sehr ähnlich sieht. Auch zerreibliche, aus kleinen Schalenfragmenten gebildete und zu feinem Muschelsand zerfallende Gesteine kommen in den Uferwällen vor; in anderen Fällen stellen dieselben wieder lockere Schichten dar, welche in ungemein grosser Zahl unversehrte Gehäuse von Conchylien enthalten, ganz übereinstimmend mit den oben beschriebenen Muschelbänken der Eilande, so unter anderem am Judenkirchhofe bei Paramaribo.

Nach Voltz beträgt die Mächtigkeit der Muschelbänke selten mehr als 12 Fuss [2]) und sind sie „theils von Sand oder Thon bedeckt, theils bilden sie die Stellvertreter für diese", wie denn auch an der heutigen Küste von Surinam Muschelbänke und Muschelsande mit Sand und Thonschichten abwechseln. [3]) Die genannten Thone, von blaugrauer Farbe, [4]) bilden im Uebrigen den Küstenstrich dort, wo die Sand und Muschelschichten fehlen; sie enthalten ebenfalls hin und wieder organische Reste, die Voltz als identisch mit denjenigen der „Schulpritsen" erkannte. Letzterer sprach auch bereits die Ansicht aus, dass sämmtliche Reste Arten angehören dürften, welche noch an der benachbarten Küste leben, und die Untersuchung der reichen Sammlung von Voltz hat diese Annahme nur bestätigen können. Ich lasse hier die Liste der aufgefundenen Conchylien folgen, über die bereits an anderem Orte von Schepman ausführlicher geschrieben worden ist. [5]) Ausser ihnen kommt noch eine einzelne Echinidenart, wie es scheint nicht selten, in den Ablagerungen von Groningen vor:

Purpura Floridana Conr.	A. P. G. C.
Purpura coronata Lam. .	. . P. G. C.
Pyrula (Cassidulus) melongena Lin.	. . . . N.
Pyrula (Pugilina) morio Lin.	A. P. . . C.
Nassa Antillarum d'Orb. .	A . . G. C.
Marginella prunum Gmel.	A. P. G. C. N.
Dolium Antillarum Mörch.	. . . G.

1) Vgl. Band I, pag. 6.

2) Bonaparte giebt als grösste Dicke 4 m an. (l c. pag. 6).

3) Zwischen Coronie und Nickeriepunt auf der Karte von Sijpestijn angegeben.

4) Dieselben Thone sah ich mit dem Senkblei unfern der Küste Surinams emporgezogen werden.

5) M. M. Schepman. Bijdrage tot de kennis der Mollusken-Fauna van de Schelpritsen van Suriname. (Sammlgn. des Geol. Reichs-Museums in Leiden. Ser. II. Band 1. pag. 150.)

Ranella crassa Dillw.	A. P. . . . . . . M.
Natica pennata Schröter	A. P. G. C. N.
Natica maroccana Chemn.	A. P. G.
Litorina columellaris d'Orb.	A . . G.
Doryssa devians Brot.	. M.
Bulimus distortus Chemn. .	. . M.
Melampus coffea Lin. .	A . G.
Auricula pellucens Menke .	. N.
Pholas costata Lin. . .	A.
Pholas campechiensis Gmel.	A.
Tagelus caribaeus Lam. . .	A.
Mactra Portoricensis Shuttleworth. .	. . P. G. C. N.
Mactra (Spisula) tellinoides Reeve .	A.
Tellina constricta Brug.	. . . . G. C.
Tellina punicea Born.	A.
Donax striatus Lin. .	A. P. G . . N.
Donax denticulatus Lin.	A. P. G . . N.
Iphigenia Brasiliensis Lam. .	. . P.
Venus Portesiana d'Orb.	A. P. G. C. N.
Venus cardioides Lam. .	A. P. G. C. N. M. (?)
Cryptogramma flexuosa Lin .	. . P.
Cytherea (Tivela) mactroides Born.	G. . . N.
? Cyrena ordinaria Prime.	M.
Cyrena sp. . .	G.
Cardium muricatum Lin. .	A. P. G.
Arca Americana Gray	A. P. G. C. N.
Arca Brasiliana Lam.	. . P. G.
Arca Chemnitzii Phil. .	A. P. G. . . N.
Arca Martinii Recl. .	A. P. G. . . N.
Pecten Sowerbyi Rve.	A. P. G.
Ostrea parasitica Gmel. .	A. P. G.
Anomia Humphreysiana Rve.	A. P. G.
? Teredo sp. . .	A.
Arbacia punctulata Lamk. . .	. . . . G.

Die beigefügten Buchstaben bedeuten die Fundorte, und zwar: P = Judenkirchhof bei Paramaribo, G = Groningen an der Saramacca, A = Anna Catharina am Matappica-Canale, C = Coronie, N = Nickerie, M = Maroni.

Dass wir in den gehobenen Muschelbänken Bildungen einer kaum verflossenen, nachtertiären Zeit zu sehen haben, geht aus der angeführten Liste ohne Zweifel hervor; im Einklange damit steht das Aeussere der Gehäuse in den lockeren Ablagerungen, deren Conchylien zum Theil noch ziemlich frische Farben aufweisen, und vor allen Dingen auch eine interessante Mittheilung von Voltz, nach der man in den Schulpritsen von Paramaribo am Wege nach Quatta Bruchstücke indianischer Töpferwaren gefunden hat. [1])

Ueber die VERBREITUNG DER MUSCHELBÄNKE enthält die Rosevelt'sche Karte interessante Angaben; soweit das meiner Arbeit beigefügte Blatt reicht, sind sie auch in dieses eingetragen und kann ich demnach zum Theil darauf verweisen. Weiter östlich erstrecken sich die Schulpristen nördlich von der Cottica bis zum Koopmanskreek, südlich von der Cottica treten sie unweit des linken Ufers der in sie mündenden Perica auf; endlich folgen noch weiter nach Osten gehobene Muschelbänke in einem Landstriche, welcher sich zwischen der Mündung des Maroni und Tamarin an der Cottica ausdehnt.

Im Westen von Paramaribo ist die Gegend, welche sich von Groningen an der Saramacca bis zum Cusewijne, Nebenflusse des Coppename, erstreckt, reich an Muschelablagerungen, ferner das niedrige Land zwischen dem Kalebasskreek, welcher südlich von Batavia in den Coppename fliesst, und dem von links her in den Cusewijne mündenden Arapappakreek. Noch weiter nach Westen fehlen die Schulpritsen in der Rosevelt'schen Darstellung; doch ist dies vermuthlich nur deswegen der Fall, weil dieser Theil der Colonie wenig bebaut und so nur unvollkommen bekannt ist. Nach den Voltz'schen Sammlungen müssen Muschelbänke unter anderem bei Nickerie und Coronie vorkommen.

Besonderer Erwähnung verdient noch eine Mittheilung dieses Forschers, derzufolge Schichten mit recenten Conchylien, identisch mit solchen aus den Schulpritsen, auch bei Onoribo [2]) am Paradurchstiche vorkommen, der südlichste und am weitesten landeinwärts gelegene Punkt, an dem sie bis jetzt beobachtet wurden.

---

1) Auch in den Uferwällen von Buenos Aires kommen Topfscherben vor. (Heusser u. Claraz. Essais p. s. à une descript. phys-géogn. de la province argentine de Buenos Aires; Neue Denkschr. d. Schweiz. Ges. f. Naturw. Zürich 1865, pag. 136).

2) Voltz schreibt in seinem Briefe Ornamibo, aber der Zusatz „am Paradurchstich" lässt keinen Zweifel darüber aufkommen, dass Onoribo gemeint ist, da erstgenannter Ort an der Mündung der Para liegt. In einem anderen Briefe spricht Voltz auch davon, dass Muschelbänke noch „bei 7 geogr. Meilen geradem Abstande vom Meere gefunden werden." Für Ornamibo ist dieser Abstand zu gross; freilich auch noch für Onoribo (es sind 5 Meilen in gerader Richtung), lässt sich hier aber schon eher annehmen, besonders mit Rücksicht auf die aus den Briefen ersichtliche Thatsache, dass die Abstände durch Voltz in der Regel zu gross angegeben werden.

In der Rosevelt'schen Karte sind diese Bildungen nicht verzeichnet, so wenig wie der Hügel von anstehendem Gestein in ihrer Nähe bei Topibó, und wer die Schwierigkeit der Beobachtung in Surinam nur einigermaassen zu beurtheilen vermag wird dies nicht befremdlich finden. Ich möchte aber aus gleichem Grunde annehmen, dass gehobene Uferwälle in dem alluvialen Landstriche eine weit grössere Verbreitung besitzen, als bis jetzt bekannt ist.

Im Grossen und Ganzen verlaufen in Surinam die Schulpritsen stets parallel der Küste, wenngleich unbedeutende Abweichungen von dieser Hauptrichtung vorkommen, welche hie und da unter geringem Winkel divergirende und gelegentlich sich verbindende Uferwälle entstehen lassen. Dieser Verlauf ist von grossem Einflusse auf die Richtung mehrerer Ströme gewesen, denn letztere wurde beim Ansatz neuen Landes durch die vom Meere aufgeworfenen Schulpritsen bestimmt. Unter der Einwirkung der herrschenden Strömung fand ein Losreissen des Ufers an der linken Seite der Mündung statt, indem das hier abgelagerte Alluvium weiter nach Westen, der Küste entlang, transportirt wurde, mitsammt dem neu vom Flusse angebrachten Materiale. Der Process hat noch stets statt und lässt sich aus der Verbreitung der Sand- und Schlammbänke direkt ablesen. Gleichzeitig aber bauten sich, in der Richtung von O nach W fortschreitend, die Uferwälle an der Küste auf und bildeten allmählig einen die Mündung nach N hin begrenzenden Strand, so dass der Fluss nahe dem Meere seinen Lauf in O—W veränderte. Daher die anfangs so auffallende Thatsache, dass eine Reihe ansehnlicher Flüsse und Nebenflüsse in ihrem Unterlaufe dem Meeresstrande ganz oder annähernd parallel gerichtet ist (so der Nickerie, die Saramacca, der Cusewijne, die Cottica und der Commewijne), statt direkt dem Oceane zuzufliessen. Besonders Cottica und Saramacca zeigen dies in ausgeprägter Weise. Ihr Bett ist ursprünglich nicht in die alluvialen Ablagerungen eingeschnitten, sondern durch die aufbauende Thätigkeit des Meeres festgelegt, bei seinem Entstehen an der jedesmaligen Mündung nur ein abgeschnittener Theil desselben. Durch neue Anschwemmungen und geringe Hebung des Bodens entfernten sich dann die einmal gebildeten Flussbetten weiter vom Ocean. Die Strandverschiebung war indessen unbedeutend, da sogar an der Para die Muschelbänke nach Voltz nur 6 m über dem Meeresspiegel gelegen sind, während sie sich in der Regel nicht mehr als 3 m über ihn erheben.

Surinams Beziehungen zu den Nachbarländern.

Der Vergleich der geognostischen Verhältnisse Surinams mit denjenigen der benachbarten Gebiete ist mit grossen Schwierigkeiten verbunden, da die verwendbaren Beobachtungen allerseits lückenhaft sind. Besonders gilt letzteres für Französisch-Guiana; denn hier liegen nur die Publikationen Vélain's [1]) vor, die schon aus oben angeführten Gründen [2]) nicht sehr vertrauenerweckend erscheinen. Sie werden es noch minder, wenn man seine Beschreibung des Grenzflusses der niederländischen und französischen Colonie mit den Mittheilungen der Voltz'schen Briefe vergleicht, [3]) denn es ergiebt sich dabei, dass Vélain mit den im Unterlaufe entwickelten Bildungen ziemlich unbekannt blieb.

Die geologische Beschaffenheit von Französisch-Guiana ist nach diesem Forscher sehr einfach: Der Küstenstrich wird von alluvialen Bildungen eingenommen. „Au delà, à l'exception d'une bande étroite de quartzites et de schistes ferrugineux, limitée dans le cours supérieur du Maroni à une étendue de 15 à 20 kilomètres, les terres hautes, qui commencent avec les premiers rapides des rivières et s'élèvent ensuite par gradins successifs jusqu'aux Tumuc-Humac, se montrent uniformément constituées par une série puissante de gneiss et de micaschistes, que de nombreuses éruptions de roches granitoïdes diverses (granites, granulites, diorites), en les traversant, ont profondément modifiées à leur contact." [4])

Es ist mir aber nach dem Studium der petrographischen Beschreibungen Vélain's nicht im mindesten zweifelhaft, dass seine Granite mit den Biotitgraniten Surinams übereinstimmen und dass zu ihnen auch die als Granulite [5]) und Diorite bezeichneten Felsarten gehören, sowie die Mehrzahl seiner Gneisse. Dass Vélain daneben archaeische Gesteine untersucht hat, soll nicht bestritten werden, aber es ist nicht möglich, sie auf Grund der Publikation alle genau von den gneissartigen Graniten, die auch zum Theil als „gneiss granitoïde" angeführt werden, zu scheiden. Der Umstand, dass wirklich archaeische Gesteine in Französich-Guiana vorkommen und dass ferner ein Theil der Spaltungsgesteine des Granitmassivs

1) Ausser der bereits citirten Arbeit, welche hier am belangreichsten ist, sind noch zu vergleichen: Notes géologiques sur la Haute-Guyane d'après les explorations du Dr. Crevaux (Bull. Soc. Géol. de France, 3 série, t. VII, pag. 388, 1879 und daselbst t. IX, pag. 396 1881).

2) pag. 189.

3) pag. 179.

4) l. c. pag. 3.

5) Im Sinne französischer Geologen.

diesen zugerechnet wurde, war aber wohl noch nicht genügend, um den Gneiss als das herrschende Gebirgsglied in der französischen Colonie hinzustellen. Dazu gesellte sich noch eine irrthümliche Auffassung der terrassenartig gebauten Flussbetten, die Französich-Guiana durchaus mit Surinam theilt, das Abwechseln von klippenfreien Stromabschnitten, welche durch ruhiges Wasser ausgezeichnet sind, mit Barrièren und dadurch hervorgerufenen Stromschnellen und Wasserfällen. Vélain, welcher das Land nicht aus eigener Anschauung kennt, nimmt an, es seien die klippenfreien Strecken als Folge der leichteren Zerstörung der archaeischen Schichten gegenüber den Eruptivgesteinen entstanden, welche letztere vermöge ihrer grösseren Widerstandsfähigkeit die Barrièren bildeten.[1]) Wäre die Auffassung richtig, so käme den archaeischen Gesteinen selbstredend eine sehr grosse Verbreitung zu; aber sie entspricht durchaus nicht der Wirklichkeit, wie aus den Beobachtungen in Surinam sich ergiebt, Beobachtungen, die bei der grossen Uebereinstimmung in den Reliefverhältnissen beider Länder gewiss ohne Bedenken auf Französisch-Guiana übertragen werden dürfen.

Die Irrthümer Vélain's erklären sich leicht dadurch, dass die geologischen Beobachtungen von Crevaux, dessen grosse Verdienste auf anderem Gebiete hiemit nicht verringert werden sollen, ausserordentlich dürftig waren, trotz der gegentheiligen Behauptung Vélain's. Das geht namentlich aus der letzten Publikation, die fast nur eine petrographische Studie ist, deutlich hervor, und wenn auch der Fundort jedes zur Untersuchung gelangten Gesteines genau fixirt war, so genügte das noch nicht, um die zahlreichen Facies-Unterschiede der Granitmasse im Studirzimmer zu erkennen.

Neben archaeischen Gesteinen, welche in Französisch-Guiana in gleich geringer Entwicklung wie in Surinam auftreten dürften, fehlen dort auch Grünsteine nicht, wie aus Voltz's Untersuchungen am Maroni hervorgeht. In den übrigen Theilen der Colonie können sie von Crevaux so gut wie am genannten Strome übersehen sein. Granitbiotite mit zahlreichen Facies-Unterschieden herrschen aber vor allen anderen Formationen vor, so dass sich für dies Eruptivgestein entsprechend dem aus Surinam bekannten Vorkommen eine weite Ausdehnung nach O und S ergiebt. Auch in den nördlichsten Theilen der französischen Colonie sind, abermals entsprechend den aus Holländisch-Guiana mitgetheilten Beobachtungen, die Granite noch nachgewiesen, denn Vélain verzeichnet das Gestein in isolirten Partieen, welche rings von Alluvium umgeben sind, längs der Küste bis in die Nähe von Cayenne.

---

1) l. c. pag. 4.

In Britisch-Guiana tritt die allgemeine Uebereinstimmung des geognostischen Baus mit demjenigen Surinams in vielen gemeinsamen Zügen schon bei Betrachtung der von Brown entworfenen Karte hervor, dem Ergebnisse jahrelanger Untersuchungen von Brown und Sawkins. Im Besonderen wird aber ein Vergleich beider Länder recht erschwert; denn trotz der zahlreichen, werthvollen Einzelheiten, welche die umfangreiche Arbeit der genannten Forscher über die britische Colonie enthält, fehlt es doch an einer durchgeistigten Zusammenfassung der Hauptresultate, während die petrographischen Beschreibungen zu unvollständig sind, als dass ein Dritter ohne eine solche Zusammenfassung zum völlig richtigen Verständnisse des geologischen Baus des Landes gelangen könnte. In der kurzen geognostischen Übersicht werden von Brown und Sawkins folgende Gebirgsglieder unterschieden:

1. *Granit und Syenit* werden als die älteste Formation hingestellt, aber gleichzeitig wird hervorgehoben, dass Gänge von Granit den Gneiss und sogar den weit jüngeren Sandstein durchsetzen. Der Granit ist reich an verschiedenen Varietäten, welche durch abweichende Struktur und Zusammensetzung entstehen. Syenit spielt nur eine unbedeutende Rolle.

2. *Quarzporphyr und Felsit.* Beide Gesteine gehören zusammen und an vielen Orten lässt sich der Uebergang des Ersteren in Granit verfolgen.

3. *Gneiss.* Das Gestein tritt in runden Buckeln auf und ist oft granitisch, häufiger jedoch wirklicher Gneiss „with extremely contorted foliation". Seine Schichtung ist sehr undeutlich und konnte nur an Einem Punkte deutlich erkannt werden.

4. *Krystallinische Schiefer.* Glimmerschiefer, Hornblendeschiefer, Talkschiefer Chloritschiefer, Quarzschiefer, mit eingelagerten Quarziten und Quarzgängen.

5. *Grünstein*, überlagert deckenartig den Granit und wechsellagert mit Sandstein, kommt ausserdem in Gängen vor, welche den Gneiss, Granit, Quarzporphyr und Sandstein durchsetzen. Er besteht aus Feldspath und Hornblende, wird aber von Brown und Sawkins trotzdem als Diorit und Diabas, zum Theil als Diabasmandelstein, bezeichnet.

6. *Sandstein*, dem der Grünstein eingeschaltet ist. Die Gesammtmächtigkeit beider beträgt ungefähr 7000 engl. Fuss. Der Sandstein befindet sich in nahezu schwebender Lage, ist versteinerungsleer, wird aber für aequivalent dem „new red sandstone" angesehen. Seine Färbung ist roth und weiss; Conglomerate und dünne Schichten von rothem Jaspis treten in ihm auf, letztere bisweilen in grosser Zahl.

7. *Alluvium.* Ablagerungen der Flüsse und des Meeres.

Aus der Anführung der Einzelbeobachtungen scheint hervorzugehen, dass be weitem die Hauptmasse der Granite zu den Biotitgraniten gehört; daneben kommt aber einzeln auch zweiglimmriger Granit vor.[1]) Die Spaltungsgesteine des Biotitgranits sind dieselben wie in Surinam, denn als solche werden angeführt „a kind of syenite", welcher in Hornblendeschiefer und Diorit übergeht;[2]) auch den zugerundeten, concentrischschaligen Buckeln begegnet man wieder in Englisch-Guiana. Es gehört aber ferner unstreitig ein Theil der als Gneisse angeführten Gesteine auch noch zum Granit, denn die als „contorted foliation" bezeichnete Erscheinung stimmt in allen Einzelheiten mit Schlieren der Biotitgranite am oberen Surinam überein, wie aus der Abbildung und Beschreibung im speciellen Theile der Arbeit hervorgeht.[3]) Rechnet man hinzu, dass diese Struktur als allgemeiner verbreitet angegeben wird und dass die Gneisse nach Brown und Sawkins selbst oft granitisch sind, dass sie ferner ebenfalls in runden Buckeln gleich den Graniten auftreten und dass endlich die Schichtung sehr undeutlich genannt wird, so ist es wohl kaum noch zweifelhaft, dass die weitaus grösste Masse der als Gne ss angeführten Gesteine zum Granit gezogen werden muss. Die Thatsache, dass die Quarzporphyre häufig den Uebergang in Granit nach Brown und Sawkins erkennen lassen, scheint die Vereinigung auch dieses Gebirgsgliedes mit dem Granite zu rechtfertigen.

Eine scharfe Scheidung der so abgetrennten Granitformation von der wirklich nachgewiesenen, archaeischen Schichtenreihe lässt sich auf Grund der vorliegenden Daten nicht ausführen, um so minder als Gneiss und krystallinische Schiefer in der Karte zusammengefasst sind. Gründe, welche die Annahme eines höheren Alters für die Granite gegenüber den archaeischen Gesteinen rechtfertigen würden, sind in der Publikation nicht enthalten. Selbst bei der Auffassung der Formationsgrenzen im Sinne von Brown und Sawkins liesse sich jene Annahme nicht aufrecht erhalten, da sie selber angeben, dass der Granit den Gneiss durchbrochen habe.

Die Grünsteine sind, ihrer Lagerungsform nach zu urtheilen, Diabase, und wenn sie zum Theil als Diabas zum Theil als Diorit bestimmt wurden, so hat hier wohl nur eine häufig begangene Verwechselung beider Gesteine stattgehabt, vielleicht als Folge des Auftretens sekundärer Hornblende, welche sich auch in den Diabasen Surinams vorfand. Dass sie jünger sind als die archaeischen Schichten und die Granite ist in der englischen Colonie ebenso deutlich festgestellt wie in der

1) pag. 17.
2) vgl. unter anderem pag. 230. l. c.
3) pag. 188 u. 189. l. c.

niederländischen; ihr Alter fällt mit demjenigen der Sandsteinformation zusammen.

Diese Sandsteinformation, welche als „new red sandstone" bezeichnet worden ist, gehört aller Wahrscheinlichkeit nach der Kreideformation an, denn ein gleich mächtiges System vorherrschend kieseliger Gesteine ist im benachbarten Venezuela als cretaceïsch bekannt [1]) und hier ebenfalls durch eingeschaltete Diabaslager ausgezeichnet. [2]) Brown und Sawkins bemerken zudem, dass die betreffende Formation bis in dieses Land hinein sich erstrecke; ihr gehört unter anderem der 2600 m hohe Roraima an der Grenze von Venezuela und Britisch-Guiana an, dessen steile Gehänge bis 1885 als unersteigbar galten. Er ist gleich den benachbarten Höhen durch die Wirkung der Erosion aus dem Sandsteinplateau herausgeschnitten, [3]) und die gewaltigen Wasserfälle, welche von ihm herunterstürzen, strömen dem Amazonenstrom, dem Orinoco und dem Essequibo zu. Schomburgk bemerkt aber, dass der Sandstein des Roraima ebenfalls am oberen Orinoco eine grosse Ausdehnung besitze, so in der Gegend von Esmaralda, wo der Duida und das Maravacagebirge aus ihm aufgebaut sind und als Liegendes der Formation Granit auftritt; auch das Sarisharinimagebirge und der 5000 Fuss hohe Paba sowie, weiter abwärts am Parima, das Maritanigebirge bestehen aus der gleichen Formation wie der Roraima; [4]) das Flussgebiet des Orinoco und des Amazonas ist auf weite Strecken durch sie geschieden. [5]) Am Amazonas selbst und an manchen Orten des weiter südlich gelegenen Theiles von Brasilien, so namentlich auch im Paranahyba-Becken, sind ferner unzweifelhaft cretaceïsche Ablagerungen bekannt, an deren Zusammensetzung vor allem mächtige Sandsteinbildungen Theil nehmen. [6]) Das Alles deutet auf eine bedeutende Ausdehnung desselben Systems kieseliger Gesteine hin, und es gewinnt damit die Annahme eine sehr grosse Wahrscheinlichkeit, dass auch die erwähnten, petrographisch

---

1) Vgl. oben pag. 32.

2) Desgl. pag. 133.

3) Vgl. die Abbildung bei Schomburgk, l. c. pag. 388, sowie Brown u. Sawkins pag. 264.

4) Schomburgk l. c. pag. 468.

5) Auffälliger Weise hat Karsten bei Zusammenstellung seiner 1886 publicirten Karte (Géologie de l'Ancienne Colombie Bolivarienne) die bereits 1875 erschienene Publikation von Brown und Sawkins über Britisch-Guiana gar nicht berücksichtigt, sowenig wie Schomburgk's Mittheilungen. Er verzeichnet deswegen auf der ganzen Länderstrecke, welche sich zwischen dem Orinoco im Norden und Westen und dem Essequibo im Osten (bis über den Fluss hinaus) ausdehnt, sowie endlich südlich bis in die Nähe des Aequators nur „roches plutoniques" und untergeordnet „formation tertiaire et quartaire." Unter erstgenannter Gruppe wird verstanden „Granit, Syenit, Gneiss, Porphyr, krystallinische Schiefer etc." Die Darstellung ist durchaus nicht mehr zeitgemäss und sehr fehlerhaft, und zwar nicht nur betreffs des hier in Rede stehenden Gebietes, sondern auch für andere der kartirten Gegenden, insonderheit auch für andere Strecken von Venezuela.

6) Derby l. c. pag. 12 ff.

gleichen Kreidebildungen von Venezuela ihm noch angehören, so dass hiemit das Alter des Sandsteins und der Diabase von Britisch-Guiana als cretaceïsch festgestellt sein würde.

Kehren wir nach diesen Ausführungen zu einem Vergleiche von Niederländisch- und Britisch-Guiana zurück, so finden wir im geognostischen Baue letztgenannten Landes die folgende Uebereinstimmung mit Surinam:

Neben der krystallinischen Schieferformation, deren Ausdehnung an der Oberfläche sich noch nicht genau beurtheilen lässt, aber nach allem bis jetzt Bekannten nicht sehr bedeutend zu sein scheint, besitzen besonders an Facies-Unterschieden reiche Biotitgranite eine bedeutende Entwickelung. Die Granitformation findet sich schon in geringem Abstande von der Küste [1]) und lässt sich bis an die äusserste Südgrenze des Landes verfolgen; der 59° W.L. Gr. durchschneidet in der englischen Colonie, abgesehen von der Sandsteinformation, fast ausschliesslich Granit und aus dessen Verwitterung hervorgegangene Savannen. Zwischen die Granite des Innern und die mit ihnen übereinstimmenden Gesteine im nördlichen Theile der Colonie schiebt sich ein Diabasgebiet ein, welches von W nach O das Land durchquert und von O nach W an Ausdehnung zunimmt. Es liegt auf gleicher Breite mit der Diabasregion Surinams; der 5°N.Br. durchschneidet es der Länge nach in Englisch-Guiana sowohl wie in der niederländischen Colonie; auf gleicher Breite findet auch am Corantijn der Anschluss der Diabase beider Länder statt. Einzelne Diabasdurchbrüche kommen auch ausserhalb des vorherrschend von diesem Eruptivgesteine eingenommenen Gebietes vor, sowohl im Innern als mehr der Küste genähert, innerhalb der Granite. Auch der Charakter der alluvialen Bildungen von Englisch-Guiana stimmt durchaus mit demjenigen der entsprechenden Sedimente in Surinam überein; besonders hervorgehoben zu werden verdient hier noch das Vorkommen der gehobenen Muschelbänke. Sie sind in grosser Zahl zwischen Demerara und Berbice bekannt, „run parallel to te coast and contain numbers of sea shells of the genera Mactra, Venus, Plicatula, Marginella, Fasciolaria, Nassa etc., of the same species as those now inhabiting the ocean off the coast." [2])

Gegenüber dieser Reihe von gemeinsamen Grundzügen des geognostischen Baues beider Länder scheint die Thatsache des Fehlens der Sandsteinformation in

---

1) Granite sind auch am unteren Orinoco bekannt. Sie stehen bei Las Tablas an, an der Einmündung des Caroni in den Hauptstrom, und erstrecken sich von hier aus in südöstlicher Richtung bis in den Minendistrikt von N. Providencia, in fast 7° N.Br. (G. Altwood, A contribut. to South-American Geology; Quart. Journ. Geol. Soc. London, vol. 35, 1879, pag. 582). Weiter landeinwärts ist die Gegend meines Wissens nicht untersucht.

2) Brown u. Sawkins l. c. pag. 11. — Wegen der Uebereinstimmung der alluvialen Ablagerungen beider Länder vgl. daselbst besonders pag. 10 ff., ausserdem oben pag. 177.

Surinam anfänglich sehr auffallend, um so mehr als letztere mit dem Eruptivgesteine wechsellagert. Man könnte freilich die Erklärung durch die Annahme geben, dass nur die älteste Diabasdecke, welche in Englisch-Guiana den Granit direkt überlagert, in Surinam erhalten sei, während die jüngeren Diabase sammt den Sandsteinen durch die Erosion völlig zerstört wurden; und in der That halte ich es für sehr wahrscheinlich, dass die Diabase der niederländischen Colonie ihrer Hauptmasse nach der erwähnten, ältesten Diabasdecke von Englisch-Guiana aequivalent sind. Daneben fehlt es aber nicht an Andeutungen dafür, dass Reste der Sandsteinformation auch noch in Surinam vorkommen, welche indessen bis jetzt in Folge der noch sehr lückenhaften Untersuchungen nicht genügend bekannt wurden.

Es ist schon von vornherein nicht sehr wahrscheinlich, dass die Sandsteinformation, welche sich durch ganz Englisch-Guiana von W nach O erstreckt, am Grenzflusse völlig abschneiden soll, während die ihr zwischengelagerten Eruptivgesteine nach Surinam hinüberstreichen. Hier am Corantijn war unter 5° N.Br., gegenüber der Mündung des Cabalaba, die betreffende Bildung bereits Schomburgk bekannt; Brown und Sawkins kartiren sie auch noch eine Strecke weiter aufwärts an demselben Strome. Schomburgk erwähnte indessen ausserdem das Vorkommen der Sandsteinformation am Falle Itáfe im Cabalaba, eine Strecke unterhalb des Avanaverofalls, also auf niederländischem Gebiete. [1]) Von demselben Orte liegt mir das Gestein auch in der Voltz'schen Sammlung vor, [2]) und da die englischen Geologen angeben, dass die Sandsteinformation von Englisch-Guiana am Cabalaba und in der Nähe von Akalikatabo Eiland den Corantijn durchquere, [3]) so dürfen wir in dem erwähnten Vorkommen die östliche Fortsetzung der als cretaceïsch gedeuteten Formation von Britisch-Guiana sehen.

Erwähnung verdient ferner, dass am oberen Coppename, von einem Punkte an der Mündung des Jabakreeks aus, ein eigenthümlicher Berg zu Gesicht kommt, welcher durch seine einem abgestumpften Kegel gleichende Gestalt und durch Mangel an Pflanzenwuchs ausgezeichnet ist. Voltz (Briefe) sowohl wie Rosenberg (Karte) führen ihn besonders an, und Letzterer sagt, dass die Höhe des Berges auf 200 m geschätzt werde. Form und Nacktheit weichen von allem ab, was die

1) l. c. pag. 173 u. 174.

2) Fundort und petrographische Beschaffenheit der Handstücke (N°. 9754—9756) stimmen nicht nur mit den Angaben Schomburgk's überein, sondern auch ein Zusatz, wonach dieser Sandstein als Schleifstein benutzt wird und welcher sich sowohl bei genanntem Reisenden l. c. als im Cataloge der Voltz'schen Sammlung findet. — Diese Sandsteine dürfen nicht mit der vermeintlich kohlenführenden Schicht Schomburgk's von Oreála verwechselt werden. (vgl. oben pag. 141).

3) l. c. pag. 13.

übrigen Gebirgsglieder Surinams zeigen, und legen die Vermuthung nahe, dass der abgestumpfte Kegel ein Ueberrest des Sandsteingebirges sei, welches im Westen durch gleiche Reliefformen ausgezeichnet ist.

Endlich liegt ein Sandstein unter den Handstücken vor, die Voltz bei Nooitgedacht sammelte, ferner ein Thonschiefer von Victoria [1]) und ein fossilführendes Kalkgerölle von Carolina. [2]) Kalksteine sowohl wie Thonschiefer treten aber in der cretaceïschen Sandsteinformation Venezuelas auf, [3]) für welche die Uebereinstimmung mit dem Systeme von Sandstein und Diabas in Britisch-Guiana aus oben dargelegten Gründen sehr wahrscheinlich ist. Somit würde auch für Surinam das Vorkommen von Kreideablagerungen, wenn auch in beschränkterer Ausdehnung, angedeutet sein.

Die zuletzt gezogene Schlussfolgerung lenkt den Blick schliesslich noch auf die eingangs beschriebenen Inseln, Curaçao, Aruba und Bonaire, da die gleichen cretaceïschen Ablagerungen, welche an dem Aufbau der Küstencordillere von Venezuela Theil nehmen, auch zweifellos auf den genannten Eilanden nachgewiesen sind. Es gewinnt den Anschein, als ob dieselben cretaceïschen Sedimente, welche im Umkreise des Senkungsfeldes des caribischen Meeres steil aufgerichtet und gefaltet wurden, im Innern von Venezuela und der Guianen noch in ungestörter, schwebender Lage sich befinden.

Es ist ferner oben dargelegt, dass auf Curaçao Diabase als Liegendes der Kreideformation auftreten und dass dasselbe Eruptivgestein sich abermals in gleichem Lagerungsverhältnisse gegenüber der Sandsteinformation von Englisch-Guiana befindet. Demnach könnten auch diese Bildungen aequivalent sein, eine Annahme für die weiterhin die petrographische Uebereinstimmung gewisser Diabase von Surinam mit solchen von Aruba spricht. Archaeische Schichten sind ebenfalls auf der Inselreihe aufgeschlossen. Endlich halte ich es für möglich, dass die Quarzdiorite von Aruba mit den Biotitgraniten Surinams zu derselben Eruptivmasse gehören und nur eine lokale Facies-Verschiedenheit der Letzteren darstellen; denn diese Quarzdiorite von rein granitischem Habitus gleichen Schlieren des

---

1) Vgl. oben pag. 191. Wie erwähnt, enthält der Sandstein Turmalin; vielleicht entspricht er dem „altered sandstone, with black crystals", den Brown u. Sawkins (l. c. pag. 29) in ihrer Gesteinsliste aus der in Rede stehenden Sandsteinformation anführen, und zwar von der östlichsten Grenze der britischen Colonie, aus der Nähe der Insel Akalikatabo im Corantijn.

2) Vgl. oben pag. 175.

3) oben pag. 32.

Surinamgranites in allen wesentlichen Zügen und sind gleich der Eruptivmasse des Festlandes wieder selber durch das Auftreten von verschiedenen Spaltungsgesteinen ausgezeichnet. Bemerkenswerth ist noch, dass die augitdiorit- und gabbroartigen Schlieren Arubas an den Rändern des Dioritmassivs der Insel gelegen sind, und namentlich ist hervorzuheben, dass unter ihnen der Hypersthengabbro bei Buschiribana in unmittelbarer Nähe der Diabasformation ansteht, welche letztere als das Durchbrochene aufgefasst wurde. Das steht abermals in Uebereinstimmung mit der früher entwickelten Ansicht, wonach wir in der an Schlieren reichen Gegend zwischen Kapua und Toledo die Nähe einer Eruptionsstelle der Granitmasse zu vermuthen hätten.

Indessen kann die Zusammenfassung der Granite und Diorite nur unter der Voraussetzung geschehen, dass die Diabase Surinams, und vielleicht auch diejenigen der Eilande, theils vor theils nach den erstgenannten Gesteinen erumpirten; denn auf Aruba überlagern die Quarzdiorite den Diabas, während in Surinam Gänge des Letzteren den Granit durchsetzen. Andere Gründe leiteten zwar bereits zur Annahme verschiedener Diabaseruptionen sowohl auf den Eilanden als in Surinam, doch konnte die Richtigkeit derselben bis jetzt nicht sicher erwiesen werden. [1])

Dass die hier nur flüchtig angedeuteten Beziehungen zwischen Surinam und den Inseln Curacao, Aruba und Bonaire bei der grossen gegenseitigen Entfernung beider Gegenden und der äusserst lückenhaften Kenntniss der zwischenliegenden Länderstrecken weiterer Untersuchung und Begründung bedürfen, ist selbstredend. Deswegen beschränkte ich mich auch auf diese Andeutungen, ohne weittragende Schlussfolgerungen daranzuknüpfen, und gleiche Gründe veranlassen mich, von einem Vergleiche mit Brasilien vorläufig noch ganz abzusehen, zumal hier nur an der Hand der Beobachtungen von Crevaux [2]) der Anschluss an andere Forschungen zu erreichen ist. Nur so viel darf als feststehend hervorgehoben werden, dass wie in Britisch-Guiana und in Venezuela, südlich von Orinoco, so auch in dem südlicheren Gebiete der brasilischen Masse eine Unterlage von steil aufgerichteten archaeischen Sedimenten und Graniten vorhanden ist, welche von jüngeren Sedimenten diskordant und nahezu horizontal überlagert wird. Sandsteine spielen unter diesen jüngeren Ablagerungen eine hervorragende Rolle und erinnern, da die Decke in Tafelberge aufgelöst ist, landschaftlich an die Sandsteingebirge der

---

1) An der nordöstlichen Grenze des Caribischen Meeres besitzen Diorite, die anscheinend denjenigen von Aruba sehr ähnlich sind, eine weite Verbreitung und werden sie von Diabasgängen durchsetzt. (Cleve, Geolog. of the North-Eastern West India Islands, besonders pag. 6, 35, 37.)

2) Wie unvollständig diese Beobachtungen auch in dem weiter südlich gelegenen Gebiete sind, geht aus der Darstellung hervor, die Vélain von einem Theile der Niederung des Amazonas giebt und welche durchaus nicht im Einklange mit den daselbst bereits bekannten, geognostischen Verhältnissen steht.

erstgenannten Länder; doch sind sie in Brasilien von sehr verschiedenem (auch cretaceïschem) Alter und ist deswegen ein näherer Vergleich vorläufig noch durchaus unmöglich. [1])

Dagegen muss als sicher hingestellt werden, dass wir in den Inseln abgelöste Splitter des südamerikanischen Continentes zu sehen haben, da der geognostische Zusammenhang mit der Küste von Venezuela erwiesen werden konnte, [2]) so fraglich ein solcher für Surinam auch noch sein möge. Ob diese Trümmerinseln als tektonische Abgliederungsinseln [3]) aufzufassen sind und das gegen 2000 m tiefe Meer, welches sie vom Festlande trennt, im Wesentlichen als Ausfüllung eines durch Faltungsvorgänge und Verwerfungen entstandenen, von W nach O streichenden Querthales, oder ob lediglich die Wirkungen der Meeres-Erosion zur Loslösung geführt haben, lässt sich zur Zeit noch nicht beurtheilen. Vielleicht wirkten beide Faktoren zusammen. Einerseits überlagern die quartären Kalke von Curaçao alle diskordant und horizontal die aufgerichteten Sedimente der Kreideformation, so dass die Störung in eine den Absatz der altquartären Kalke vorangehende Zeit verlegt werden muss, andererseits zeigt die grosse Uebereinstimmung der Inselfauna mit derjenigen von Venezuela, [4]) dass die völlige Lostrennung der Eilande erst in allerjüngster Zeit erfolgt sein kann; jedenfalls muss also nach der Aufrichtung der Kreideformation noch eine Landbrücke [5]) bestanden haben, falls tektonische Vorgänge als wesentlichste Ursache der Abgliederung aufzufassen sein sollten. Die Halbinseln von Araya und Paria mit Einschluss von Trinidad [6])

---

1) O. A. Derby, Physik. Geogr. u. Geolog. Brasiliens (Mittheilg. Geogr. Ges. Jena, Bd. 5, pag. 1, 1887). — Stelzner, Beitr. z. Geol. u. Palaeont. d. argentin. Republik I. pag. 65 — Suess, Antlitz der Erde, I. pag. 655 ff., 1885 — Bei Suess und Stelzner ausführlichere Literaturangaben über den Gegenstand.

2) Vgl. oben pag. 132; ferner Martin in: Verslgn. en Mededeelgn. d. Kon. Akademie, Afd. Natuurkd. 1886, pag. 240 und 1887, pag. 114. — Sievers sagt anlässlich der Besprechung dessen, was oben über die Eilande publicirt wurde: „Nach allem, was über diese Inseln bekannt geworden ist, scheinen sie Aehnlichkeit mit der Goajira-Halbinsel und der Sierra Nevada de Santa Marta zu haben, wie ich bestimmt glaube annehmen zu dürfen". (Gesellsch. f. Erdkunde, Berlin 1887, pag. 438). — Die Erdbeben des Festlandes werden auf den Inseln noch wahrgenommen, wenngleich sehr abgeschwächt (Bosch, Reizen I, pag. 155). — Ueber die Beziehungen der Eilande zum Festlande ist ausserdem vor allem zu vergleichen: W. Sievers, Die Sierra Nevada de Santa Marta und die Sierra de Perijá, speciell pag. 65 ff. Leider ging mir die wichtige Arbeit erst während des Druckes zu und konnte ich sie nicht weiter verwerthen (Zusatz während des Druckes).

3) Vgl. A. v. Lasaulx. Die Inseln. (Handwörterb. d. Mineral. Geolog. u. Palaeontologie).

4) Sieh Theil I dieses Werkes, pag. 141.

5) Hiefür sprechen auch die Meerestiefen. Sieh: Berghaus' Physik. Atlas N°. 26, II Abthlg. Hydrographie N°. XI.

6) Vgl. auch Theil I, pag. 104.

scheinen Ablösungsstadien vorzustellen, welche von den Inseln Curaçao, Aruba und Bonaire bereits durchlaufen sind.

Die geognostische Uebereinstimmung von Inseln und Festland erstreckt sich, ausser den bereits hervorgehobenen Punkten, vor allem auch auf die quartären Ablagerungen, welche für die jüngst verflossene Zeit eine in gleichem Sinne fortschreitende Strandverschiebung hier wie dort erkennen lassen. Denn die jungquartären Muschelbänke der Eilande finden sich an der Küste von Venezuela wieder [1]) und lassen sich, wie bereits besprochen ist, längs der Küste von Englisch-Guiana bis nach Surinam verfolgen, überall nur wenige Meter über den Meeresspiegel sich erhebend.

Es liegt deswegen nahe, die Frage nach der Existenz von Ablagerungen der Guianen aufzuwerfen, welche den altquartären Bildungen der Inseln aequivalent seien, um so mehr als solche nicht nur auf den Eilanden östlich von Bonaire vorkommen, [2]) sondern auch noch auf Tortuga, westlich von Margarita. Von dort erhielt ich durch Ernst einen sehr festen, quartären Korallenkalk zugleich mit der Angabe, dass die Insel ein „zweimal gehobenes Korallenriff" sei. Aequivalente Ablagerungen scheinen nach den Untersuchungen von Etheridge [3]) auch noch auf Trinidad vorzukommen, als oberste Abtheilung der jüngeren Pariagruppe; doch sind sie weder in Englisch- noch in Niederländisch- oder Französisch-Guiana bis heute sicher nachgewiesen. — — — —

Sind die älteren, alluvialen Thonablagerungen Surinams mit dem Altquartär der Inseln aequivalent? Hat frühere Meeresbedeckung einen wesentlichen Antheil an der tiefgehenden Auflockerung und Zersetzung der Granitformation und wurde so die Savannenregion gebildet, die das Alluvium nach Süden begrenzt? Ist der eigenthümliche, terrassenartige Bau Surinams, welches als Ganzes betrachtet eine sanft zum Meere geneigte, schiefe Ebene mit annähernd parallel der Küste streichenden Stufen darstellt, [4]) vielleicht durch weit in das Innere reichende Strandlinien zu erklären, da sich dieser Bau auch auf das Granitmassiv erstreckt und keine einzige tektonische Ursache für ihn aufzufinden ist? Stürzten die Wasserfälle der Ströme anfänglich über die Uferterrassen herab, um erst bei rückwärts

1) Vgl. unten den Anhang.

2) Theil I, pag. 108.

3) Wall and Sawkins, Geology of Trinidad, Appendix J, pag. 163.

4) Aehnliches gilt auch für die beiden anderen Guianen. Vgl. besonders die Karte von Schomburgk sowie die Profile von Brown, ausserdem Vélain. Brown u. Sawkins sind überzeugt, dass Meereserosion auch dem Pacaraimagebirge sein jetziges Relief verliehen habe, so dass hier die Meeresbedeckung bis etwa 4° N. Br. landeinwärts nachgewiesen sein würde (l. c. pag. 14).

schreitendem Einschneiden ihre jetzige Lage einzunehmen und dort vor allem bestehen zu bleiben, wo widerstandsfähige Schlieren des Granitmassivs die Schaffung einer gleichmässigen Bodenneigung verhinderten? Das alles sind Fragen, deren Beantwortung nach den bis jetzt vorliegenden Beobachtungen nicht möglich ist und, wie so manche andere im Vorhergehenden aufgeworfene Frage einer specielleren, geognostischen Aufnahme der betreffenden Gegenden überlassen bleiben muss.

Liste von Gesteinen.

Die folgende Liste enthält sämmtliche Gesteine, welche von mir in Surinam gesammelt worden sind, unter genauer Angabe der Fundorte. Die Letzteren sind, wo die beigegebene Karte nicht ausreicht, nöthigenfalls auf derjenigen Cateau van Rosevelt's näher zu vergleichen; sie wurden innerhalb der einzelnen Gruppen so angeordnet, dass sie im Allgemeinen in der Richtung von Nord nach Süd, flussaufwärts, einander folgen. Die beigefügten Nummern beziehen sich auf die in Leiden bewahrten Objekte. Alle Gesteine sind, falls nicht das Gegentheil bemerkt ist, an den betreffenden Orten anstehend.

Urschieferformation.

Gneiss, vom Ufer der Judensavanne (297).

Granatbiotitschiefer nebst eingelagerten Quarziten, von Tafra (220, 221).

Quarzit, ein wenig oberhalb Tafra anstehend (222).

Zersetzte Gesteine (z. Th. chloritisirte Gneisse und Hornblendeschiefer?): Von der Klippe bei Bergendaal (224). — Von einer Landzunge, unmittelbar oberhalb desselben Ortes (228). — Eine kurze Strecke unterhalb Kauruwatra (229). — Ein wenig aufwärts vom Cederkreek (234). — Von der Barrière bei Brokopondo (236). — Oestlich von Brokopondo im Walde anstehend, lateritisirt (284?, 287).

Quarzamphibolit(?) aus dem Walde bei Brokopondo, am Fusse der ersten Höhen, beginnende Lateritbildung zeigend (282).

Quarzit von der Kanzel unterhalb Brokopondo (235).

Quarzreiche Glimmerschiefer: Von der ersten Barrière oberhalb Brokopondo (279, 280). — In diesem Schiefer aufsetzender Quarzgang (280*). — Von der zweiten Barrière daselbst (278).

Quarzit von der ersten Barrière oberhalb der bei Brokopondo gelegenen Insel (277).

Quarzreicher Muscovitschiefer von der zweiten Barrière daselbst (237, 238), nebst eingelagerten Quarziten (238*).

Glimmerschiefer und Gneiss von der Mündung des Dabikwénkreeks, zum Theil porphyrartig, als Porphyroid, ausgebildet (239 u. 276).

Aktinolithschiefer von Newstar Eiland und Quarzit, welcher vermuthlich als Gang in Letzterem aufsetzt (240, 240*).

Chloritschiefer, oberhalb Newstar Eiland anstehend (275).

Quarzitschiefer: Vom Landungsplatze bei Pisjang am Sarakreeke (245). — Oberhalb der bei Koffiekamp gelegenen Insel anstehend (247b).

Quarzamphibolit, von letztgenanntem Orte (249).

Hornblendegneiss, etwas aufwärts von N°. 249 anstehend (250).

Porphyrartiges Gestein, als Gerölle auf den Klippen von Hornblendegneiss aufgelesen und vielleicht zur gleichen Gruppe gehörig (250*).

Granite des unteren Flussgebietes.

Zersetzter Granit von Gelderland (298).

Zersetzter Biotitgranit vom Ufer der Judensavanne (290).

Biotitgranit: Klippen bei Worsteling Jakobs (289). — Daselbst am linken Ufer landeinwärts anstehend (288).

Rother Granit von Phaedra (218, 219).

Aus dem Granitgebiete des Innern.

Biotitgranit und zugehörige Spaltungsgesteine: An der Mündung des Sarakreeks im Surinam anstehend (242). — Zwischen der Mündung des Sarakreeks und Koffiekamp (244). — Unmittelbar oberhalb der bei Koffiekamp gelegenen Insel (247c, 248). — Nahe dem linken Ufer des Surinam, unmittelbar oberhalb des Diëtifalls (251). — Am Fusse des Arusabanjafalls (252). — Zwischen Dotti- und Makamiekreek (254). — Am linken Ufer bei Wakibassu (255). — Am Ufer bei Otobuka (256). — Gestein des Lantiston (257). — Am linken Ufer, gegenüber der unteren Endigung der ersten grossen Insel, welche bei Sisone liegt (258, 258*). — Unterhalb der Stromschnellen von Gongotha, nahe dem linken Ufer (259). — Halbwegs zwischen Grankadjie- und Gibokreek (260). — Etwas oberhalb Komoso, zwischen der Insel Sakkepratti und Kokomonjé (261, 262). — Halbwegs zwischen Papantiri- und Akunkunfall, zwischen den beiden westlichsten von den drei, dort in einer Reihe gelegenen Inseln (263). — Im Flusse bei Kapua (264, 265). — Vom Kotipau, der Fortsetzung des Gidibo (266, 266a, 266b). — Vom Sísabo (267, 273). — Aus den Stromschnellen am Fusse des Monni (269). — Halbwegs zwischen Monni und Toledo, nahe dem rechten Ufer (270). — Am Ufer von Toledo (271).

Ausscheidungstrümmer im Biotitgranite: Vom Sísabo (274, 274*). — Vom Lantiston (257*).

Porphyrischer Granit, vermuthlich Gangapophyse, von einer Barrière zwischen dem linken Ufer und der oberhalb Koffiekamp gelegenen Insel (246).

Quarzit: Vom Fusse des Arusabanja (252*). — Aus dem unter N°. 258 angeführten Granite (258**).

Diabasformation.

Diabas: Von der Landzunge unmittelbar unterhalb Sannetje Eiland (223). — Von Kauruwatra, unterhalb Mawassiekreek (230). — Von Boschland (232). — Beim Fobakkakreek, unterhalb der Mündung des Sarakreeks (241). — Unmittelbar oberhalb der bei Koffiekamp gelegenen Insel (247a). — Aus zwei verschiedenen Gängen am Biabiafall (253, 253*). — Aus den Stromschnellen am Fusse des Monni (268). — Vom Fusse des Monni selbst (272).

Laterit und Lehm, Zersetzungsprodukte des Diabas: Vom Gipfel des Blauen Berges (227). — Vom Gehänge desselben Berges (226*). — Schotter an der Klippe bei Bergendaal (225*, 226). — Aus dem Walde unfern Brokopondo (285). — Von Topibó (299, 300).

Quarzit, an der Klippe bei Bergendaal als Geschiebe aufgelesen, vermuthlich aus einem im Diabas aufsetzenden Gange (225).

Alluvium.

Laterit: Vom Swartwater (294). — Vom Gipfel der bei Brokopondo gelegenen Höhe (283).

Savannensand: Aus der Savanne an der Kassipura (296). — Von Onoribo an der Para (300*).

Flussand: Von der Landzunge unterhalb Sannetje Eiland (223). — Von der ersten Glimmerschiefer-Barrière oberhalb Brokopondo (281).

Eisenschüssige Sandsteine und Quarzbreccien: Von Kweeklust an der Coropina (301). — Von einem Punkte wenig oberhalb Mawassiekreek (231). — Etwas oberhalb Kwassiekreek (233). — Oberhalb der Mündung des Sarakreeks (243).

Lehm: Am Ufer von Ayo (291). — Aus der Gegend von Prospérité an der Para (302).

Gerölle: Von Carolina (292, 292*, 292**, 293, 293*). — Aus den Goldseifen unfern Brokopondo (286). — Aus einem Bache am Rande der Savanne der Kassipura (295).

ANHANG.

Höhenmessungen.

Zur Messung von Höhen bediente ich mich zweier Aneroidbarometer von Naudet, und zwar eines Normalinstrumentes, welches genau vor dem Antritte der Reise und nach meiner Rückkunft geprüft worden [1]) und im Folgenden ausschliesslich berücksichtigt ist, und eines kleinen Taschenaneroids, welches zur Contrôle diente, vor allem um festzustellen, ob der Transport stets mit derselben Sorgfalt stattgefunden hatte.

Bei jeder der auf den Inseln ausgeführten Messungen wurde erst die Höhe der Station, von der aus jene unternommen werden sollten, festgestellt. Es liess sich dies mit Hilfe des Aneroids durch eine kurze Wanderung vom Meere zur Station ausführen, da ich stets in nächster Nähe des Ufers wohnte; eine Vergleichung mit dem Quecksilberbarometer war dabei unnöthig. Alle anderen Messungen wurden nun zunächst auf die betreffenden Stationen bezogen und die so gefundenen relativen Höhen durch Addition der Stationshöhe in absolute umgewandelt. Bei der Berechnung der relativen Höhen-Unterschiede wurde in folgender Weise verfahren:

Die Werthe, welche die Scala des Luftdrucks am Aneroide auf den beiden zu vergleichenden Höhen angab, wurden zunächst auf die gleiche Temperatur reducirt. Der Werth für diese Correction war in Leiden dadurch erhalten, dass das Instrument bei den zwischen 13° C und 30° C liegenden Temperaturgraden, zum Theil nach künstlicher Erwärmung, beobachtet worden war.

Darauf mussten die täglichen Aenderungen des Barometerstandes in Rechnung gezogen und eine dem entsprechende Correction angebracht werden. Da fast alle Messungen in den Morgenstunden bei steigendem Barometer angestellt wurden,

1) Die Untersuchung des Instruments hat durch Herrn Dr. J. E. Couvée im physikalischen Institute von Herrn Prof. H. Kamerlingh Onnes in Leiden stattgehabt, und bin ich beiden Herren für die Hilfe, welche sie mir bei den Berechnungen der Höhen geleistet haben, sehr zu Dank verpflichtet. Desgleichen Herrn Dr. P. J. Kaiser in Leiden, Verificator der Reichs-Seeinstrumente. Das Instrument hatte nach Ablauf der Reise den gleichen Stand wie vor dem Antritte derselben.

so führte ich an fünf Tagen in Westindien Morgens zwischen 6 und 10 Uhr halbstündige Ablesungen des Aneroids aus und berechnete aus den auf 0° C reducirten Werthen fünf Mittel für das halbstündige Steigen an den fünf Tagen. Hieraus leitete ich dann abermals den Mittelwerth ab, wie beistehend. [1])

0,15
0,23
0,05
0,25
0,12
0,16

Nun zeigt zwar ein Blick auf diese Zahlen, dass die betreffende Correction des Aneroids stets nur annähernd richtig sein kann, da die einzelnen Mittelwerthe zu sehr differiren; aber trotz dieser Ungenauigkeit werden die Messungen doch nur sehr unbedeutend durch sie beeinflusst, da jene stets innerhalb sehr kurzer Zeit, während welcher der Barometerstand fast als unverändert angenommen werden könnte, ausgeführt wurden. So ist z. B. der Höhenunterschied zwischen dem höchsten Punkte der Inseln, dem Christoffelberge, und Savonet innerhalb des Verlaufes zweier Stunden gemessen; die Correction für die tägliche Barometeränderung kann hier nur wenige Meter betragen und der dabei mögliche Fehler liegt innerhalb noch geringerer Grenzen.

Nachdem die beiden genannten Correctionen angebracht waren, wurden die den corrigirten Werthen entsprechenden Zahlen der Höhenscala am Aneroide abgelesen und durch einfache Subtraction der Höhenunterschied der beiden betreffenden Punkte gefunden. Diese Ablesungen lassen sich bei einiger Uebung bis auf 1 m genau ausführen; indessen bedarf der so gefundene Werth x bei bedeutenderen Höhen doch noch einer weiteren Correction, die Lufttemperatur betreffend. Eine eingehende Untersuchung des Instruments hatte ergeben, dass dasselbe mit einer Scala versehen sei, welche für 20° C verfertigt war, während meine Messungen bei höherer Temperatur stattfanden. Der Werth x wurde noch um das $\frac{T}{250}$ fache seines Betrages vergrössert, wobei T gleich der mittleren Temperatur der beiden verglichenen Orte, vermindert um 20 ist. Selten war aber diese mittlere Temperatur höher als 25° C, wobei dann $\frac{T}{250} = \frac{1}{50}$ wurde, mithin erst bei einem Höhenunterschiede von funfzig m die angebrachte Correction für die Lufttemperatur den gefundenen Werth um 1 m erhölte. Die betreffende Correction konnte aus diesem Grunde auch bei den kleineren Höhendifferenzen vernachlässigt werden.

Bei allen Messungen sind die beiden benutzten Instrumente stets horizontal getragen, obwohl sie zum Umhängen eingerichtet sind; denn ich überzeugte mich

1) Für andere Tagesstunden konnte ich wegen Zeitmangels keine genügende Anzahl von Beobachtungen machen; hier benutzte ich zur Correction die von Schomburgk auf Barbados angestellten Berechnungen (The history of Barbados, London 1848).

schon vor der Reise davon, dass die vertikale Stellung der Genauigkeit der Messung wesentlich Abbruch thut. Man trage die Aneroide wiederholt von der ebenen Erde auf den Boden seines Hauses und man wird bei horizontaler Lage stets dieselben, bei vertikaler aber sehr abweichende Höhendifferenzen erhalten. In ersterem Falle schleppt das Instrument auch nicht nach, und man kann fast unmittelbar nach der Ankunft an dem zu messenden Punkte die Ablesung vornehmen. So ist zum Beispiel die Höhe von Boqueron (vgl. Tabelle) während der Eisenbahnfahrt von Carácas nach La Guaira gemessen, indem ich das Instrument stets horizontal in der Hand hielt; die Uebereinstimmung mit dem durch Nivellement gefundenen Werthe des Punktes ist eine fast vollständige, und dass sie nicht zufällig ist, beweist der zweite, noch genauere Werth für die Höhe von Carácas.

Bei den Beobachtungen, welche ich während der Reise in Surinam anstellte, musste ich ein anderes Verfahren für die Berechnung der Höhen einschlagen; es war erforderlich den Stand des Aneroids mit dem gleichzeitig in Paramaribo beobachteten Stande des Quecksilberbarometers zu vergleichen. Es wurden zu diesem Zwecke zunächst alle Werthe, welche die Scala des Luftdrucks am Aneroide angab, auf 0° C reducirt; ferner musste auch hier eine Correction für die tägliche Aenderung des Barometerstandes angebracht werden, da es nicht möglich war auf der raschen, schwierigen Reise die Instrumente zu den festgestellten Zeiten abzulesen. Während das Quecksilberbarometer in Paramaribo um 8 Uhr Morgens, 12 Uhr Mittags und 6 Uhr Abends abgelesen wurde, sind meine Beobachtungen selten ganz gleichzeitig, sondern meistens etwas vor oder nach den betreffenden Stunden vorgenommen. Die Correction wurde in gleichem Sinne wie auf den Inseln angebracht, aber sie muss in Surinam die gefundenen Werthe in etwas ungünstigerer Weise als dort beeinflussen, da es sich um weit geringere Niveaudifferenzen handelt und die oben erwähnte Ungenauigkeit der Zeitreduction sich daher für das Gefälle des Surinam verhältnissmässig mehr fühlbar macht. Wesentliche Fehler können in Folge der geringen Zeitdifferenzen aber auch bei der Berechnung dieser Höhen sich nicht eingeschlichen haben.

Die grösste Schwierigkeit brachte dagegen die letzte Correction mit sich, da ich durch Vergleichen der auf 0° reducirten Angaben des Aneroids mit denjenigen des Quecksilberbarometers in Paramaribo zu verschiedenen Tageszeiten eine verschiedene Standcorrection erhielt. Mein Aneroid zeigte Morgens + 2,7 mm, Abends 6 Uhr dagegen + 1,5 mm, und da der Unterschied von 1,2 mm im Luftdrucke einem solchen von 14 m in dem betreffenden Abschnitte der Höhenscala entspricht, so differirten die aus den Morgen- und Abendbeobachtungen für dieselben Stationen abgeleiteten Höhen um diesen Betrag, falls ich für beide die gleiche Correction anwandte. Benutze ich z. B. die Correction von 2,7 mm für die Abendbeobachtung von Phaedra, so berechnet sich daraus die absolute Höhe des Flussbettes daselbst auf 14 m, während sie in Wirklichkeit 0 m ist; wende ich dagegen die verschiedenen Correctionen an, so stimmen die beiden Reihen von Abend- und Morgenbeobachtungen in sehr befriedigender Weise mit einander überein.

Die verschiedenen Correctionen erhielt ich nun aber sowohl für die Ablesungen des Aneroids in Paramaribo als auch auf demjenigen Theile des Flusses, welcher noch dem Einflusse von Ebbe und Fluth unterworfen ist, und zwar beiderorts in gleichem Sinne. Deswegen würde die Anwendung der verschiedenen Standcorrectionen für Morgen- und Abendbeobachtungen zulässig sein, selbst wenn keine nähere Erklärung dafür gefunden werden könnte; inzwischen glaube ich aber letztere wohl geben zu können:

Bekanntlich weisen Aneroide Veränderungen des Luftdrucks rascher an als Quecksilberbarometer. Nun fällt aber das Barometer zwischen 5½ und 6 Uhr Nachmittags sehr rasch, und da das Aneroid früher den niedrigeren Stand einnehmen wird als das Quecksilberbarometer, sein Stand aber im Allgemeinen ein zu hoher war (+ 2,7 mm), so musste der Correctionswerth bei einem raschen Sinken für eine kurze Zeit ein geringerer werden. Ich glaube damit die anscheinende Schwierigkeit als weggeräumt betrachten zu können.

Nach Anbringung der genannten drei Correctionen wurden wie auf den Inseln die entsprechenden Werthe der Höhenscala (für den Stand des Quecksilberbarometers in Paramaribo und denjenigen des Aneroids an dem zu messenden Orte) beide an dem Aneroide abgelesen und so die Höhendifferenz durch Subtraction erhalten. Auch die Lufttemperatur ist in der oben angegebenen Weise in Rechnung gebracht. Bei einigen Punkten wurde nur die relative Höhe, verglichen mit dem Flusse, in der auf den Inseln angewandten Weise gemessen; die absolute Höhe ergab sich dann wieder durch Addition der Höhe des Strombettes.

Es stellte sich nun bei der Berechnung heraus, dass die Mittagsbeobachtungen unbrauchbar waren, und dies dürfte darin einen Grund haben, dass sie alle auf dem Flussbette unter ungünstigen Verhältnissen vorgenommen wurden. Denn da ich mich bei der raschen Reise zu dieser Tageszeit nicht nach genügend geschützten Orten für die Ablesungen umsehen konnte, sondern dieselben an beliebigen Punkten und bei beständiger Ortsveränderung vornehmen musste, so dürfte das Thermometer des Aneroids zu diesen Zeiten schwerlich die richtige Temperatur des Instruments angegeben haben; [1]) es war bald den Strahlen der tropischen

1) So zeigte am Sísabo um 12 Uhr Mittags das Thermometer des Aneroides 33,1; die Tempe-

Sonne, bald einem Regenschauer, bald dem Schatten des überhängenden Laubdaches in stetem Wechsel ausgesetzt. Unbrauchbar sind auch die eingeklammerten Zahlen, welche die Abendbeobachtungen vom 1ten bis 4ten April und die Morgenbeobachtung vom 2ten April ergeben haben, da zu diesen Zeiten das Wetter ganz ungemein veränderlich war; vielleicht ist auch die Abendbeobachtung des 5ten April noch in gleicher Weise beeinflusst, denn ich fand auf der Rückfahrt am 11ten April Morgens für Gansee wiederum 18 m absolute Höhe, ein Werth, welcher mit demjenigen fast übereinstimmt, den ich am Morgen des 6ten April auf der Hinfahrt erhielt (16 m). Unter allen Umständen ist aber den Morgenbeobachtungen das grössere Vertrauen zu schenken, da in der Frühe des Tages die Temperatur des Aneroids am meisten zuverlässig sein dürfte und auch die Nachtruhe das Einnehmen des richtigsten Standes zur Folge haben musste.

Uebrigens sind die mitgetheilten Werthe keineswegs zur Erzielung der gewünschten Uebereinstimmung aus anderen Beobachtungen ausgewählt; sie geben sämmtliche Ablesungen der Hinreise am Morgen und Abend, welche den für die Ablesung in Paramaribo festgestellten Zeiten am nächsten lagen. Vergleicht man aber die beiden Reihen, so wird man sich des Urtheils nicht enthalten dürfen, dass die Aneroide bei vorsichtiger Behandlung auch auf Expeditionen von Dienst sein können, falls es sich um die Erzielung von Näherungswerthen handelt. Die Schätzung der Höhe von Wasserfällen und Stromschnellen, welche zwischen je zwei Beobachtungsorten liegen, liefert ausserdem einen weiteren Beweis dafür, dass die gefundenen Werthe sich unmöglich weit von der Wahrheit entfernen können; man darf sie ohne Zögern als Basis für die Construktion geognostischer Profile benutzen.

Freilich sind meine Instrumente unter so günstigen Verhältnissen transportirt worden, wie sie nicht oftmals sich darbieten; die Aneroide sind während der ganzen Reise in Surinam keinen Augenblick aus ihrer horizontalen Stellung herausgerückt, ausserdem im Bote oder in der Hand transportirt, so dass sie unmöglich eine Erschütterung erleiden konnten. Auch betrug die Luftlinie von Paramaribo nach der Endstation gemessen nur 18 geographische Meilen, [1]) so dass der Luftdruck an dem Orte der Ablesung des Quecksilberbarometers im Allgemeinen gleich demjenigen der Beobachtungsstation im Innern angenommen werden durfte.

ratur der Luft betrug aber nur 26,7, und selbstredend ist die betreffende Ablesung unbrauchbar. Auch haben die Untersuchungen des Instruments im physikalischen Laboratorium gelehrt, dass mindestens ½ Stunde erforderlich ist, bis es nach starker Erwärmung seinen richtigen Stand wieder eingenommen. Mittags war es aber nicht möglich, so lange mit der Ablesung zu warten.

1) Der im Flussbotte zurückgelegte Weg beträgt 28 geogr. Meilen.

Verzeichniss der gemessenen Höhen.

I. Curaçao.

	Eigene Messungen.	*Höhen.*	*Formation.*	*Aeltere Angaben.*
1.	Gipfel des St. Christoffelbergs. Ueber dem Meere . .	376 m	Kreide-formation.	350 m (Stifft), 365 m (Kuyper), 1200' (Bosch u. Teenstra). 1)
2.	Haus von Hermanus. „ „ „	27 m		
3.	Haus von Savonet. „ „ „	20 m		
4.	Obere Grenze des Eruptivgesteins im Tafelberge St. Hieronimo. Untere Grenze der Kalkdecke. Ueber dem Meere.	207 m	Diabas.	
5.	Plantersrust. Grenze des Eruptivgesteins gegen die quartären Conglomerate. Ueber dem Meere.	16 m		
6.	Gipfel des Tafelbergs St. Hieronimo. Ueber dem Meere . .	218 m	Quartärformation.	Der Tafelberg an der Fuikbai ist nach Bosch 950', nach Teenstra fast 1000' hoch. 2)
7.	Gipfel des Priesterbergs. Ueber dem Meere.	129 m		
8.	Gipfel des Kleine Berg. „ „ „	78 m		
9.	Gipfel von Fort Nassau. „ „ „	68 m		130' nach Gabb. (Die Nordküste der Insel ist nach demselben Autor 100' hoch).
10.	Höchster Punkt am innern Absturze des Kalkplateaus im SO von Hermanus. Ueber dem Meere. . , ...	67 m		
11.	Höchster Punkt in der oberen Uferterrasse unweit der Boca von Savonet. Ueber dem Meere.	37 m		
12.	Relativer Höhen-Unterschied zwischen dem Hause von Hato und dem höchsten Punkte der oberen Terrasse daselbst . .	29 m		

II. Aruba.

13.	Gipfel des Jamanota. Ueber dem Meere . .	183 m	Diabas.	Nach Teenstra 500', nach der englischen Karte 182 m. (Ariekok 167 m).
14.	Gipfel des Hooibergs. „ „ „	175 m	Diorit.	197 m nach d. engl. Karte, nach Teenstra 400', nach Bosch 300—400'.
15.	„ „ „ Ueber der Thalsohle .	138 m		

1) Keiner von Allen giebt an, woher er die Angaben erhalten hat.

2) Desgleichen ohne nähere Angabe.

	Eigene Messungen.	Höhen.	Formation.	Aeltere Angaben.	
16.	Gipfel des Serro Colorado. Ueber dem Meere.	38 m	Quartär-formation.		
17.	Conglomerate, Hangendes von Grünschiefern, in der Schlucht von Fonteiu. Ueber dem Meere.	38 m			

III. Bonaire.

18.	Gipfel des Brandaris. Ueber dem Meere	254 m	Glimmerporphyrit.		
19.	Plateau an der Westseite des Brandaris. Ueber dem Meere	177 m			

IV. Carácas.

20.	Hôtel St. Armand in Carácas. Ueber dem Meere	909 m	Krystall. Schiefer.	905 m	Statistischer Jahresbericht über ie vereinigten Staten von Venezuela. Carácas 1884. (Nivellirt).
21.	Höchster Punkt der Seitenwand einer steilen Schlucht, an der die Bahn von La Guaira nach Carácas hinführt, Boqueron genannt. Ueber dem Meere.	616 m		609 m	

V. Surinam. 1)

22.	Kuppen im Walde bei Phaedra. Mittel aus der Messung von 2 Höhen. Ueber dem Flusse Surinam	31,5 m	Granit.	28—31 m	Karte Cateau van Rosevelt's (Schätzungen).
23.	Blauer Berg. Mittel aus 2 Messungen. Ueber dem Flusse Surinam	85,5 m	Diabas.	94 m	
24.	Monni, unterhalb Toledo. Ueber dem Flusse. (Absolute Höhe dieses Gipfels 104 m)	61 m		94 m	

Beobachtungen, das Gefälle des Surinam betreffend.

a. Morgens.

Station am Flusse.		A. Bar.	Qu. Bar.	H.	H'.	H².
Phaedra . .	31 März.	7635	7637	2	0	2
Bergendaal .	1 April.	7632	7632	0	0	0
Boschland .	2 „	7629	7635	7	0	(7)
Waldstation	3 „	7617	7627	11	5	6
Koffiekamp .	4 „	7613	7625	14	7	7

1) Die Werthe von N°. 22 und 23 sind zugleich als absolute Höhen zu betrachten; am Monni (24) dagegen besitzt das Flussbett bereits eine Meereshöhe von etwa 43 m, so dass die absolute Höhe dieser Kuppe zu 104 m angenommen werden muss.

Station am Flusse.		*A. Bar.*	*Qu. Bar.*	*H.*	*H¹.*	*H².*
Wakibassu .	5 April.	7617	7636	22	9	13
Gansee. . .	6 „	7605	7628	26	10	16
Langahuku .	7 „	7596	7623	31	5	26
Kapua.	8 „	7587	7620	39	8	31
Toledo.	9 „	7574	7619	52	7	45

b. Abends.

Phaedra . .	30 März.	7621	7621	0	0	0
Bergendaal .	31 „	7622	7625	3	0	3
Boschland .	1 April.	7623	7620	(—3)	0	(—3)
Waldstation.	2 „	7619	7620	(1)	5	(—4)
Koffiekamp .	3 „	7618	7615	(—3)	7	(—10)
Wakibassu .	4 „	7605	7612	(9)	9	(0)
Gansee .	5 „	7595	7625	35	10	25
Langahuku .	6 „	7589	7615	31	5	26
Kapua	7 „	7575	7610	41	8	33
Toledo.	8 „	7565	7608	51	7	44

In diesen Tabellen giebt die Spalte *A. Bar.* den corrigirten Stand meines Aneroidbarometers an, die Spalte *Qu. Bar.* denjenigen des Quecksilberbarometers in Paramaribo; *H* die daraus abgeleitete Höhendifferenz, gleichzeitig die absolute Höhe der Station, da diejenige von Paramaribo = O gesetzt werden darf. H^1 giebt die Höhe der Station über dem Flussbette an, ebenfalls mit dem Aneroide gemessen. H^2 ist durch Subtraction des H^1 von H erhalten und liefert somit die absolute Höhe des Strombettes an den genannten Orten.

Die eingeklammerten Zahlen sind bei sehr veränderlichem Barometerstande erhalten und aus diesem Grunde unbrauchbar. Sie sind bei der Berechnung der Mittelwerthe in der folgenden Tabelle vernachlässigt.

Mittelwerthe der Höhen. ¹)			*Abschnitte des Strombettes.*	*Die Vertheilung der Stromschnellen und Wasserfälle.*
Phaedra .	0 2	1	*Unter dem Einflusse von Ebbe und Fluth stehend.*	
Bergendaal .	3 0	1,5		
Boschland .	(—3) (7)	?		Brokopondo. Barrière mit Strudellöchern.

1) Cateau van Rosevelt schätzt das Gefälle des Surinam zwischen Sarakreek und Sisabo auf etwa 45 m (vgl. Karte).

Mittelwerthe der Höhen.		Abschnitte des Strombettes.	Die Vertheilung der Stromschnellen und Wasserfälle.
Waldstation. (—4) 6	6	Gebiet der Strom-schnellen.	Stromschnellen gegenüber dem Dabikwénkreeke.
			Stromschnellen gegenüber dem Fobakkakreeke.
Koffiekamp (—10) 7	7		
Wakibassu. (0) 13	13	Gebiet der Wasserfälle.	Diëti- und Biabia-Fall (links). Arusabanja (rechts), 2 m.
Gansee 25 16	20,5		Kapasie-Fall (rechts), 1 m.
			Stromschnellen bei Adjubikreek.
			Stromschnellen von Gongotha.
Langahuku. 26 26	26		Stromschnellen von Nana.
			Fälle von Miengotiri (links), 1 m (?).
			Fall Papantiri (links), 0,5 m.
Kapua. . 33 31	32		Fall Akunkun (rechts), 1 m.
			Katipau (links). Gidibo oder Bin (rechts), 3 m.
			Madiengifall, 2 m.
Toledo 44 45	44,5.		Kwefa (links). Sísabo (Mitte). Sopo (rechts), 3,5 m.
			Stromschnellen zwischen Sísabo und Toledo, 2 m (?).

Eine Quartärformation von Cabo Blanco in Venezuela.

An der Küste von Venezuela, westlich von La Guaira, liegt Cabo Blanco, eine etwa 80 m sich erhebende, ins Meer vorspringende Anhöhe, welche nach Humboldt [1]) aus Gneiss, nach der Karte von Wall [2]) aus krystallinischem Schiefer aufgebaut ist. Das Gestein geht, nach Humboldt's Mittheilung l. c. zu schliessen, nur am westlichen Abhange daselbst zu Tage aus; auch sah ich am östlichen Abhange nur Sande und Trümmergesteine der archaeischen Formation in landeinwärts einfallenden Schichten und durchaus entsprechend den an den Gehängen der Sillakette von Carácas auftretenden, recenten Bildungen. Die südliche Fortsetzung des Caps wird von Höhen gebildet, welche wie viele andere in der weiteren Umgebung von La Guaira die rothe Färbung der Laterite zeigen. Von der Rhede von La Guaira gesehen, schliesst das Cap den Blick im Westen ab. [3])

Oestlich von Cabo Blanco, im Innern einer der zahlreichen in die Küste

1) Reise in die Aequinoctial-Gegenden 5ter Theil, pag. 596.

2) Wall. On the Geology of a part of Venezuela and of Trinidad.

3) Vgl. die Abbildung in Theil I dieses Werkes, Tafel 18. Das quartäre Plateau ist auf dieser Tafel auch noch deutlich erkennbar.

eingeschnittenen Kreisbuchten, stösst ein aus horizontal gelagerten Schichten gebildetes Plateau ans Ufer, dessen Höhe ich nahe dem Meere auf etwa 30 m schätzte, welches nach Süden zu aber noch etwas ansteigt. Es ist von zahlreichen Wasserrissen durchschnitten, in denen versteinerungsführende Schichten aufgeschlossen sind, und zwar zu unterst ein Trümmergestein mit Bruchstücken der archaeischen Formation, dessen Cement ein sehr feinkörniger, zerreiblicher, lichtgrauer, mit Säuren lebhaft brausender und an Muscovitschüppchen reicher Sandstein ist. Diese Schicht ist nur in etwa 1 m Mächtigkeit am Boden der Einschnitte aufgeschlossen; dann folgen aufwärts mächtige, lockere Sande. Im Wesentlichen sind aber beide Ablagerungen gleichaltrig, wie aus der nachfolgenden Liste von Petrefakten sich ergiebt, in der ein dem Namen beigefügtes *o* die obere, ein *u* die untere Schicht bedeutet, während ein *h* angiebt, dass die betreffende Art häufig, ein *hh*, dass sie sehr häufig vorkommt. Die Bestimmung der von mir gesammelten Versteinerungen ist durch M. M. Schepman ausgeführt:

Balanus spec. — o.
Pectunculus spec. (?) — o.
Leda acuta Conrad (?) — u.
Cardita spec. (?) — o.
Venus cancellata Lam. — o.
Cytherea maculata Lin. — hh — u, o.
Turritella variegata Lin. — h. — o.
Turritella imbricata Lin. — h. — o.
Triton Antillarum d'Orb. — o.
Columbella recurva Sow. — o.
Purpura haemastoma Lin. — o.
Murex spec. (?) — u.
Marginella marginata Born. — u, o.
Marginella interrupta Lam. — hh. — u, o.
Oliva jaspidea Gmel. — u.
Oliva nitidula Dillw. — u, o.
Oliva fusiformis Lam. — u, o.
Oliva reticularis Lam. — u.
Terebra rudis Gray. — o.
Terebra Cosentini Phil. — o.
Conus columba Brug. — o.
Conus echinulatus Kien. — h. — u, o.
Conus pygmaeus Rve. — h. — o.

Sämmtliche Arten sind lebend und, mit Ausnahme der von La Plata bekannten *Columbella recurva Sow.*, als Bewohner des westindischen Meeres angeführt; die betreffende Ablagerung ist demnach als Quartär zu bezeichnen.

Humboldt betrachtete die versteinerungsführenden Sedimente von Cabo Blanco als Tertiär [1]) und das Trümmergestein daselbst als das älteste Glied der in Venezuela entwickelten, tertiären Schichtenreihe, [2]) zu der auch verschiedene andere, ebenfalls von Karsten mit den Ablagerungen von Cabo Blanco vereinigte Sedimente von ihm gerechnet wurden. Karsten [3]) erklärte mit Humboldt Schichten,

1) l. c. pag. 548 u. 595 ff. 2) l. c. pag. 597.
3) Karsten. Beitrag zur Kenntniss der Gesteine d. nördl. Venezuela. (Zeitschr. d. deutsch. geolog. Gesellsch. Bd. II, 1850, pag. 345).

welche in den Hügeln des St. Antonio bei Cumana und auf Araya anstehen, für aequivalent mit denjenigen von Cabo Blanco, ferner Schichten vom Südrande des Gebirges von Cumana, von Mucujucual, vom Flusse Capaya und Tuy; vermuthlich gehören nach ihm auch noch Sedimente vom Morro Unare und von Clarines hieher. Er sagt, dass die betreffenden Ablagerungen „nur die jüngsten, noch lebenden Seethiere" enthalten [1]) und dem entsprechend scheinen ihm später die bei Cumana und an anderen Orten anstehenden Schichten, welche mit den an der ganzen Nordküste Neu-Granadas vorkommenden Muschelbreccien zusammengefasst werden, „einer quarternären Schöpfung anzugehören." [2])

Darauf sind aber die Schichten von Cabo Blanco durch Karsten wieder als Tertiär bezeichnet, [3]) der Kalk von Cumana und Araya als „Tertiär oder vielleicht, wenigstens zum Theil, als Quartär," [4]) und ferner nochmals die Kalke von Antonio bei Cumana als Tertiär, [5]) während die bereits angeführten, für aequivalent gehaltenen Ablagerungen auch hier wieder als gleichwerthig betrachtet werden. Die Unklarheit der Darstellung kann kaum grösser sein. In den Karten sind von Karsten beide Male die tertiären und quartären Bildungen zusammengefasst worden, so dass durch sie auch kein Licht zu erhalten ist.

Wall [6]) verzeichnet auf Araya und bei Cumana „Newer Parian (Miocene?)," bringt aber keinerlei Beweis für seine Altersbestimmung, so wenig wie auch die Parallelisirung mit dem Newer Parian von Trinidad genügend begründet ist. Sind aber die betreffenden Schichten von Venezuela und Trinidad wirklich aequivalent, so folgt daraus doch noch keineswegs das tertiäre Alter, da das Newer Parian auf Trinidad nach Etheridge [7]) vermuthlich auch quartäre Ablagerungen umfasst. Auch ist es höchst unwahrscheinlich, dass die Llanos jünger seien als die Kalke von Cumana und Araya, wie Wall annimmt.

Sind die von Humboldt und später von Karsten zusammengefassten Schichten wirklich alle aequivalent, so müssen sie gleich den Ablagerungen von Cabo Blanco als Quartär bezeichnet werden, doch ist der Beweis für die Aequivalenz bis jetzt nicht sicher geführt worden. Es dürfte eine dankenswerthe Aufgabe sein, die erwähnten Sedimente genauer auf ihre Fossilführung zu prüfen, da sie bei Berücksichtigung der Höhenlagen und des Einfallens der Schichten wichtige Aufschlüsse über tektonische Veränderungen im Gebiete der Küstencordillere von Venezuela geben könnten.

---

1) l. c. pag. 351. 2) Geogn. Verhältnisse d. westl. Columbien, pag. 86.
3) Géolog. de l'Ancienne Colombie Bolivarienne, pag. 8. 4) l. c. pag. 9. 5) l. c. pag. 10.
6) l. c. pag. 466 und Karte. 7) Wall and Sawkins. Geology of Trinidad. Appendix J, pag. 163.

Tafel-Erklärung.

TAFEL I.

Fig. 1 u. 2. Reste von Sirenen. Rippenfragmente. 1a Querschnitt, in der Richtung c—d durch das in Fig. 1 dargestellte Fossil gelegt; 1b desgleichen, in der Richtung a—b; beide Querschnitte nach Gypsabgüssen hergestellt. $^1/_2$ nat. Grösse. — pag. 101.

Fig. 3—7. Carcharodon. Nat. Grösse. — pag. 104.

Fig. 8. Oxyrhina. Nat. Grösse. — pag. 105.

Fig. 9 u. 10. Oxyrhina?? Nat. Grösse. — pag. 105.

Fig. 11. Fragment eines Rochenzahnes. Nat. Grösse. — pag. 105.

Fig. 12. Zahnfragment von Diodon? Nat. Grösse. — pag. 105.

Fig. 13. Ammonites spec. indet. Nat. Grösse. — pag. 60.

TAFEL II.

Fig. 14. Radiolites Lam. Bruchstück der äusseren Schalenschicht mit Eindrücken von Radialgefässen und deutlich erkennbarem Innenrande, welcher daneben im Vertikalschnitte vergrössert dargestellt ist. An der mit einem * bezeichneten Stelle verdrückt. Nat. Grösse. — pag. 23.

Fig. 15. Radiolites Lam. Steinkern von Zellen derselben Schalenschicht, aus Kieselsubstanz bestehend. Vergrösserung $\frac{2}{1}$. — pag. 24.

Fig. 16. Radiolites Lam. Längsschliff durch dieselbe Schalenschicht, a in nat. Grösse, b ein Theil desselben vergrössert. — pag. 23.

Fig. 17. Radiolites Lam. Bruchstück der äusseren Schalenschicht mit Eindrücken von Radialgefässen. In der Mitte zum Theil verkieselt, sonst aus Kalk bestehend. Nat. Grösse. — pag. 23.

Fig. 18. Radiolites Lam. Längsschliff, vergrössert, die beginnende Zertrümmerung der Zellen in den stark gestörten Schichten andeutend. — pag. 23.

Fig. 19. Radiolites Lam. Querschliff, etwas schräg gegen die Längsachse der Zellen, so dass verschiedene Schichten derselben getroffen sind. Nat. Grösse. — pag. 23.

Fig. 20. Radiolites Lam. Querschliff, vergrössert, zum Theil mit Chalcedon gefüllte Zellen enthaltend. — pag. 23.

Fig. 21. Radiolites Lam. Längsbruch mit stark verdrückten Zellenlagen. Der mit einem * bezeichnete Körper bildete das Widerlager. Nat. Grösse. — pag. 23.

Fig. 22. Lithothamnium curasavicum n. sp., eingeschlossen im Gestein, auf einer angeschliffenen Fläche desselben. Nat. Grösse. — pag. 26.

Fig. 23. Lithothamnium curasavicum n. sp. Längsschliff. Vergrösserung $\frac{30}{1}$. — pag. 26.

Fig. 24. Lithothamnium curasavicum n. sp. Querschliff. Vergrösserung $\frac{100}{1}$. — pag. 27.

Fig. 25. Lithothamnium curasavicum n. sp. Längsschliff. Vergrösserung $\frac{100}{1}$. — pag. 27.

INDEX.

A. Für die Inseln.

B. Für Holländisch-Guiana und den Anhang.

DRUCKFEHLER.

pag. 7. Zeile 11 v. o. liess: „nach Nordost gekehrten."

Der erste Theil dieses Werkes wurde am 15 Juni '86, die erste Lieferung des geologischen Theiles, die Inseln betreffend, im Juni '87 zum Druck befördert; das Ganze ist am 26 Decbr. '87 abgeschlossen.

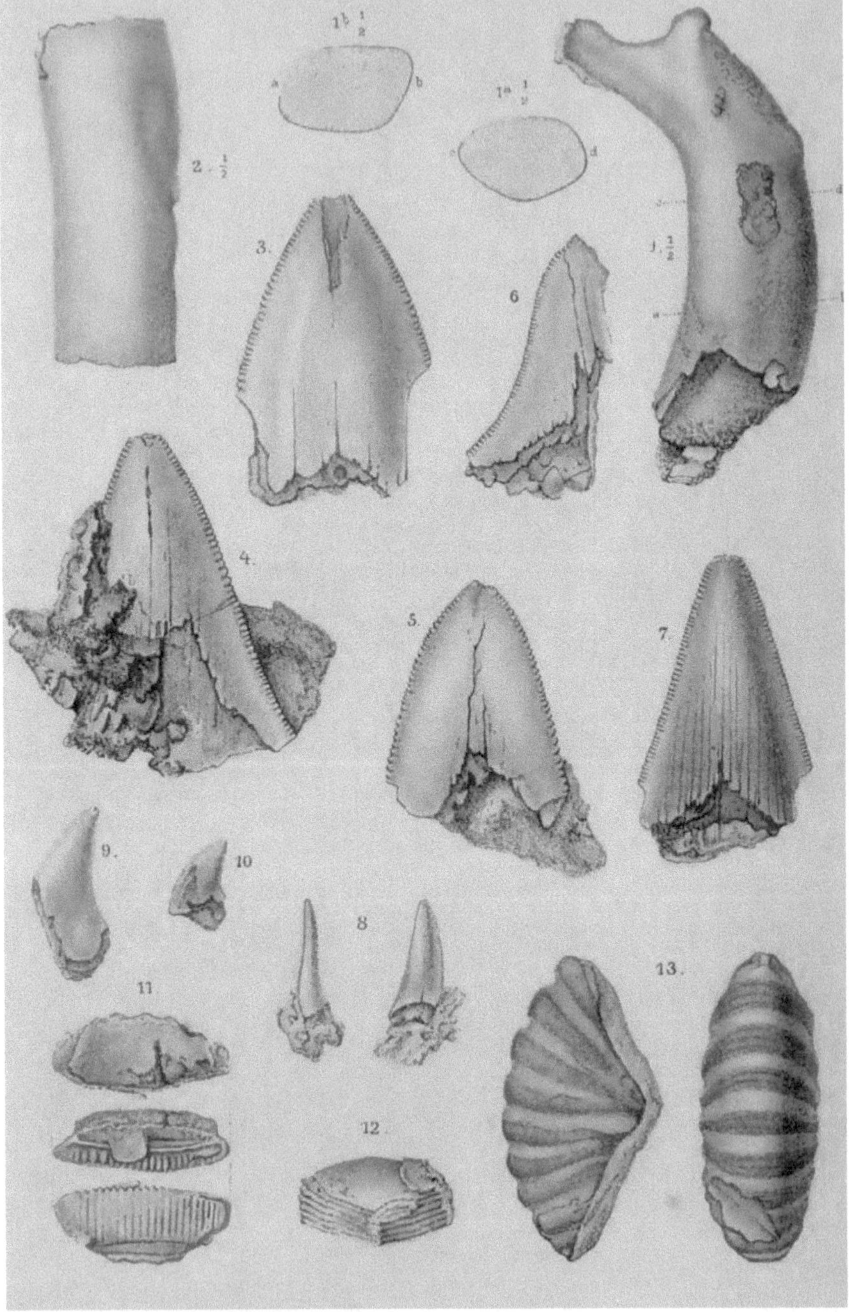
1b 1/2
1a 1/2
1. 1/2
2. 1/2
3.
4.
5.
6
7.
8
9.
10
11
12.
13.

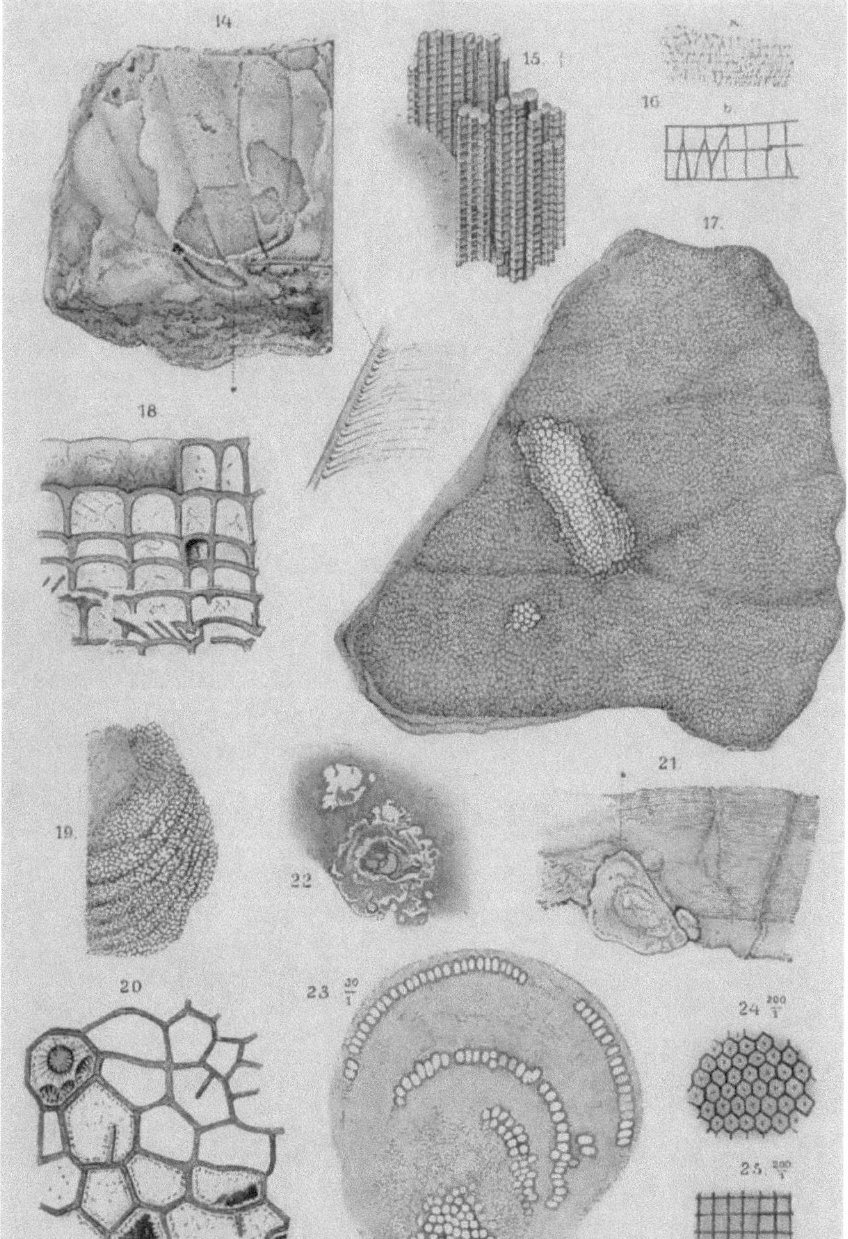
14
15.
16.
a.
b.
17.
18
19.
20
21.
22
23. 30/1
24 200/1
25. 200/1

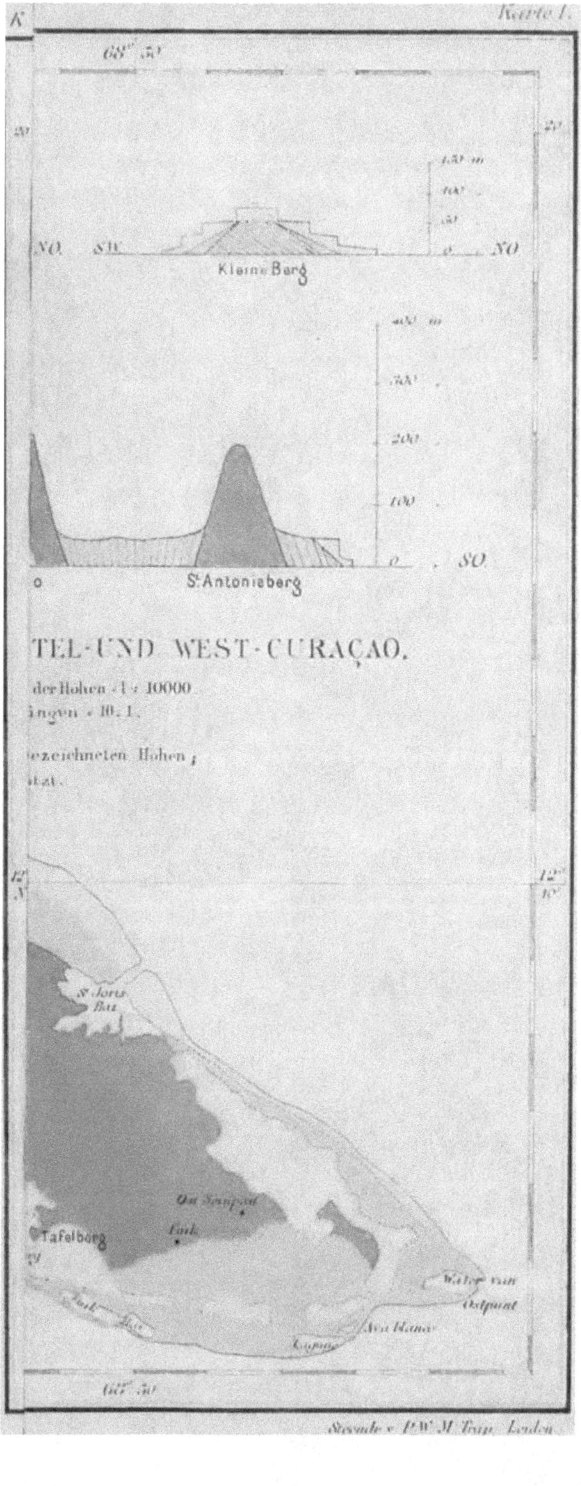
Karte I.
68° 50
20
150 m
100
50
0
NO.
SW
NO
Kleine Berg
400 m
300
200
100
0
SO.
St. Antonieberg
TEL-UND WEST-CURAÇAO.
der Höhen 1 : 10000
ngen = 10 : 1.
ezeichneten Höhen ;
tzt.
12°
10'
St. Joris Bai
Tafelberg
Ostpunt
68° 50
Steendr. v. P.W.M. Trap. Leiden

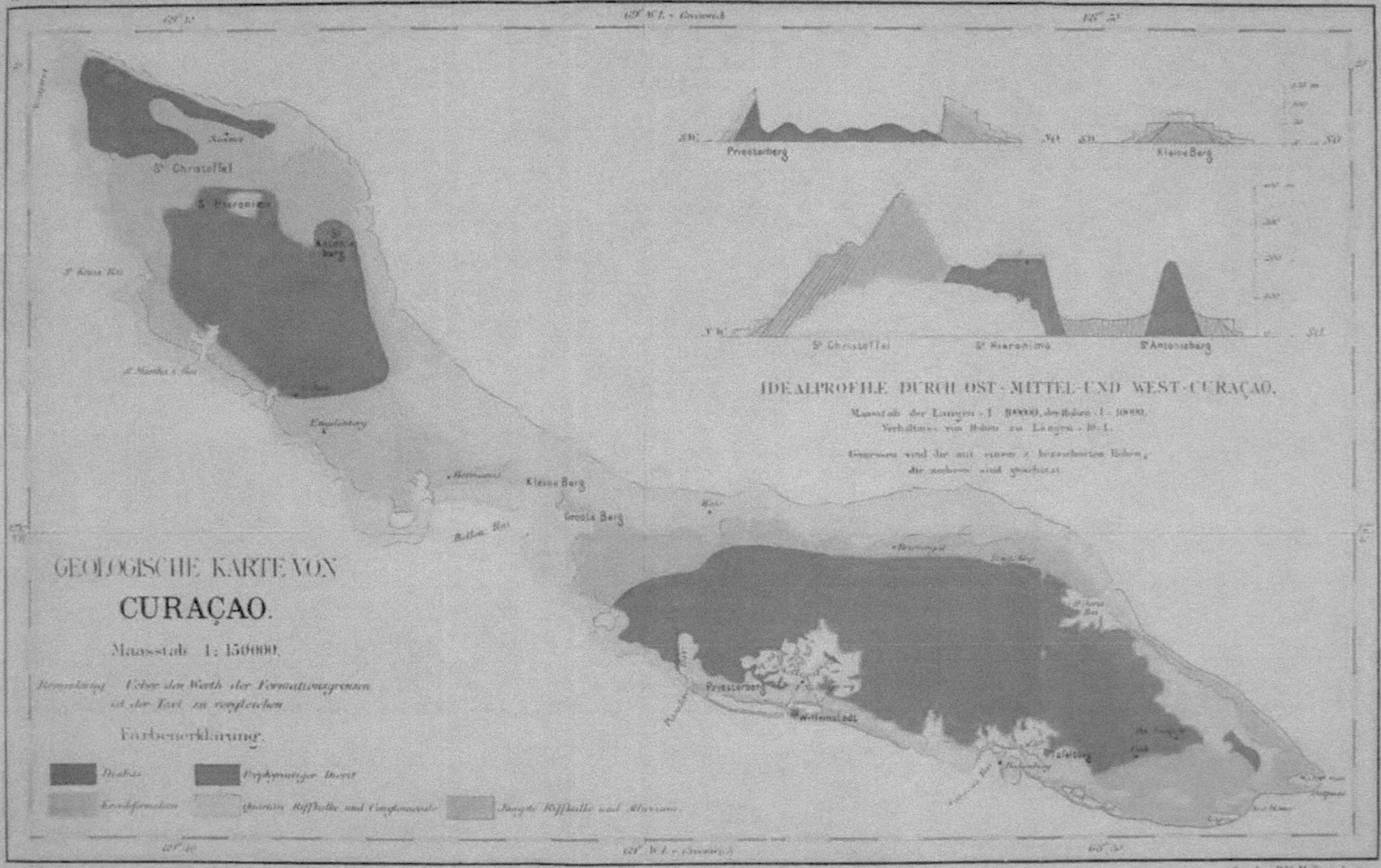
GEOLOGISCHE KARTE VON
CURAÇAO.
Maasstab 1: 150000.
Farbenerklärung.
IDEALPROFILE DURCH OST-MITTEL-UND WEST-CURAÇAO.
Priesterberg
Kleine Berg
St. Christoffel
St. Hieronimo
St. Antoniesberg
Grosse Berg
Willemstadt
Tafelberg

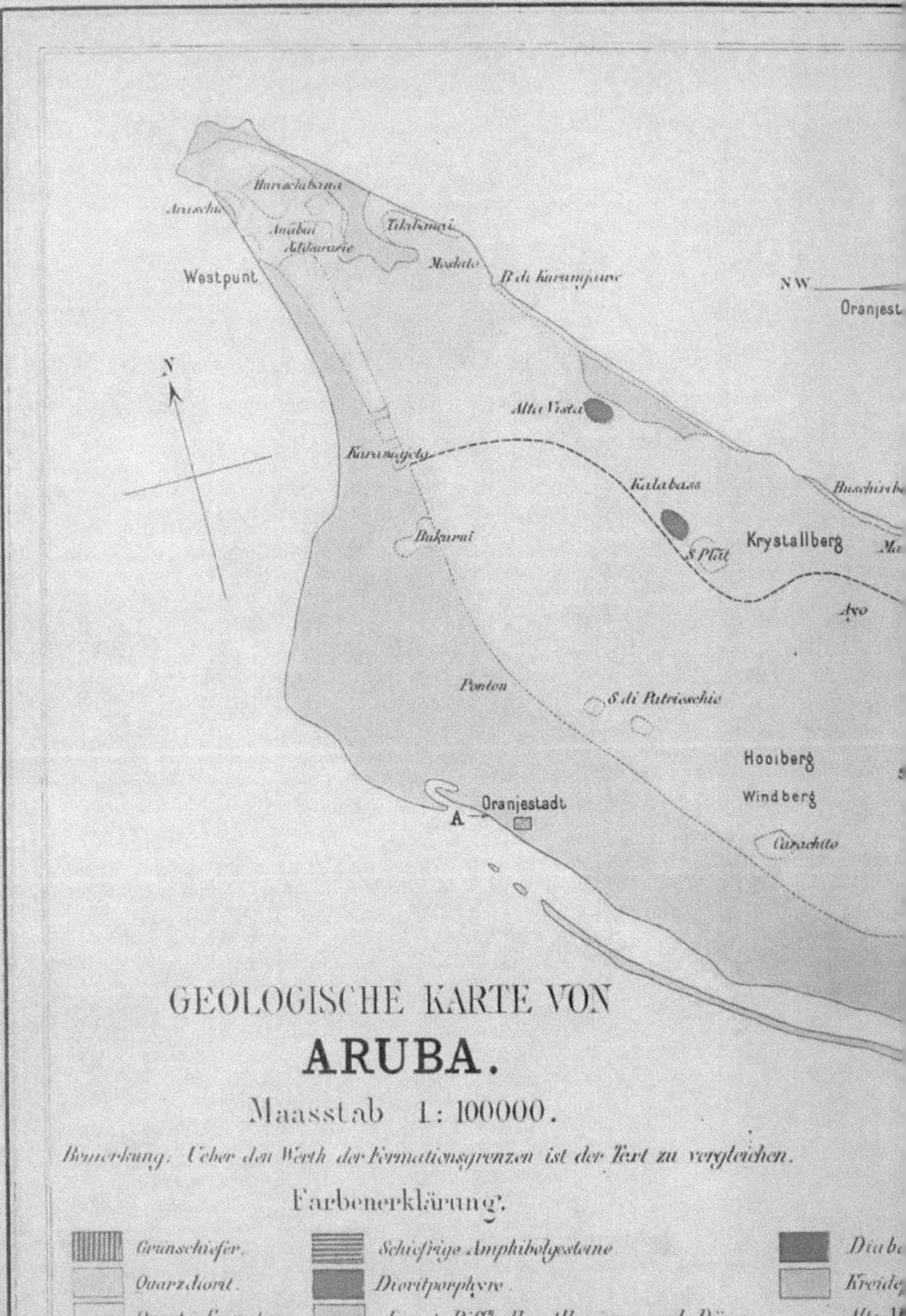
Westpunt
Moskito
N
NW
Alta Vista
Kalabass
Krystallberg
S. Plat
Ponton
S. di Patrieschie
Hooiberg
Windberg
Oranjestadt
A
Carachito
GEOLOGISCHE KARTE VON
ARUBA.
Maasstab 1: 100000.
Bemerkung: Ueber den Werth der Formationsgrenzen ist der Text zu vergleichen.
Farbenerklärung.
Grünschiefer.
Quarzdiorit.
Quartärformation.
Schiefrige Amphibolgesteine
Dioritporphyre.
Jüngste Riffkalke, Alluvium und Dünen.

PROFIL DURCH ARUBA, PROJICIRT AUF DIE LINIE A-B.
Maasstab der Längen = 1 : 100000, der Höhen = 1 : 10000.
Verhältniss von Höhen zu Längen = 10 : 1.
ssen sind die mit einem * bezeichneten Höhen; die anderen sind geschätzt.

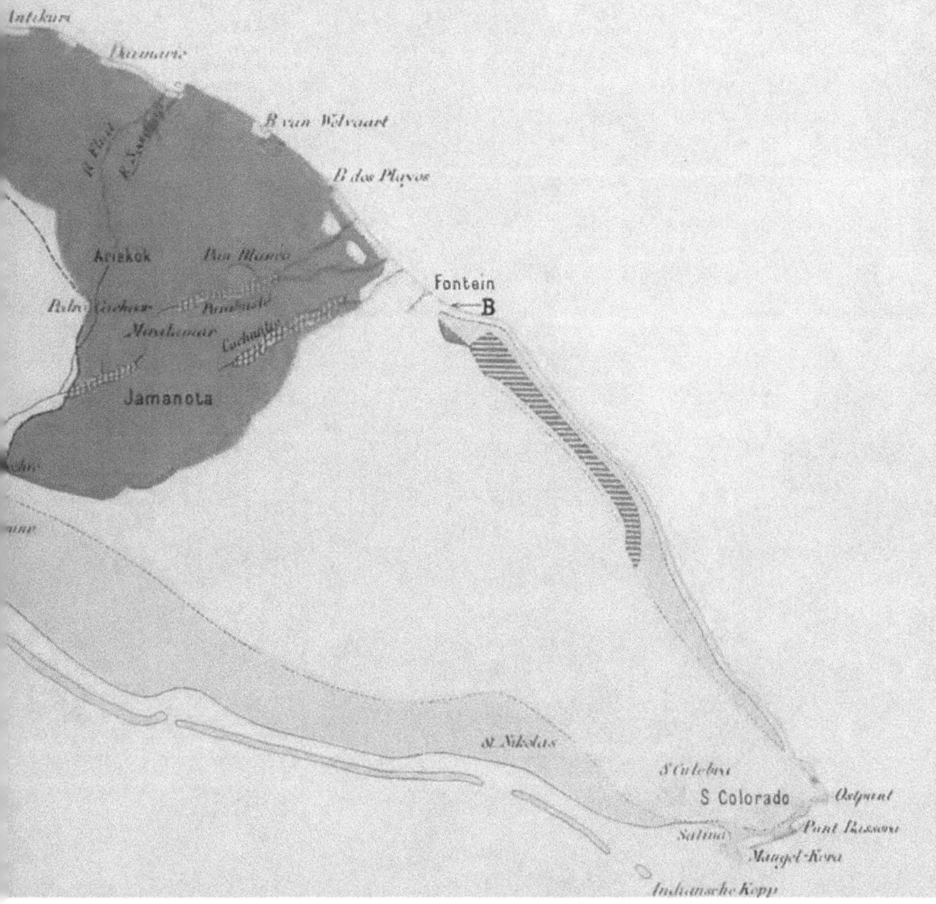

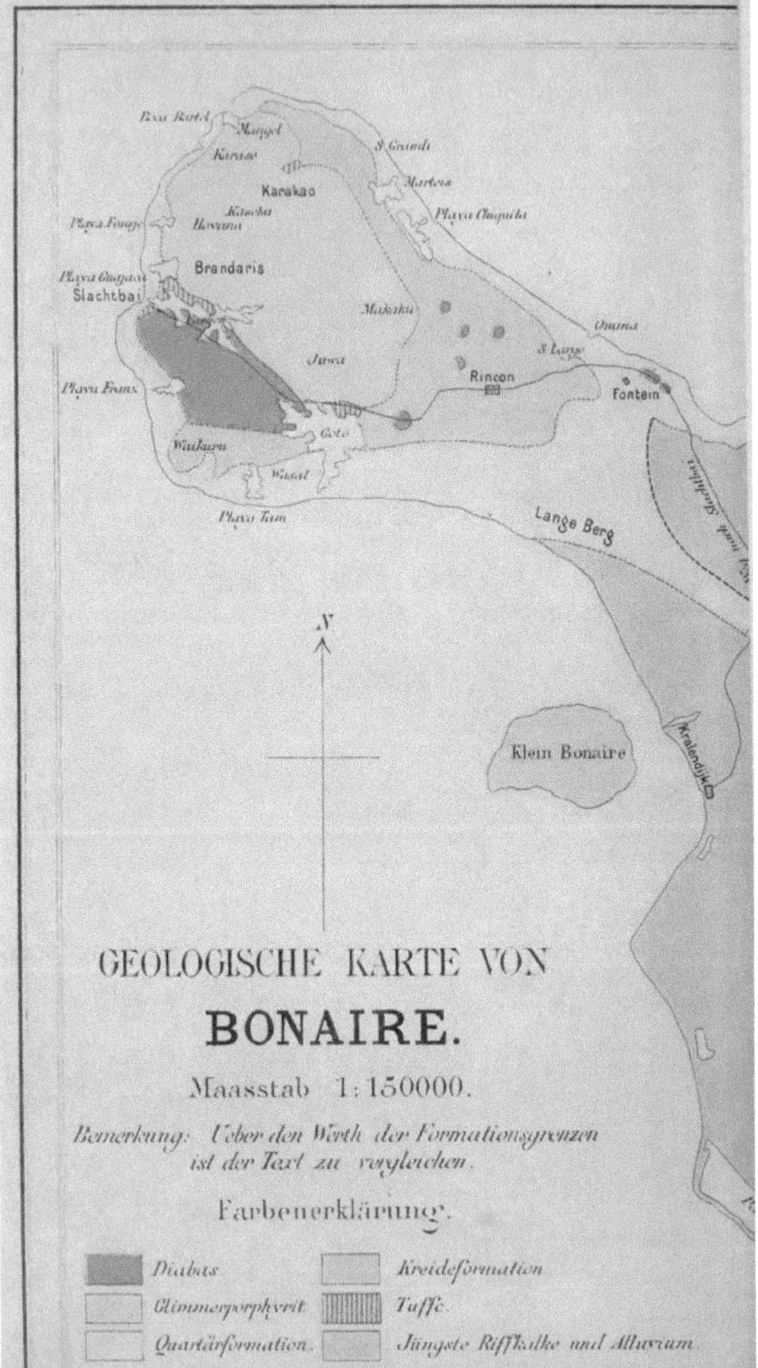
Mangel
Karakao
Brandaris
Slachtbai
Makaku
Jawa
Rincon
Fontein
Goto
Wasal
Playa Tam
Lange Berg
Klein Bonaire
Kralendijk
N
GEOLOGISCHE KARTE VON
BONAIRE.
Maasstab 1:150000.
Bemerkung: Ueber den Werth der Formationsgrenzen ist der Text zu vergleichen.
Farbenerklärung.
Diabas
Kreideformation
Glimmerporphyrit
Tuffe
Quartärformation
Jüngste Riffkalke und Alluvium
Alte Meeresbucht

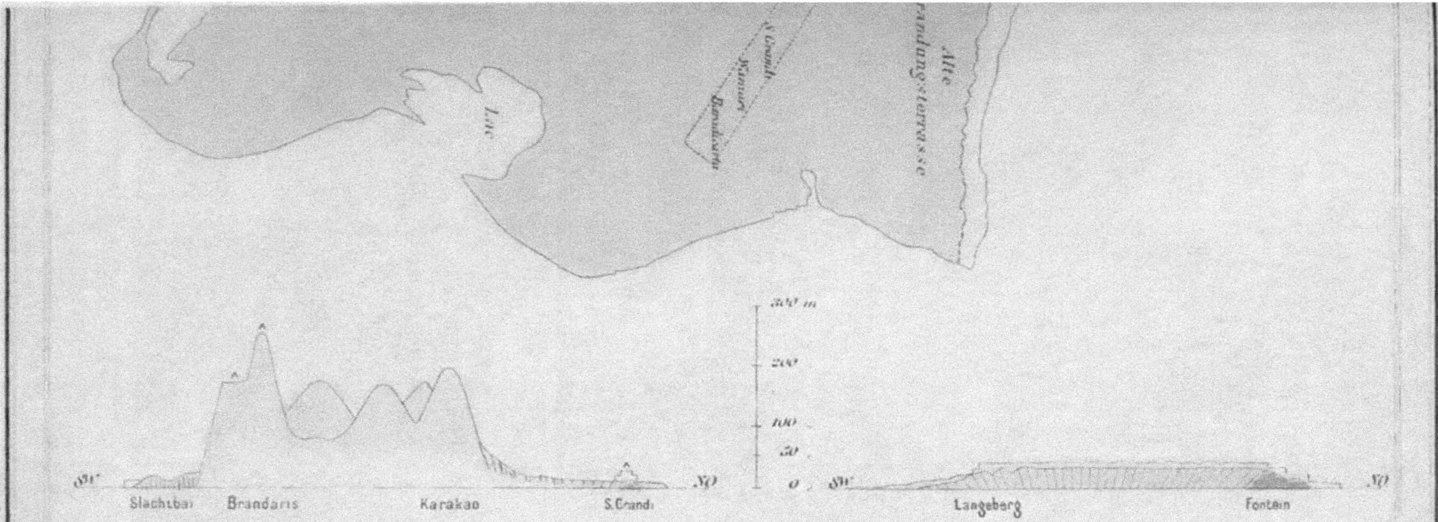

IDEALPROFILE DURCH DAS WESTLICHE UND MITTLERE BONAIRE.

Maasstab der Längen = 1 : 80000, der Höhen = 1 : 10000;
Verhältniss von Höhen zu Längen = 8 : 1.

Die mit einem ^ bezeichneten Höhen sind gemessen, die anderen geschätzt

Steendr. v. P.W.M. Trap. Leiden

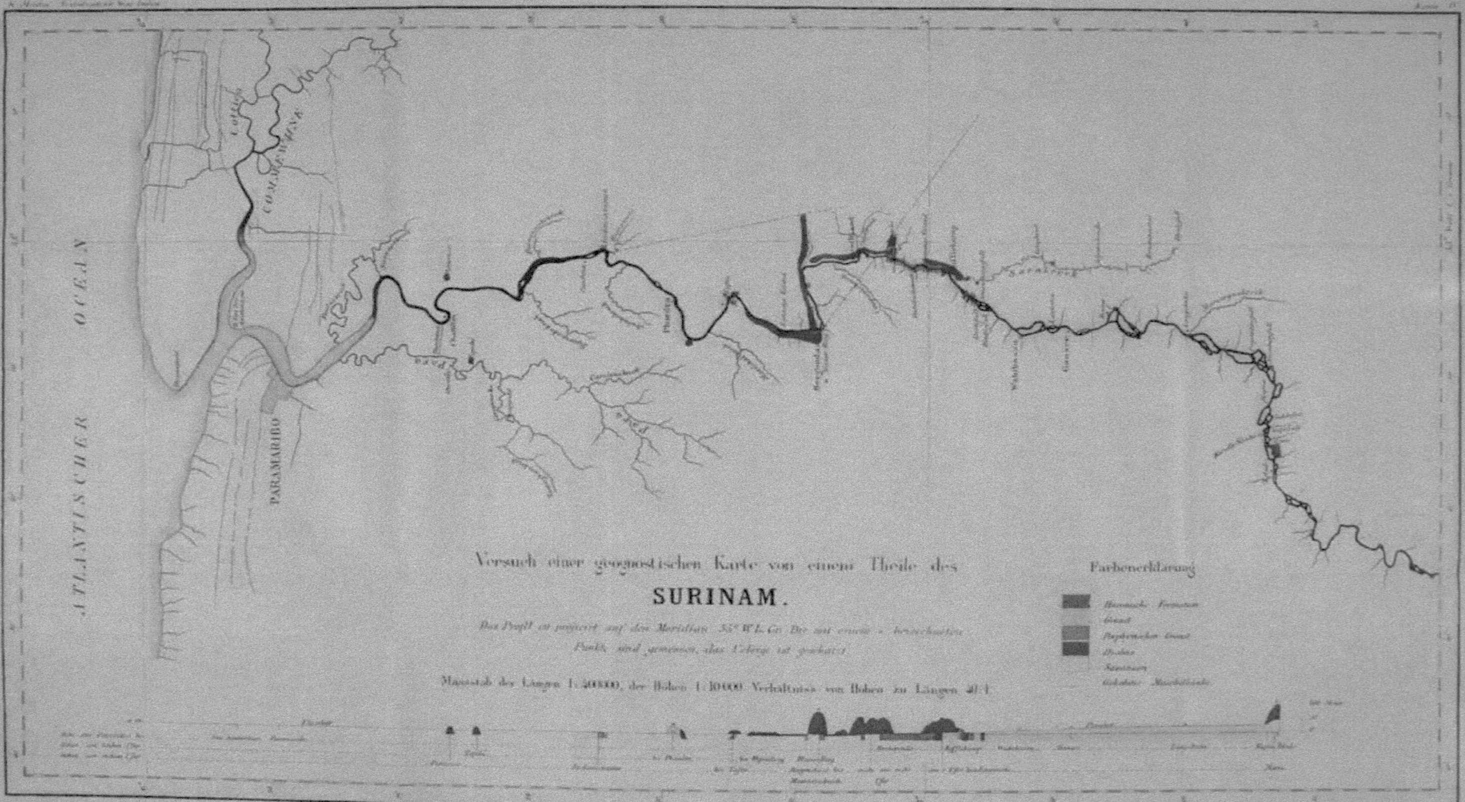
Versuch einer geognostischen Karte von einem Theile des
SURINAM.
Farbenerklärung
ATLANTISCHER
OCEAN
PARAMARIBO
COMMEWYNE

FSC
www.fsc.org
MIX
Papier | Fördert
gute Waldnutzung
FSC® C083411

Kolibri 360 GmbH
Ferdinand-Jühlke-Straße 7
99095 Erfurt, Deutschland
produktsicherheit@kolibri360.de